电子工程师成长之路

U0174706

Altium Designer 22 从零开始做工程之高速 PCB 设计

李 奇　田志晓　江智莹　林超文　编著
杨 亭　主审

電子工業出版社·
Publishing House of Electronics Industry
北京·BEIJING

内 容 简 介

本书依据 Altium Designer 22 版本编写,同时兼容 18/19/20/21 版本,详细介绍了利用 Altium Designer 22 实现原理图与 PCB 设计的方法和技巧。本书结合设计实例,配合大量的示意图,以实用易懂的方式介绍印制电路板设计流程和电路综合设计的方法。

本书共 23 章,主要内容包括:Altium Designer 软件概述及安装,系统参数设置及工程文件管理,元件集成库设计与管理,原理图设计,PCB 封装库设计与管理,PCB 编辑界面及快捷键运用,原理图验证及输出,PCB 结构设计,布局设计,基于华秋 DFM 的叠层阻抗设计,电源及地平面设计,规则设置,高速 PCB 布线设计,PCB 设计后处理,生产文件输出,华秋 DFM 设计,Altium Designer 高级设计技巧应用,入门案例:单片机 PCB 设计、RTD271 液晶驱动电路板设计,进阶案例:四层摄像头 PCB 设计,高级实例:六层 HDTV 主板设计,DDR4 设计概述及 PCB 设计要点,AM335X 核心板 PCB 实例。本书在编写过程中力求精益求精、浅显易懂,工程实用性强,通过实例细致地讲述了具体的应用技巧及操作方法。

书中实例的教学视频和部分源文件,读者可以登录华信教育资源网(http://www.hxedu.com.cn)免费注册后再进行下载使用。

本书编委会为读者开通 QQ 交流群进行售后技术支持,QQ 群:345377375。

本书适合从事电路原理图与 PCB 设计相关的技术人员阅读,可作为大中专院校电子类、电气类、计算机类、自动化类及机电一体化类专业的 EDA 教材,也可作为广大电子产品设计工程技术人员和电子制作爱好者的参考用书。

图书在版编目(CIP)数据

Altium Designer 22 从零开始做工程之高速 PCB 设计/李奇等编著 . —北京:电子工业出版社,2023. 2
(电子工程师成长之路)

ISBN 978-7-121-45063-1

Ⅰ. ①A… Ⅱ. ①李… Ⅲ. ①印刷电路−计算机辅助设计−应用软件 Ⅳ. ①TN410. 2

中国国家版本馆 CIP 数据核字(2023)第 028719 号

责任编辑:张 迪(zhangdi@phei.com.cn)
印   刷:三河市良远印务有限公司
装   订:三河市良远印务有限公司
出版发行:电子工业出版社
　　　　 北京市海淀区万寿路 173 信箱　邮编:100036
开   本:787×1 092　1/16　印张:26.25　字数:672 千字
版   次:2023 年 2 月第 1 版
印   次:2024 年 6 月第 3 次印刷
定   价:119.00 元

编委会人员简介

杨亭：广东省职业技能鉴定指导中心电子 CAD 专家组组长，全国优秀教师，南粤优秀教师，高级讲师。长期从事智能控制技术及应用，工业控制过程优化控制技术研究及电子技术专业教学等工作，在广东省内多所大中专院校担任电子 CAD 技能鉴定、培训及竞赛等工作。主编《电子 CAD 职业技能培训教程》《单片机 C51 程序设计教程辅导与实验》《Protel DXP 实训教程》和《光电技术综合实训指导》等多部教材，有十多篇论文发表在国家一级以上刊物，如《真空断路器永磁机构智能控制系统》等，参与多个国家级及省级科研项目研发。

李奇：高级工程师，南京工业大学浦江学院教师。南京航空航天大学电子与通信工程专业硕士学位。曾在某大型科研单位担任项目经理、技术带头人职务，多年从事嵌入式开发及EDA 设计工作，并作为主要项目负责人参与多项国家级科研项目的研发工作。精通多款EDA 设计工具和仿真软件，具有丰富的 PCB 设计及培训经验。在校任教期间指导学生参加全国电子设计大赛、计算机设计大赛、物联网设计大赛等竞赛并获得佳绩。

田志晓：现任珠海市技师学院电子技术专业教师，至今为止有近 10 年的教学经验。精通电子、电气专业的基本知识，在任教期间担任电子技术专业一体化教研组教研组长。2016年 4 月，参与了人力资源和社会保障部电子技术应用专业《国家技能人才培养标准》和《一体化课程规范》开发。

江智莹：2009 年毕业于天津职业技术师范大学，从教于珠海市技师学院，担任电子技术系教研主任。电子技术专业讲师，高级技师、省优秀教师、珠海市技术能手。十多年来一直从事 EDA 设计和嵌入式智能控制领域的技术研究、专业建设、课堂教学、技能竞赛等方面工作，擅长 51、AVR、PIC、ARM 等程序的设计开发，精通 Altium Designer、Pads、Cadence等软件的 PCB 设计与仿真。参加并荣获广东省、市级 EDA 类或嵌入式类竞赛一等奖 6 次、二等奖 4 次、三等奖 2 次，并多次荣获省、市优秀指导教师，如 2014 年指导学生参加广东省单片机竞赛荣获一等奖并获优秀指导教师，2018 年参加广东省教师组电子 CAD 竞赛荣获一等奖；2018 年参加珠海市移动机器人竞赛荣获--等奖并获市优秀选手和市技术能手称号等。此外还主编教材 1 部，即《电子产品组装》，发表论文 3 篇，主持横向项目 1 项，编写《移动机器人专业人才培养方案》等。

林超文：国内顶尖设计公司创始人兼首席技术官。EDA 设计智汇馆（www. pcbwinner.com）首席讲师，为各大高校、电子科技企业进行 CAE/高速硬件设计培训。创办 EDA 无忧学院 580eda. net 和 EDA 无忧人才网 580eda. com，为企业提供精准猎头和硬件研发人才委培服务。同时在硬件互连设计领域有 18 年的管理经验，精通 Cadence、Mentor、PADS、AD、HyperLynx 等多种 PCB 设计与仿真工具。担任 IPC 中国 PCB 设计师理事会会员，推动 IPC 互连设计技术与标准在中国的普及；长期带领公司 PCB 设计团队攻关军工、航天、通信、工控、医疗、芯片等领域的高精尖设计与仿真项目。出版多本 EDA 书籍，系列书籍被业界称为"高速 PCB 设计宝典"。

前　　言

随着 EDA 技术的不断发展，众多 EDA 软件工具厂商所提供的 EDA 工具的性能也在不断提高。Altium Designer 是原 Protel 软件开发商 Altium 公司推出的一体化的电子产品开发系统，该系统通过将原理图设计、电路仿真、PCB 绘制编辑、拓扑逻辑自动布线、信号完整性分析和设计输出等技术的完美融合，为设计者提供了全新的设计解决方案，使设计者可以轻松进行设计，熟练使用这一软件必将使电路设计的质量和效率大大提高。

Altium Designer 是一个很好的科研和教学平台，主要有以下原因：第一，通过该设计平台的学习，初学者可以系统、全面地掌握电子线路设计的方法，有助于学习和使用其他厂商的相关 EDA 工具，如 Allegro、Pads 等；第二，Altium Designer 工具的人机交互功能特别强大，初学者在使用 Altium Designer 学习电子线路设计的过程中，当接触到一些比较抽象的理论知识时，更容易理解和掌握。

本书由高校教师与从事 PCB 设计的一线工程师合力编写，是一本基于 Altium Designer 22 版本的进阶教材，全面兼容 Altium Designer 18~Altium Designer 21 版本。作为一线的教学人员，编者具有丰富的教学实践经验与教材编写经验，多年的教学工作能够准确地把握学生的学习心理与实际需求。同时，从事多年 PCB 设计的工程师参与本书编写工作，能够在编写工作中紧紧结合具体项目，理论结合实例。在本书中，处处凝结着教育者与工程师的经验与体会，贯穿着教学思想与工程经验，希望能够给广大读者的（尤其是自学）提供一个简捷、有效的学习捷径。

本书通过理论与实例结合的方式，深入浅出地介绍其使用方法和技巧。本书在编写过程中力求精益求精，浅显易懂，工程实用性强。通过实例，细致地讲述了具体的应用技巧及操作方法。本书共 23 章，主要内容如下。

第 1 章：Altium Designer 软件概述及安装。

第 2 章：系统参数设置及工程文件管理。

第 3 章：元件集成库设计与管理。

第 4 章：原理图设计。

第 5 章：PCB 封装库设计与管理。

第 6 章：PCB 编辑界面及快捷键运用。

第 7 章：原理图验证及输出。

第 8 章：PCB 结构设计。

第 9 章：布局设计。

第 10 章：基于华秋 DFM 的叠层阻抗设计。

第 11 章：电源及地平面设计。

第 12 章：规则设置。

第 13 章：高速 PCB 布线设计。

第 14 章：PCB 设计后处理。

第 15 章：生产文件输出。

第 16 章：华秋 DFM 设计。

第 17 章：Altium Designer 高级设计技巧应用。

第 18 章：入门案例：单片机 PCB 设计。

第 19 章：RTD271 液晶驱动电路板设计。

第 20 章：进阶案例：四层摄像头 PCB 设计。

第 21 章：高级实例：六层 HDTV 主板设计。

第 22 章：DDR4 设计概述及 PCB 设计要点。

第 23 章：AM335X 核心板 PCB 实例。

本书由李奇、田志晓、江智莹和林超文编著。其中，第 1~5 章、18 章由李奇执笔，第 6~13 章由田志晓执笔，第 14~17 章由江智莹执笔，第 19~23 章由林超文执笔；全书由李奇统稿。另外，周鹏、洪镇球、李佳键、彭治飞、林松发、阳德志、谭远鹏、林良胜、林家俊也参与了本书的编写工作、教学视频录制工作和初稿的验证性使用，并提出许多意见，在此表示感谢。此外本书还要特别感谢广东省职业技能鉴定指导中心电子 CAD 专家组和杨亭教授在百忙中为本书审稿，并提出了宝贵建议。

由于本书涉及的知识面很新、时间又仓促，书中难免存在疏漏和不足之处，恳请各位专家和读者批评指正。

编著者

2023 年 1 月 31 日

目　　录

第1章 Altium Designer 软件概述及安装

随着云计算、数据中心、大数据应用的兴起，芯片间的通信速率正在从 10Gbit/s 向 25Gbit/s 迈进，互联通道的高频特性日益凸显。对于新一代信息技术产业而言，随着信号速率的不断提高，印制电路板（PCB）的结构变得越来越复杂，高速互联已逐渐成为电子硬件设计的瓶颈。高速互联设计属于电子、信息、半导体等行业的交叉学科，国内高校对于 EDA 研究比较欠缺，技术相对落后，目前 EDA 行业的发展更多依靠企业承担高速互联设计的研发任务。

Altium Designer 是目前 EDA 行业中使用方便、操作快捷、界面人性化的常用计算机辅助设计工具之一，它将原理图设计、电路仿真、PCB 绘制编辑、拓扑逻辑自动布线、信号完整性分析和设计输出等技术完美结合，使越来越多的用户选择使用 Altium Designer 来进行复杂的大型 PCB 设计工作。因此，对初入电子行业的新人或者电子从业者来说，熟悉并快速掌握该软件至关重要。

1.1 Altium Designer 的系统配置要求及安装

1.1.1 系统配置要求

Altium 公司推荐的系统配置如下所述。

（1）操作系统：Windows 7、Windows 8、Windows 10 等 64 位操作系统，不支持 32 位操作系统的安装。

（2）硬件配置如下。

① 至少 2.8GHz 的微处理器。

② 1GB 的内存。

③ 至少 2GB 的硬盘空间。

④ 显示器屏幕的分辨率至少为 1024×768，32 位真彩色，32MB 的显存。

1.1.2 Altium Designer 22 的安装

Altium Designer 22 是一款简单易用、原生 3D 设计增强的一体化设计环境，结合了原理图、ECAD 库、规则和限制条件、BoM、供应链管理、ECO 流程和世界一流的 PCB 设计工具，采用 ActiveBOM 和 Altium 数据保险库，设计者可以在设计的任何时刻查看元器件的供应链信息，从而有效提高整个设计团队的生产力和工作效率，节省总体成本、缩短产品上市时间。本章提供 Altium Designer 22 的详细安装步骤，详细的安装步骤如下所述。

（1）解压安装包，运行"AltiumDesigner22 Setup. exe"开始安装，单击"Next"按钮进

行下一步，如图 1-1 所示。

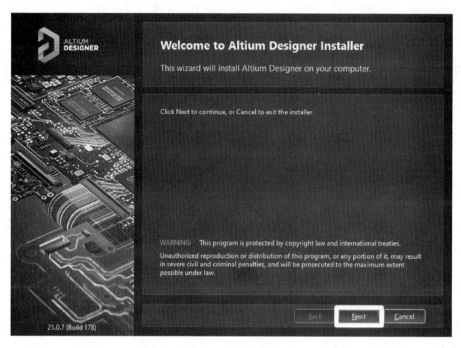

图 1-1　开始安装

（2）选择安装语言，勾选"I accept the agreement"，单击"Next"按钮进行下一步，如图 1-2 所示。

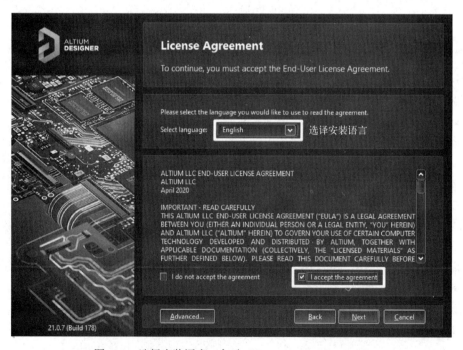

图 1-2　选择安装语言，勾选"I accept the agreement"

（3）选择安装功能，建议保持默认的勾选项，特别是"Importers\Exporters"，这个功能在导入或导出到第三方软件（如 PADS、Allegro、Zuken 等）时会用到，单击"Next"按钮进行下一步，如图 1-3 所示。

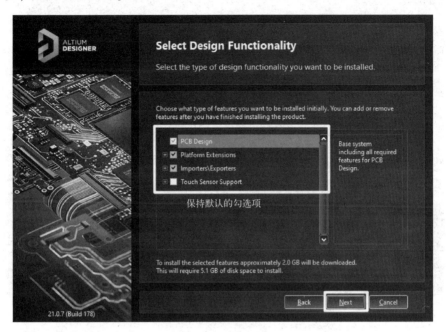

图 1-3　选择安装功能

（4）设置 Altium Designer 22 的安装路径和共享文档的保存路径，这一项可以按照软件默认的进行，也可以更改到其他盘。单击"Next"按钮进行下一步，如图 1-4 所示。

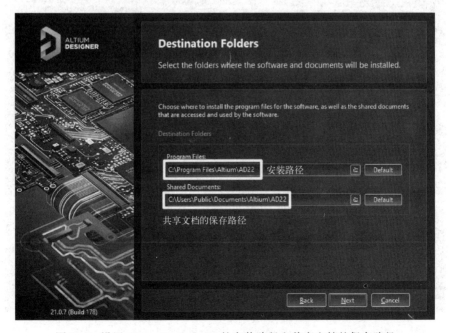

图 1-4　设置 Altium Designer 22 的安装路径和共享文档的保存路径

（5）单击"Next"按钮，等待安装完成，如图 1-5 所示。

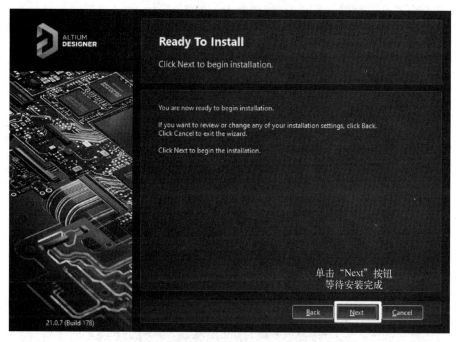

图 1-5　单击"Next"按钮，等待安装完成

（6）安装完成之后，取消勾选"Run Altium Designer"，待软件激活后再启动 Altium Designer 软件。单击"Finish"按钮，安装完成，如图 1-6 所示。

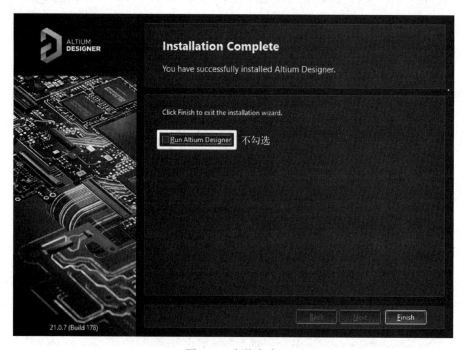

图 1-6　安装完成

1.2　Altium Designer 22 的激活

只有添加 Altium 官方授权的 License 文件之后，软件才能被激活。激活步骤其实很简单，操作步骤如下所述。

（1）Altium 官方授权安装包里的［AD22 激活包］文件夹下有"shfolder. dll"文件和"licenses"文件夹，文件夹内有预先生成的若干个以". alf"为后缀名的授权信息文件。将"shfolder. dll"文件复制到 Altium Designer 22 的安装目录下，即 Altium Designer 22 的启动文件"X2. EXE"的同级目录下。注意，Altium Designer 22 的启动文件名为"X2. EXE"，而不是之前的"DXP. EXE"，如图 1-7 所示。

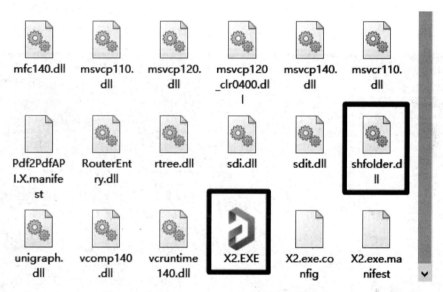

图 1-7　复制"shfolder. dll"文件到安装目录下

（2）单击"Add standalone license file"，导入安装包里"Crack \ Liceses"文件夹内的"Altium Designer License. alf"文件。

到此，Altium Designer 22 的安装及激活就完成了。

1.3　本章小结

本章向读者介绍了 Altium Designer 22 的安装方法。如果读者在软件安装上遇到困难，可以到 QQ 技术交流群：345377375 寻求帮助。

第 2 章　系统参数设置及工程文件管理

2.1　常用系统参数设置

"Preferences"选项卡用于设置系统整体和各个模块的参数，如图 2-1 所示。选项卡左侧罗列出了系统参数的设置项目。一般情况下，只须对软件的一些常用参数进行设置即可。

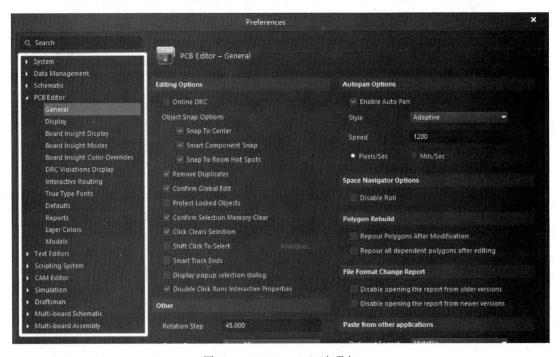

图 2-1　"Preferences"选项卡

1. 关闭不必要的启动项

启动 Altium Designer 22 的时候，关闭一些不必要的启动项，可以让软件运作更加顺畅。

执行"Tools"→"Preferences"→"System"→"General"操作，找到"Startup"选项，如图 2-2 所示，可以对其进行相应的设置。

（1）Reopen Last Project Group：打开上次的项目组。

（2）Open Home page on start：开始时打开主页。

（3）Show startup screen：显示启动栏。

建议勾选"Reopen Last Project Group"和"Show startup screen"，方便知道上次文件的保存路径情况。

图 2-2　启动项设置

2. 中英文版本切换

执行"Tools"→"Preferences"→"System"→"General"操作，找到"Localization"选项，如图 2-3 所示，勾选"Use localized resources"。勾选设置之后，会弹出警告框，直接单击"OK"按钮，重启软件后即可切换到中文版本；用同样的方法，取消勾选，即可切换回英文版本。

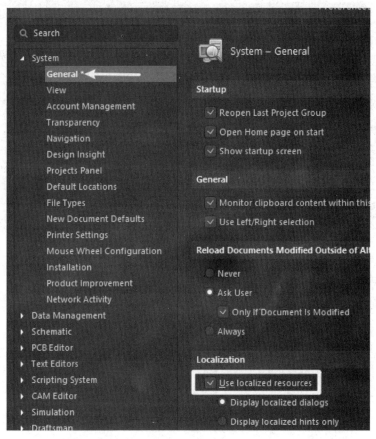

图 2-3　本地化语言资源设置

3. 高亮模式及交互选择模式设置

在执行操作的过程中对目标进行选择时，可以对选择的对象进行高亮、放大，这样可以有效地协助定位选择对象。

执行"Tools"→"Preferences"→"System"→"Navigation"操作，找到"Highlight

Methods" 选项，如图 2-4 所示，并勾选需要的高亮模式。一般建议勾选 "Zooming"（放大）和 "Dimming"（高亮）。同时选择匹配选择对象的属性，一般包含 "Pins"（引脚）、"Ports"（元件）和 "Net Labels"（网表）。

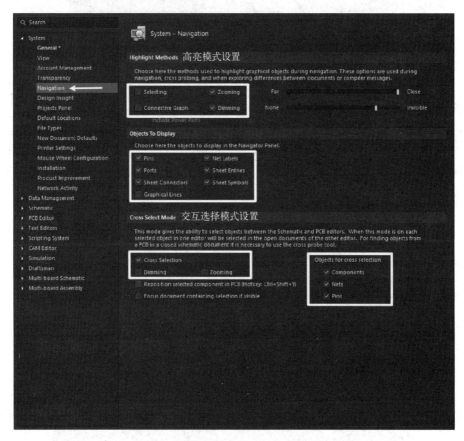

图 2-4　高亮模式及交互选择模式设置

交互选择模式给出了在 PCB 和原理图之间选择对象的能力，在此模式下，当在一个编辑器中选择对象时，另外一个编辑器中与之关联的对象也会被选择，这样可以简化对象的选取定位操作。

4. 文件关联开关

如果双击文件无法关联 Altium Designer 直接打开文件，就须要用到文件关联选项操作来实现。

执行 "Tools" → "Preferences" → "System" → "File Types" 操作，选择需要关联的单个或多个选项，如图 2-5 所示。

5. 软件升级及插件的安装路径

Altium Designer 给用户提供了自定义升级窗口，执行 "Tools" → "Preferences" → "System" → "File Types" 操作，可以在软件的后台进行升级操作，或者在须要安装一些插件时可以通过升级获取，或者指定离线安装包进行安装，如图 2-6 所示。这里建议用户将"检查频率"设置为 "Never"（从不检查）。

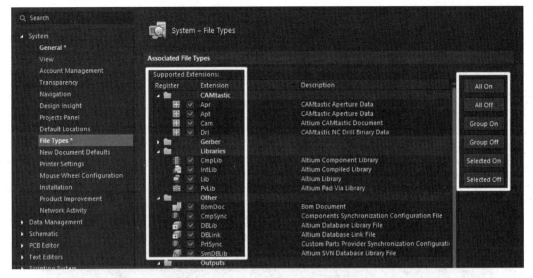

图 2-5　文件关联选项的选择

图 2-6　软件的升级及插件的安装路径

6. 自动备份设置

Altium Designer 提供自动保存选项，避免在设计的过程中突然断电，因文件没有保存而带来不可挽回的损失。可以执行"Tools"→"Preferences"→"Data Management"→"Backup"操作，设置每隔一段时间自动备份，一般设置为 10 分钟，如图 2-7 所示。

图 2-7　自动备份设置

自动备份文件的路径可以是软件默认的保存路径。

2.2　PCB 系统参数的设置

PCB 系统参数的设置（包含对走线、扇孔、覆铜等重要操作命令的设置）有利于提升设计效率。本节内容是参照编著者多年 PCB 工作经验推荐的设置，供读者参考使用。

2.2.1　"General" 选项卡

执行 "Tools" → "Preferences" → "PCB Editor" → "General" 操作，出现如图 2-8 所示的界面，建议按照推荐进行设置。

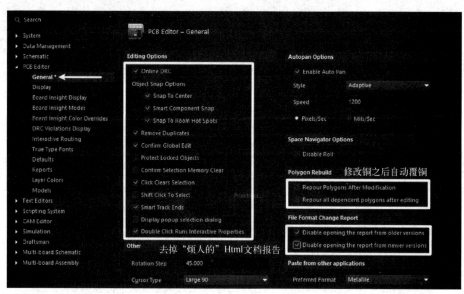

图 2-8　"General" 选项卡的设置

1. Editing Options

推荐勾选以下选项。

（1）Snap To Center：抓取中心。

（2）Smart Component Snap：智能元件抓取。

（3）Remove Duplicates：删除重复。

（4）Click Clears Selection：单击空白处退出选择状态。

（5）Smart Track Ends：智能移除线段结尾。

注意：Online DRC（打开在线 DRC），建议不勾选此项，这样可有效提升设计效率。当然，对于 Altium Designer 软件还不熟悉的新手来说，可以勾选此项。

2. Other

推荐进行以下设置。

（1）Rotation Step：旋转角度，可以输入任意角度值，实现任意角度的旋转，常见为 30°、45°、90°。

（2）Cursor Type：光标显示风格，推荐选择 "Large 90" 风格，方便布局布线对齐操作。

3. File Format Change Report

Disable opening the report from older versions 及 Disable opening the report from newer versions：勾选这两项，可以去掉"烦人的" Html 文档报告。

2.2.2 "Display" 选项卡

执行"Tools"→"Preferences"→"PCB Editor"→"Display"操作，出现如图 2-9 所示的界面，推荐按照图中所示进行设置。

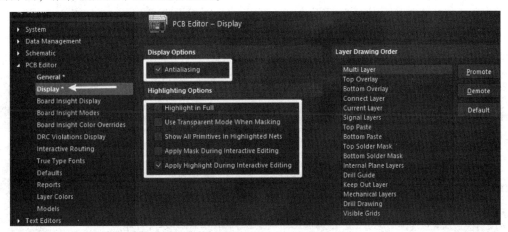

图 2-9 "Display"选项卡的设置

2.2.3 "Board Insight Display" 选项卡

执行"Tools"→"Preferences"→"PCB Editor"→"Board Insight Display"操作，出现如图 2-10 所示的界面，推荐设置如下。

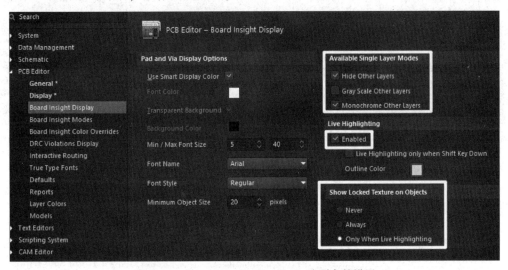

图 2-10 "Board Insight Display"选项卡的设置

1. Pad and Via Display Options

推荐勾选"Use Smart Display Color"（使用自适应颜色设置）。

2. Available Single Layer Modes

推荐勾选以下选项。

（1）Hide Other Layers：隐藏其他层。

（2）Monochrome Other Layers：灰暗单色其他层。此项设置可以在单层显示的时候按快捷键"Shift+S"进行切换，有利于走线和查看线路层。

2.2.4 "Board Insight Modes" 选项卡

去掉一些多余的显示信息，可以提高设计者的版图可视性。

执行"Tools"→"Preferences"→"PCB Editor"→"Board Insight Modes"操作，出现如图 2-11 所示的界面，将矩形框中的选项去掉使能。

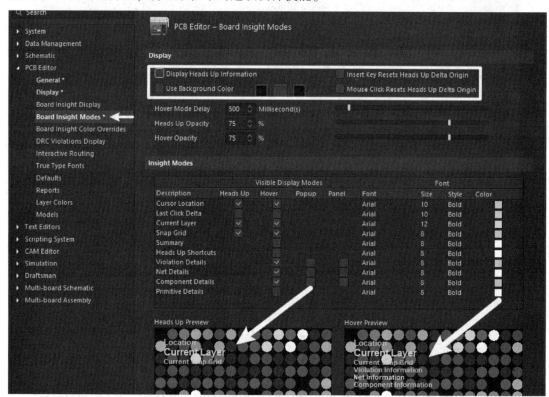

图 2-11　"Board Insight Modes" 选项卡的设置

在 PCB 设计过程中，用户也可以通过快捷键"Shift+H"关闭这个界面。

2.2.5 "Board Insight Color Overrides" 选项卡

在 PCB 设计过程中，会对一些网络的颜色进行设置。

执行"Tools"→"Preferences"→"PCB Editor"→"Board Insight Color Overrides"操作，出现如图 2-12 所示的界面。推荐按照如下进行设置。

（1）Base Pattern：推荐选择"Solid（Override Color）"（实体覆盖颜色）。

（2）Zoom Out Behaviour：推荐选择"Override Color Dominates"（覆盖颜色优先显示）。

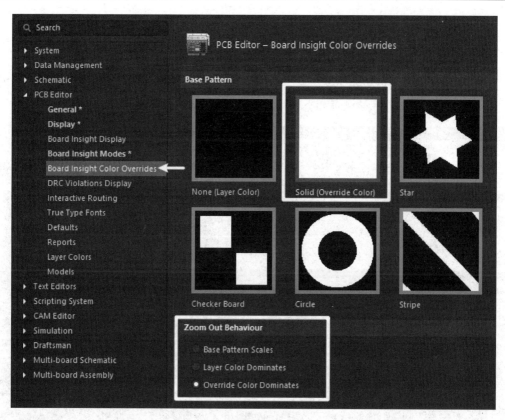

图 2-12　"Board Insight Color Overrides"选项卡的设置

2.2.6　"DRC Violations Display"选项卡

执行"Tools"→"Preferences"→"PCB Editor"→"DRC Violations Display"操作，出现如图 2-13 所示的界面，选择"Solid（Override Color）"模式。

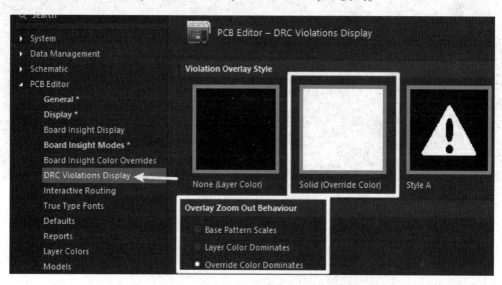

图 2-13　"DRC Violations Display"选项卡的设置

2.2.7 "Interactive Routing" 选项卡

布线设置是 PCB 工程师比较关注的设置。

执行"Tools" → "Preferences" → "PCB Editor" → "Interactive Routing" 操作，出现如图 2-14 所示的界面，推荐设置如下。

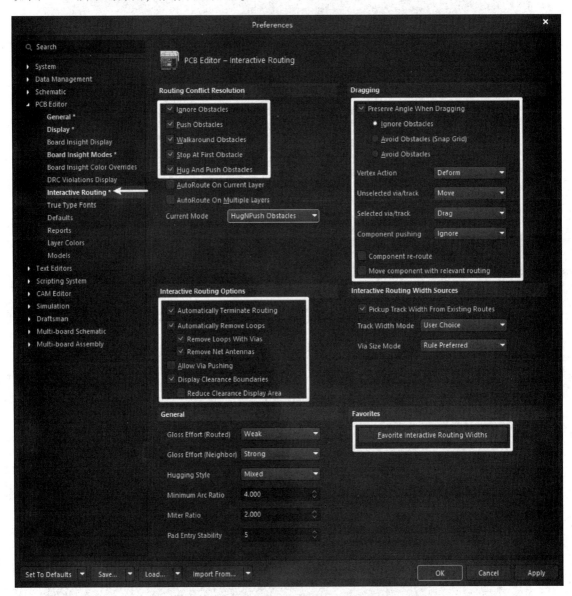

图 2-14 "Interactive Routing" 选项卡的设置

1. Routing Conflict Resolution

按图示推荐设置。

（1）Ignore Obstacles：忽略障碍物走线。

（2）Push Obstacles：推挤障碍物走线。

（3）Walkaround Obstacles：围绕障碍物走线。

（4）Stop At First Obstacle：遇到障碍物即停止走线。

（5）AutoRoute On Current Layer：自动布线时在当前层走线。

（6）AutoRoute On Multiple Layers：自动布线时在表层或内层。

以上走线模式可以通过系统默认的快捷键"Shift+R"进行切换。

2. Interactive Routing Options

按图示推荐设置。

（1）Automatically Remove Loops：自动移除回路。

（2）Remove Net Antennas：移除 Stub 线头。

（3）Allow Via Pushing：允许过孔的推挤。

（4）Display Clearance Boundaries：走线保护边界显示。

（5）Reduce Clearance Display Area：减小保护边界的显示。

3. Dragging

按图示推荐设置。

（1）Ignore Obstacles：拖动状态忽略障碍物。

（2）Unselected via/track-Move：对于未被选中的过孔和导线，拖动时只是进行移动。

（3）Slected via/track-Drag：对于被选中了的过孔和导线，拖动时进行拖曳，和光标一起移动。

（4）Component pushing-Ignore：拖动元件时忽略障碍物。

4. Favorites

偏好设置用于设置自己偏好的线宽，如图 2-15 所示，可以对偏好走线的线宽进行添

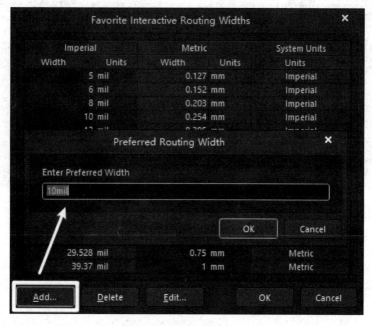

图 2-15　偏好走线的设置

加、修改与删除操作。设置后，在 PCB 执行走线操作时，按下快捷键"Shift+W"可以调用不同的线宽进行走线。

注意：在添加偏好线宽的时候，线宽必须在设置的线宽规则（最小线宽和最大线宽）范围内，否则会无法添加。该选项通常在 BGA 区域或者在处理一些电源网络的时候使用较多。

2.2.8 "True Type Fonts"选项卡

执行"Tools"→"Preferences"→"PCB Editor"→"True Type Fonts"操作，出现如图 2-16 所示的界面，按照图示进行设置。

取消勾选"Embed True Type fonts inside PCB documents"（嵌入字体到 PCB 文档），可以让 PCB 文件的容量变小，然后对 PCB 文件进行保存即可。若勾选此选项，则表示想兼容导入大部分字体，在其下方可以选择需要置换的字体。

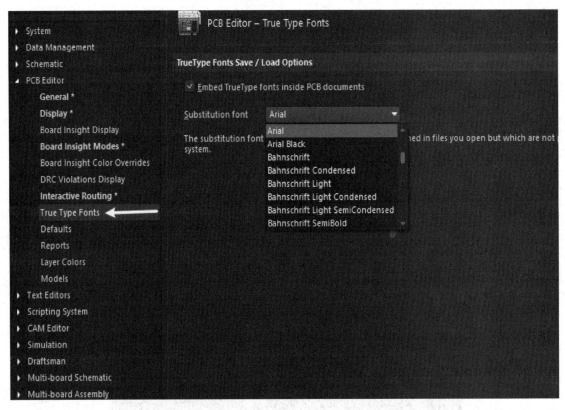

图 2-16　"True Type Fonts"选项卡的设置

2.2.9 "Defaults"选项卡

在"Defaults"选项卡中可以对 PCB 设计的常见参数进行默认设置。

执行"Tools"→"Preferences"→"PCB Editor"→"Defaults"操作，出现如图 2-17 所示的界面，在该界面中可以对过孔、导线、焊盘、铜皮等进行规范化的设置。

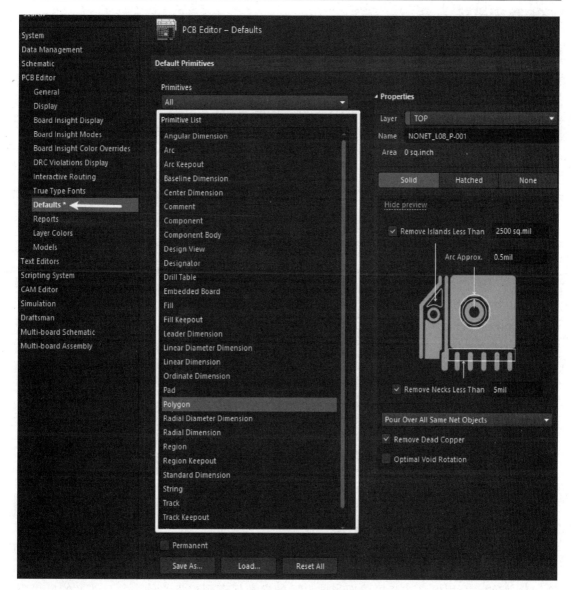

图 2-17　"Defaults" 选项卡的设置

　　PCB 默认参数的设置也提供了自定义保存和加载的功能，方便下次设计时直接调用，而无须对每一次的设计文件都进行重复的设置。一般推荐对最常用的几个元素进行设置即可，即 Fill、Pad、Polygon、String、Track、Via。

2.2.10　"Layer Colors" 选项卡

　　Altium Designer 提供了丰富的配色，方便用户快速识别每一层。

　　执行 "Tools" → "Preferences" → "PCB Editor" → "Layer Colors" 操作，出现如图 2-18 所示的界面，在这里可以对 PCB 每层的颜色进行设置。

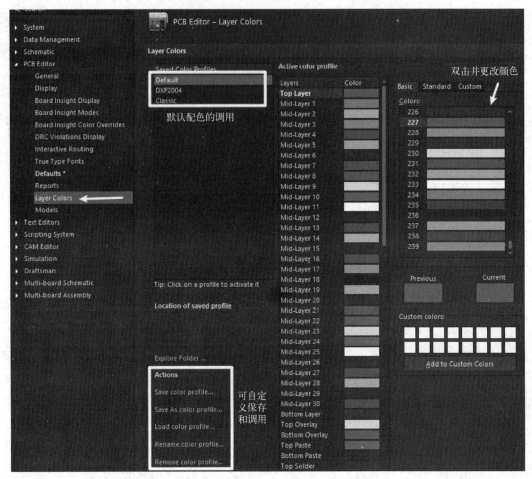

图 2-18　"Layer Colors" 选项卡的设置

2.3　系统参数的保存与调用

如图 2-19 所示，在 "Preferences" 选项卡中，其左下方各有一个保存（Save）和加载（Load）按钮。利用保存按钮可以把当前设置的参数保存到目标文件中，文件名的后缀为 ". DXPprf"。

须要调用时，把后缀名为 ". DXPprf" 的文件加载进来即可。Alitum Designer 22 也提供了一个从当前计算机的低版本导入设置的选项，如果计算机里面装有低版本的 Altium Designer 软件，可以通过单击 "Import From" 按钮导入。

2.4　工程文件管理

如图 2-20 所示，在 Altium Designer 中，一个完整的工程应该包含：原理图文件、网络表文件、PCB 文件、封装库文件、零件库文件等，并且应保证工程中文件的唯一性。例如，Demo. PrjPCB 是一个 ASCII 文本文件，它包括工程中的文件与输出的相关设置。与工程无关的文件称为 "自由文件"。

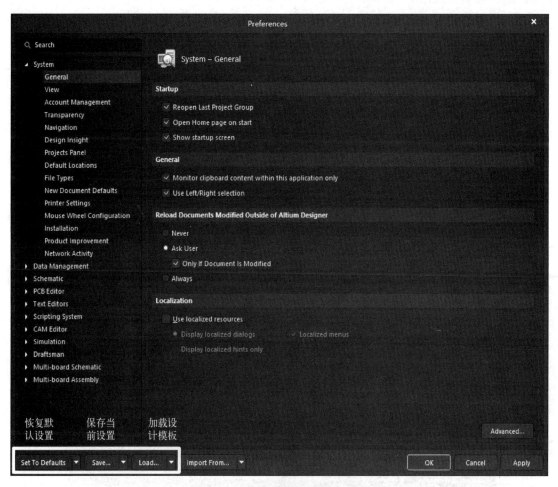

图 2-19　系统参数的保存与调用

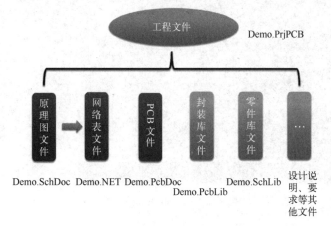

图 2-20　工程的组成

　　本节将以 PCB 工程创建过程为例进行介绍。首先创建工程文件；其次创建一个新的原理图并将其加入新创建的工程中；最后创建一个新的 PCB，将其加入工程中。

2.4.1　新建工程

创建一个全新工程文件的具体操作步骤如下所述。

（1）打开 Altium Designer 软件，执行"File"→"New"→"Project…"操作，如图 2-21 所示，出现"Create Project"窗口。

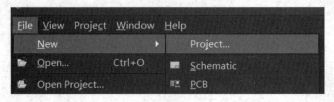

图 2-21　新建工程

（2）对新建工程的属性进行设置，如图 2-22 所示。

① 位置（LOCATIONS）：选择"Local Projects"。

② 工程类型（Project Type）：选择"PCB"。

③ 工程名称（Project Name）：输入自定义的名称（可以为中文）。

④ 路径（Folder）：保存到自定义目录即可（可以是中文目录）。

⑤ 参数（Parameters）：默认即可。

设置好以上属性之后，单击"Create"按钮，一个不带任何其他文件的"工程"就已经创建好了。

图 2-22　"Create Project"窗口

（3）如果对新建工程文件的保存路径或者名称不满意，可以通过执行"File"→"Save Project As…"操作重新更换保存路径或者名称；在新建工程文件上单击鼠标右键，通过执行"Rename…"操作可以重新命名工程的名称（原理图、PCB 文件也是一样）；可以通过执行"Close Project"操作关闭工程，然后重新创建，如图 2-23 所示。

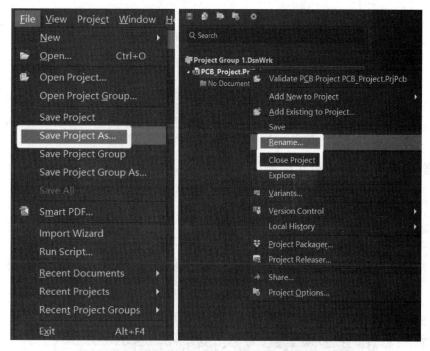

图 2-23 工程路径或者名称的变更，以及工程的关闭

2.4.2 已存在工程文件的打开与路径查找

（1）在设计当中若要打开已存在的工程文件，可以通过以下操作来实现。

执行"File"→"Open"操作，也可以单击标准工具栏中的图标，出现如图 2-24 所示的窗口，在该窗口中选择工程文件（.PrjPcb 后缀），单击"打开"按钮，即可打开已存在的工程文件。

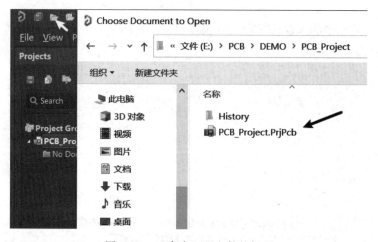

图 2-24 已存在工程文件的打开

（2）若要查找工程文件在计算机中存放的具体位置，可以在工程文件上单击鼠标右键，执行"Explore"操作，如图 2-25 所示，直接打开该工程文件的存放路径。

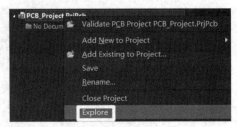

图 2-25　工程文件路径的查找定位

2.4.3　新建或添加原理图元件库

1. 新建原理图元件库

（1）如图 2-26 所示，执行"File"→"New"→"Library"→"Schematic Library"操作，即可创建一个新的元件库。

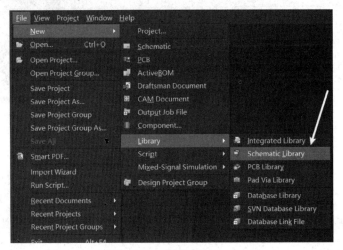

图 2-26　新建元件库

（2）单击工具栏中的保存按钮 🔲 或按快捷键"Ctrl+S"，保存新建的元件库及更改元件库的名称，如图 2-27 所示。

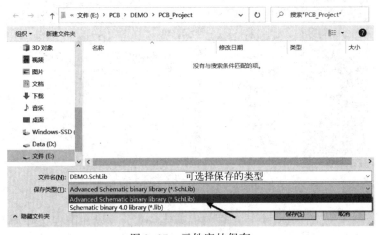

图 2-27　元件库的保存

2. 添加与移除已存在的元件库

（1）如图 2-28 所示，在工程文件上单击鼠标右键，执行"Add Existing to Project…"操作，选择需要添加的元件库，然后保存一下工程即可完成添加。

（2）如果要移除现有的元件库，单击鼠标右键，如图 2-29 所示，执行"Remove from Project…"操作，即可移除相应的元件库。

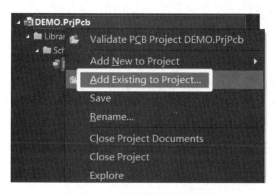
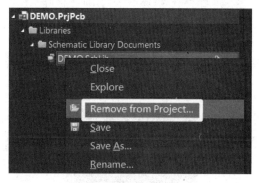

图 2-28　添加已存在元件库　　　　　　　　　图 2-29　移除元件库

2.4.4　新建或添加原理图

1. 新建原理图

（1）执行"File"→"New"→"Schematic"操作，即可创建一页新的原理图。

（2）执行"保存"操作，把新建的原理图命名之后添加到当前工程中。

2. 已存在原理图的添加与移除

（1）添加操作：在工程文件上单击鼠标右键，执行"Add Existing to Project…"操作，选择需要添加的原理图文件，然后保存一下工程即可完成添加。

（2）移除操作：选中要移除的原理图文件后，单击鼠标右键，执行"Remove from Project…"操作，即可移除已存在的原理图文件。

2.4.5　新建或添加 PCB 封装库

1. 新建 PCB 封装库

（1）执行"File"→"New"→"Library"→"PCB Library"操作，即可创建一个新的 PCB 封装库。

（2）执行"保存"操作，将新建的 PCB 封装库命名之后添加到当前的工程中。

2. 已存在 PCB 封装库的添加与移除

（1）添加操作：在工程文件上单击鼠标右键，执行"Add Existing to Project…"操作，选择需要添加的 PCB 封装库文件，然后保存一下工程即可完成添加。

（2）移除操作：选中要移除的 PCB 封装库文件后，单击鼠标右键，执行"Remove from Project…"操作，即可移除已存在的 PCB 封装库文件。

2.4.6 新建或添加 PCB 库

1. 新建 PCB 库

（1）执行"File"→"New"→"PCB"操作，即可创建一个新的 PCB 库。

（2）执行"保存"操作，把新建的 PCB 库命名之后添加到当前的工程中。

2. 已存在 PCB 库的添加与移除

这部分操作和已存在元件库的添加与移除一样，可以对已存在的 PCB 库进行添加与移除操作。

上述文件创建并保存之后，一个完整的工程就已经创建好了，为了方便后期的管理与维护，建议将与工程相关的所有文件存放在同一个目录下，如图 2-30 所示。

图 2-30　工程中文件的关联及文件的本地存储

Altium Designer 采用工程的方式来对所有的设计文件进行维护和管理，并且须要将设计文件加入工程中。单独的设计文件称为自由文件（Free Documents），选中这种文件，直接利用鼠标拖曳的方式即可将其拖入已存在的工程中，如图 2-31 所示。

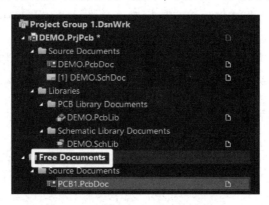

图 2-31　自由文件（Free Documents）

2.5 本章小结

本章介绍了 Altium Designer 系统参数和软件环境的设置，还介绍了 Altium Designer 工程文件的架构，以及创建工程文件的全流程。

第 3 章　元件集成库设计与管理

3.1　集成库概述

Altium Designer 具有独立的集成库支持设计。集成库中具有原理图中的器件符号、PCB 封装、电路仿真模块、信号完整性分析模块、3D 模块等模型文件，有很好的移植性和共享性，非常便于集中管理。

3.2　集成元件库的基本步骤

Altium Designer 生成一个完整的元件集成库的基本步骤如图 3-1 所示。

（1）新建元件库文件：创建新的元件库文件，包括原理图元件库和 PCB 元件库。

（2）添加新的原理图元件：绘制具体的元件，包括几何图形的绘制和引脚属性的编辑。

（3）原理图元件属性的编辑：整体编辑元件的属性。

（4）绘制元件的 PCB 封装：绘制元件原理图库所对应的 PCB 封装。

（5）元件检查与报表生成：检查绘制的元件并生成相应的报表。

（6）生成元件集成库：将元件原理图库和元件 PCB 库集合生成元件集成库。

下面我们以单片机 AT89S51 为例来讲述元件集成库的创建工作。图 3-2 和图 3-3 所示分别为单片机 AT89S51 的原理图封装和 PCB 元件封装尺寸。

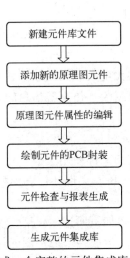

U1	
1 P1.0	VCC 40
2 P1.1	P0.0 39
3 P1.2	P0.1 38
4 P1.3	P0.2 37
5 P1.4	P0.3 36
6 P1.5	P0.4 35
7 P1.6	P0.5 34
8 P1.7	P0.6 33
9 RESET	P0.7 32
10 RXD	EA 31
11 TXD	ALE 30
12 INT0	PSEN 29
13 INT1	P2.7 28
14 T0	P2.6 27
15 T1	P2.5 26
16 WR	P2.4 25
17 RD	P2.3 24
18 XTAL2	P2.2 23
19 XTAL1	P2.1 22
20 GND	P2.0 21

IC_AT89S51

图 3-1　生成一个完整的元件集成库的基本步骤　　　　图 3-2　单片机 AT89S91 的原理图封装

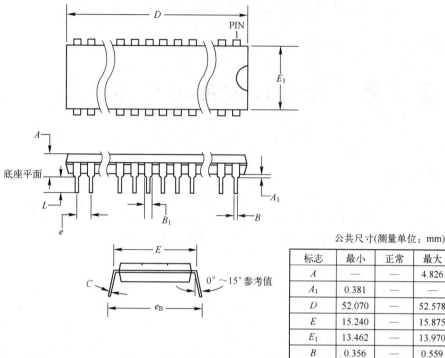

公共尺寸(测量单位：mm)

标志	最小	正常	最大	备注
A	—	—	4.826	
A₁	0.381	—	—	
D	52.070	—	52.578	附注2
E	15.240	—	15.875	
E₁	13.462	—	13.970	附注2
B	0.356	—	0.559	
B₁	1.041	—	1.651	
L	3.048	—	3.556	
C	0.203	—	0.381	
e_B	15.494	—	17.526	
e	2.540			典型值

附注：1. 此封装符合参考MS-011的JEDEC。
　　　 2. 尺寸D和E，不包括模具飞边或凸起的情况，
　　　　 模具的飞边或凸起不得超过0.25mm。

图 3-3　单片机 AT89S91 的 PCB 元件封装尺寸

3.3　原理图元件库设计

　　原理图元件库是一个或多个用于原理图绘制的元件符号的集合。元件符号是一个元件在原理图中的表现形式，主要包含引脚、元件图形、元件属性。

　　（1）引脚：元件的电气连接点，是电源、电气信号的出入口，它与 PCB 库中元件封装中的焊盘相对应。

　　（2）元件图形：用于示意性地表达元件实体和原理的无电气意义的绘图元素的集合。

　　（3）元件属性：元件的标号、注释、型号、电气值、封装、仿真等信息的集合。

　　原理图元件库文件的存在形式主要有以下 3 种：

　　（1）作为某个 PCB 工程中的文件，为 PCB 工程提供元件。

　　（2）作为独立文件，可在工作区中被任何工程和原理图文件使用。

　　（3）作为集成库工程中的文件，与其他库文件（如 PCB 库文件、仿真模型文件等）一起被编译成集成库。

　　在集成库项目下新建一个原理图元件库文件的操作步骤如下所述。

　　执行 "File" → "New" → "Schematic Library" 操作，生成一个原理图元件库文件，默认名称为 "Schlib1. SchLib"，同时启动原理图元件库文件编辑器，如图 3-4 所示。

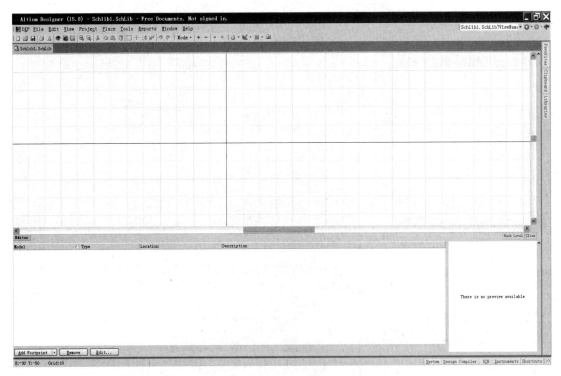

图 3-4 启动原理图元件库文件编辑器

3.4 原理图元件属性编辑

在原理图元件库编辑环境中编辑元件的具体步骤如下所述。

单击原理图编辑界面右下角的按钮，或执行"View"→"Workspace Panels"→"SCH"操作，打开如图 3-5 所示的"SCH"菜单，在其中选择"SCH Library"选项，打开如图 3-6 所示的"SCH Library"面板，在该面板中即可对元件的属性进行编辑。

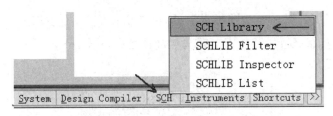

图 3-5 "SCH"菜单

3.4.1 原理图元件库工具箱应用介绍

实用工具栏中包含两个重要的工具箱：绘制原理图工具箱和 IEEE 符号工具箱。

（1）绘制原理图工具箱：单击图标 ，即可弹出相应的功能按钮，各个功能按钮的功能介绍在"Place"菜单栏下有相对应的关系，如图 3-7 所示，主要是包括放置直线、文本、引脚等功能。

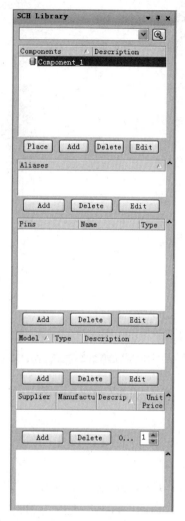

图 3-6　"SCH Library" 面板

图 3-7　绘制原理图工具箱

（2）IEEE 符号工具箱：单击图标 ⬛·，即可弹出相应的功能按钮。该工具箱主要用于放置信号方向、阻抗状态符号和数字电路基本符号等，如图 3-8 所示。

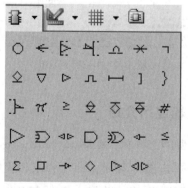

图 3-8　IEEE 符号工具箱

3.4.2　绘制库元件

（1）新建一个库元件。在原理图元件库编辑界面下，执行"Tools"→"New Component"操作，如图 3-9 所示。

（2）新建元件命名。在弹出的"New Component Name"对话框中填写元件的名称，这里我们以单片机 AT89S51 为例，输入名称"IC_AT89S51"，如图 3-10 所示。

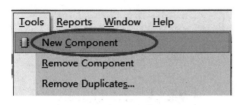

图 3-9　新建一个库元件

图 3-10　"New Component Name"对话框

（3）绘制元件图形。执行"Place"→"Rectangle"操作（快捷键为"P＋R"），如图 3-11 所示。这时光标变成十字形，并有一个矩形框图样出现在光标的右上角，如图 3-12 所示。在原理图封装编辑环境中第一次单击鼠标左键可完成矩形框的起点，第二次单击鼠标左键用于确定矩形框的终点，但此时软件并没有结束矩形框的绘制命令，此时如果想结束矩形框的绘制可以单击鼠标右键，或按下键盘中的"Esc"键。绘制完成后的矩形框如图 3-13 所示。

图 3-11　执行"Place"→"Rectangle"操作

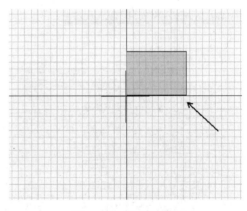

图 3-12　绘制矩形框

（4）添加引脚。在绘制区域执行"Place"→"Pin"操作，如图 3-14 所示。依次进行添加引脚的操作。添加完引脚后的效果如图 3-15 所示。

这里要特别注意引脚的方向，在放置和移动引脚时，带"×"标志的一端必须朝外，其端点具有电气属性，可以连接到其他网络或引脚上，如图 3-16 所示。

（5）修改引脚参数。

① 执行"View"→"Workspace Panels"→"SCH"→"SCHLIB List"操作，打开"SCHLIB List"面板。

② 在"SCHLIB List"面板中单击鼠标右键，选择"Choose Columns…"菜单，如图 3-17 所示。

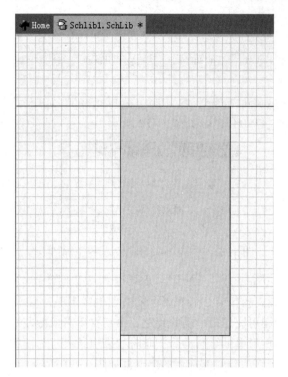

图 3-13　绘制完成后的矩形框

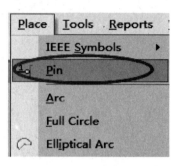

图 3-14　执行 "Place" → "Pin" 引脚

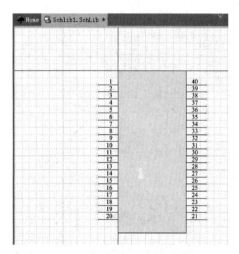

图 3-15　添加完引脚后的效果

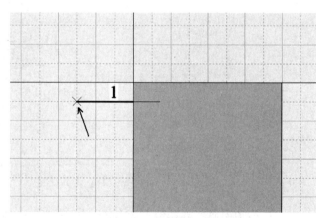

图 3-16　"×"标志引脚的方向

③ 在弹出的 "Columns Setup" 对话框中，由于本例只需要显示 "Name" 和 "Pin Designator" 这两个参数，所以在右边的下拉菜单框中单击 "Show"，然后再单击 "OK" 按钮完成设置，如图 3-18 所示。

④ 如图 3-19 所示，返回至 "SCHLIB List" 面板，将范围选择为 "all objects"，另将模式改为 "Edit" 模式，然后就可以从 "datasheet" 中直接复制引脚的名称，将其粘贴到相应的引脚上。完成引脚属性编辑后的原理图封装如图 3-20 所示。

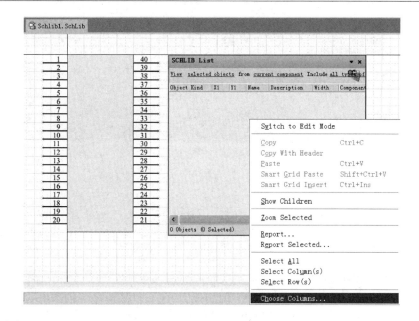

图 3-17　选择"Choose Columns…"菜单

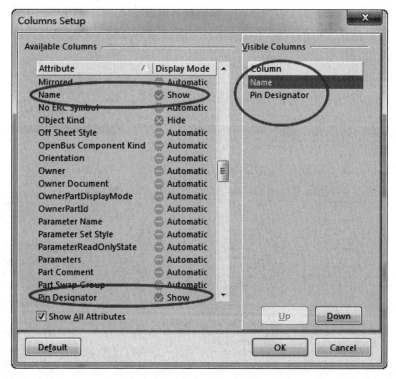

图 3-18　"Columns Setup"对话框

　　如果想修改其他的属性，也可以将相应的属性打开，在"Edit"模式下直接批量修改即可。这样提高了用户创建原理图封装的效率。

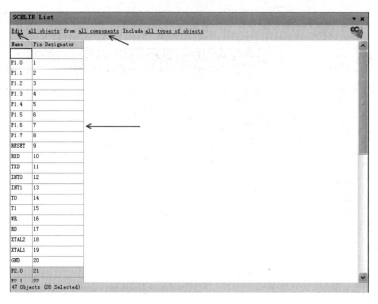

图 3-19　"SCHLIB List" 面板

（6）添加元件属性。如图 3-21 所示，在 "SCH Library" 面板中，选中 "IC_AT89S51" 元件，单击 "Edit" 按钮，进入 "Library Component Properties" 对话框，如图 3-22 所示。在该对话框中，对常规元件的属性进行设置，一般需要为元件添加的属性为元件位号初始字母、元件值、封装信息等。

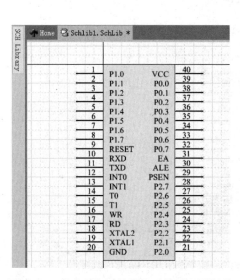

图 3-20　完成引脚属性编辑后的原理图封装

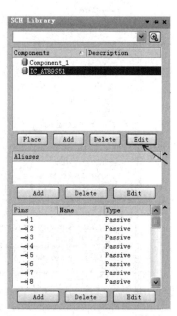

图 3-21　打开元件属性界面

（7）单击 "Library Component Properties" 对话框中的 "OK" 按钮，完成并保存元件库的制作。

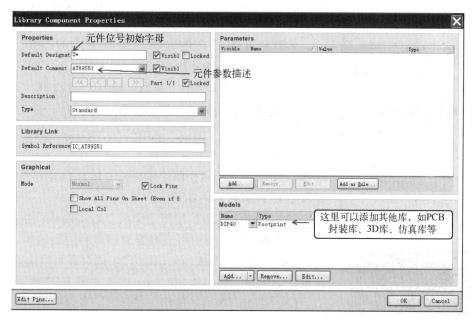

图 3-22　"Library Component Properties"对话框

3.5　PCB 封装库设计

PCB 封装库的设计有两种方法：通过元件向导制作和手工绘制封装。下面以创建 AT89S51 芯片的 PCB 封装为例，进行操作步骤的讲解。

3.5.1　元件向导制作 PCB 封装

1. 新建 PCB 库文件

执行"File"→"New"→"Library"→"PCB Library"操作，系统生成一个 PCB 库文件，默认名称为"PcbLib1. PcbLib"，同时启动 PCB 封装文件编辑界面，如图 3-23 所示。

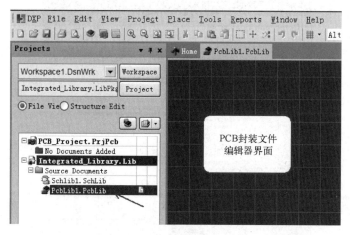

图 3-23　新建 PCB 封装文件

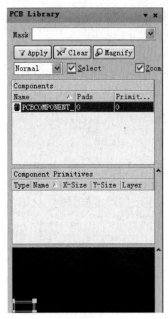

图 3-24　"PCB Library" 面板

2. 打开 PCB 元件库编辑器

单击 PCB 封装文件编辑界面右下角的按钮，或执行 "View" → "Workspace Panels" → "PCB" → "PCB Library" 操作，打开 "PCB Library" 面板，如图 3-24 所示。

3. 使用元件向导制作元件封装

（1）在 "PCB Library" 面板中的 "Components" 标签下，单击鼠标右键，在弹出的菜单中选择 "Component Wizard..." 菜单，如图 3-25 所示，即可开始进入 PCB 封装创建向导，并弹出如图 3-26 所示的界面。

（2）单击 "Next" 按钮，弹出 "Component patterns" 界面。在该界面中，用户可以根据封装类型进行选择，本例选择 "Dual In-line Packages（DIP）"，同时还可以选择 PCB 封装设计的单位，如 "Metric（mm）"，如图 3-27 所示。

（3）单击 "Next" 按钮，在弹出的界面中进行焊盘参数的设置，如图 3-28 所示。

图 3-25　选择 "Component Wizard..." 菜单

图 3-26　"PCB Component Wizard" 界面

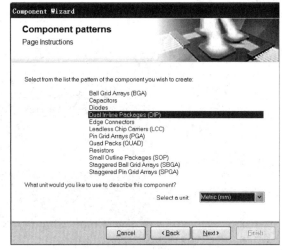

图 3-27　"Component patterns" 界面

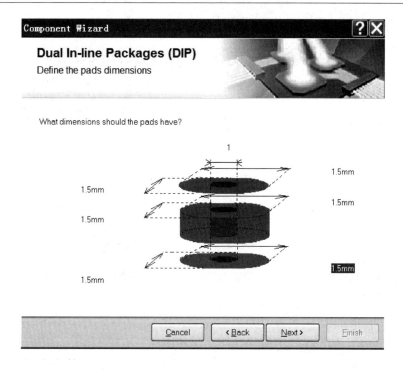

图 3-28　"Dual In-line Packages（DIP）"界面（1）

（4）单击"Next"按钮，在弹出的界面中进行焊盘间距和跨距的设置，如图 3-29 所示。

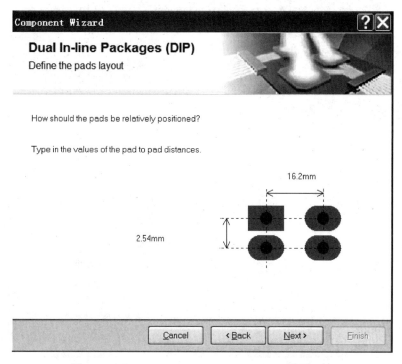

图 3-29　"Dual In-line Packages（DIP）"界面（2）

（5）单击"Next"按钮，在弹出的界面中进行丝印的设置，如图 3-30 所示。

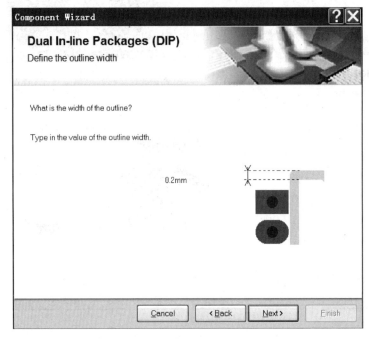

图 3-30　"Dual In-line Packages（DIP）"界面（3）

（6）单击"Next"按钮，在弹出界面中进行焊盘数量的设置，如图 3-31 所示。

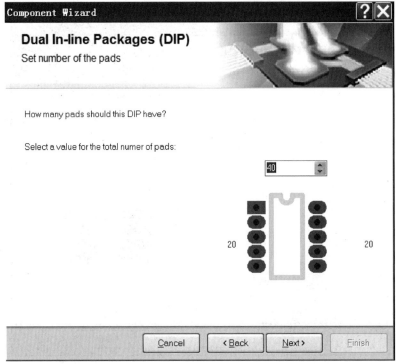

图 3-31　"Dual In-line Packages（DIP）"界面（4）

（7）单击"Next"按钮，在弹出界面中输入新建 PCB 封装的名称，如"DIP40"，如图 3-32 所示。

图 3-32　"Dual In-line Packages（DIP）"界面（5）

（8）单击"Next"按钮，在弹出的界面中单击"Finish"按钮，完成封装向导创建工作，如图 3-33 所示。完成后的 DIP40 封装如图 3-34 所示。

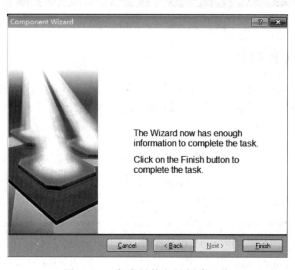

图 3-33　完成封装向导创建工作

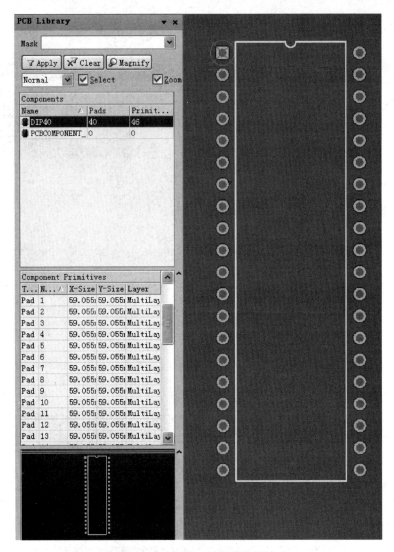

图 3-34　完成 DIP40 封装设计

3.5.2　手动绘制 PCB 封装

我们用图 3-35 所示的 SOT-223 封装尺寸为例来讲解如何手工绘制 PCB 封装。
Altium Designer 手工绘制 PCB 封装的操作步骤如下所述。

1. 新建焊盘

（1）单击 PCB 封装文件编辑界面右下角的按钮，或执行"View"→"Workspace
Panels"→"PCB"→"PCB Library"操作，打开"PCB Library"面板。

（2）在"PCB Library"面板中的"Components"标签下，单击鼠标右键，在弹出的菜
单中选择"New Blank Component"菜单，此时在"Components"标签页中添加一个新封装，
即"PCBComponent_1"，于此同时进入封装编辑界面。

（3）双击"PCBComponent_1"一栏，在弹出的"PCB Library Component［mil］"对话
框中，对封装进行重命名，如图 3-36 所示。

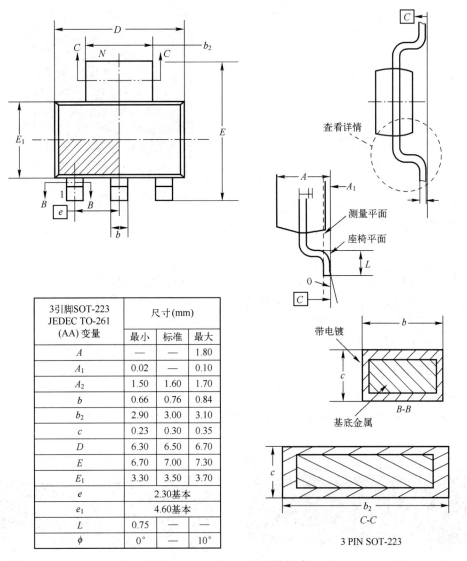

3引脚SOT-223 JEDEC TO-261 (AA) 变量	尺寸(mm)		
	最小	标准	最大
A	—	—	1.80
A_1	0.02	—	0.10
A_2	1.50	1.60	1.70
b	0.66	0.76	0.84
b_2	2.90	3.00	3.10
c	0.23	0.30	0.35
D	6.30	6.50	6.70
E	6.70	7.00	7.30
E_1	3.30	3.50	3.70
e	2.30基本		
e_1	4.60基本		
L	0.75	—	—
ϕ	0°	—	10°

图 3-35　SOT-223 的封装尺寸

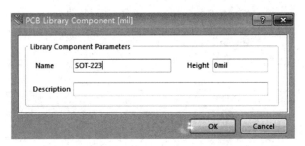

图 3-36　"PCB Library Component［mil］"对话框

（4）单击"Place"→"Pad"操作（快捷键为"P+P"），如图 3-37 所示。执行放置焊盘命令，此时，一个焊盘将粘贴在光标处，将其移动到原点位置并单击鼠标左键进行放置，如图 3-38 所示。

图 3-37　执行"Place"→"Pad"操作

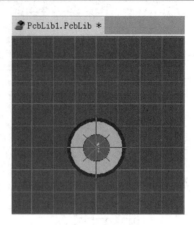

图 3-38　放置焊盘

2. 编辑焊盘尺寸

在移动焊盘的过程中，可以按键盘中的"Tab"键对焊盘的尺寸进行编辑。也可以在放置焊盘后，双击焊盘，进入焊盘的参数设置界面。在该界面中，对钻孔的尺寸和焊盘的尺寸进行设置，如图 3-39 所示，并单击"OK"按钮完成设置。

同样，放置大小、形状相同的 1 号焊盘和 3 号焊盘，以及上方 4mm×3mm 的 4 号焊盘。

3. 设置焊盘之间的间距

将 2 号焊盘放置到原点上，从 datasheet 中获知，1 号焊盘与 2 号焊盘的中心间距参数为 e，可取值为 2.30mm，双击 1 号焊盘，将 1 号焊盘的坐标更改为（-2.3mm,0mm），如图 3-40 所示。

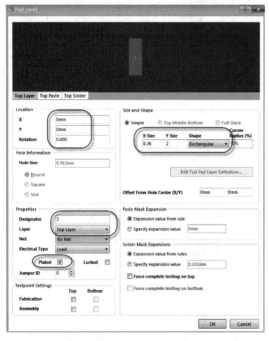

图 3-39　焊盘的参数设置界面

图 3-40　1 号焊盘的坐标设置

同样，将 3 号焊盘的坐标更改为（2.3mm，0mm），将 4 号焊盘的坐标更改为（0mm，5mm）。

4. 添加丝印

（1）执行"Place"→"Line"操作（快捷键为"P+L"），开始放置丝印 2D 线，可以先绘制一个矩形，如图 3-41 所示。

（2）双击丝印线，更改丝印线的线宽、坐标、所在的层等，如图 3-42 所示。用相同方法更改另外 3 段丝印线，即可完成丝印线的绘制，如图 3-43 所示。

图 3-41　绘制矩形丝印框

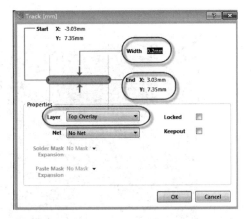

图 3-42　更改丝印线的线宽、坐标、所在的层等

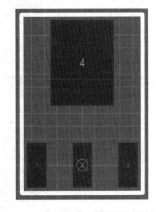

图 3-43　完成丝印线的绘制

5. 添加 1 脚标识丝印

很多时候，PCB 封装为了防呆设计，通常需要添加 1 脚标识丝印，一般 1 脚标识可以添加丝印"1"或用"○"来表示，本例讲解添加"○"的方法。

（1）执行"Place"→"Full Circle"操作，放置丝印标识。

（2）双击放置好的丝印标识，在弹出的对话框中将丝印的层属性更改为"Top Overlay"，如图 3-44 所示。

（3）单击"OK"按钮，完成 1 脚标识丝印的添加，如图 3-45 所示。

图 3-44　更改丝印的层属性

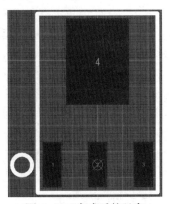

图 3-45　完成后的丝印

6. 更改原点参考点

通常情况下，贴片元件封装的参考点应设置在器件的中心位置。如图 3-46 所示，执行 "Edit" → "Set Preference" → "Center" 操作，此时便可将参考点设置在中心位置。完成参考点设置后的 PCB 封装如图 3-47 所示。

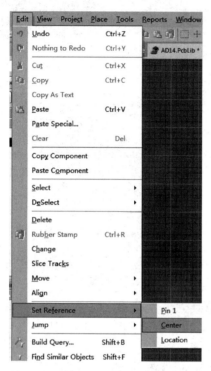

图 3-46　设置参考点

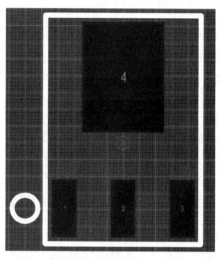

图 3-47　完成参考点设置后的 PCB 封装

7. 执行保存并完成 PCB 封装的创建工作

执行 "文件" → "保存" 操作，或者单击软件左上角的 "保存" 按钮进行保存，即可完成 PCB 封装的创建工作。

3.6　元件检查与报表生成

"Reports" 菜单中提供了一些使系统可自动生成某元件封装和元件库封装的一系列报

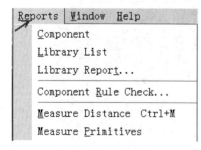

图 3-48　报告菜单

表的子菜单。通过报表，我们可以了解某个元件封装的信息和元件规则检查，也可以了解整个元件库的信息。执行 "Reports" 操作，即可进入报告菜单，如图 3-48 所示。

1. 元件信息报表

在 "PCB Library" 面板的元件封装列表中选中一个元件后，执行 "Reports" → "Component" 操作，系统将自动生成该元件的信息报表，在工作窗口中将自动打开生成的报表，如图 3-49 所示。报表中给出了元件的名称、元件所在的元件库、创建日期和时间，并给出了元件封装中各个组成部分的详细信息。

PcbLib1.PcbLib　PcbLib1.CMP *

Component : DIP40
PCB Library : PcbLib1.PcbLib
Date : 2014-4-15
Time : 11:32:50

Dimension : 0.705 x 2.008 in

Layer(s)	Pads(s)	Tracks(s)	Fill(s)	Arc(s)	Text(s)
Multi Layer	40	0	0	0	0
Top Overlay	0	5	0	1	0
Total	40	5	0	1	0

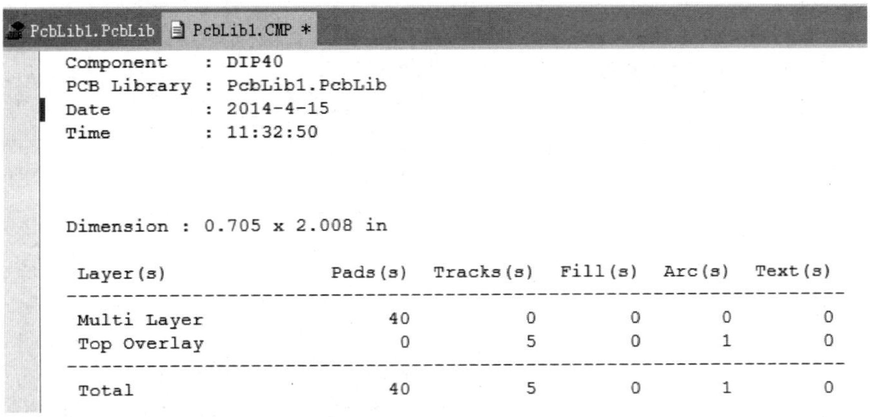

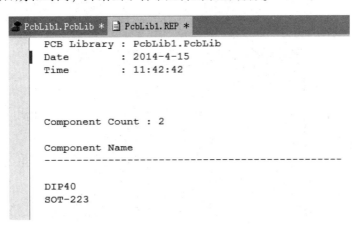

图 3-49　元件信息报表

2. 元件封装信息报表

执行“Reports”→“Library List”操作，系统将自动生成该元件库中所有元件的信息报表，在工作窗口中将自动打开生成的报表，如图 3-50 所示。报表中给出了该元件库所有元件的数量、创建日期和时间，并给出了各个元件封装的名称。

PcbLib1.PcbLib *　PcbLib1.REP *

PCB Library : PcbLib1.PcbLib
Date : 2014-4-15
Time : 11:42:42

Component Count : 2

Component Name

DIP40
SOT-223

图 3-50　元件封装信息报表

3. 元件封装库信息报表

执行“Reports”→“Library Report”操作，系统将自动生成元件封装库信息报表，如图 3-51 所示。在报表中，给出了封装库所有的封装名称，以及焊盘和本体的尺寸等信息。

4. 元件封装错误信息报表

Altium Designer 22 提供了元件封装错误的自动检测功能。执行“Reports”→“Component Rule Check”操作，系统将弹出如图 3-52 所示的对话框，在该对话框中可以设置元件符号错误检测的规则。

Protel PCB Library Report

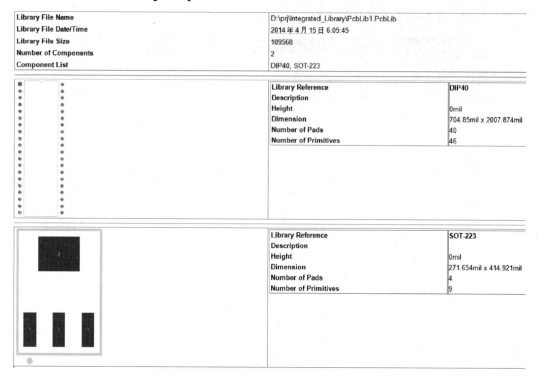

Library File Name	D:\prj\Integrated_Library\PcbLib1.PcbLib
Library File Date/Time	2014年4月15日 6:05:45
Library File Size	109568
Number of Components	2
Component List	DIP40, SOT-223

	Library Reference	DIP40
	Description	
	Height	0mil
	Dimension	704.85mil x 2007.874mil
	Number of Pads	40
	Number of Primitives	46

	Library Reference	SOT-223
	Description	
	Height	0mil
	Dimension	271.654mil x 414.921mil
	Number of Pads	4
	Number of Primitives	9

图 3-51　元件封装库信息报表

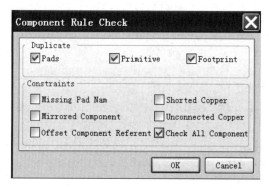

图 3-52　"Component Rule Check" 对话框

各项规则的描述如下。

1) "Duplicate"（重复检查）选项

➢ Pads：检查元件封装中重名的焊盘。

➢ Primitive：检查元件封装中重名的边框。

➢ Footprint：检查元件封装中重名的封装。

2) "Constraints"（约束条件）选项

➢ Missing Pad Name：检查元件封装中是否缺少焊盘名称。

➢ Mirrored Component：检查是否有镜像的元件封装。

> Offset Component Referent：检查参考点是否偏离本体。
> Shorted Copper：检查是否存在导线短路。
> Unconnected Copper：检查是否存在未连接铜箔。
> Check All Component：确定是否检查元件封装库中的所有封装。

保持默认设置，单击"OK"按钮，系统将自动生成元件封装错误信息报表，如图 3-53 所示，表示绘制的所有元件封装没有错误。

```
Altium Designer System: Library Component Rule Check
PCB File : PcbLib1
Date     : 2014-4-15
Time     : 14:02:54


Name               Warnings
-----------------------------------------------------------------
```

图 3-53　元件封装错误信息报表

3.7　生成集成元件库

如图 3-54 所示，在左侧的"Projects"列表中，右键单击"Integrated_Library. LibPkg"，在弹出的菜单中选择"Compile Integrated Library Integrated Library. LibPkg"。完成编译后，在当前项目的输出文件夹中就会生成一个集成库，即"Integrated_Library. IntLib"，如图 3-55 所示。接下来我们就可以在"Library"列表中直接调用这个集成元件库了，如图 3-56 所示。

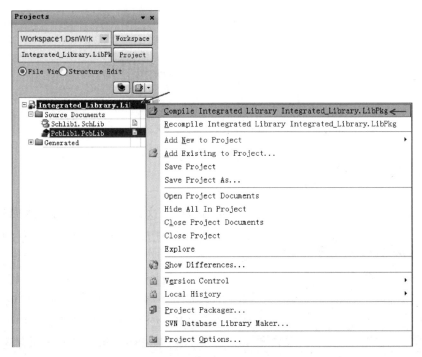

图 3-54　编译集成元件库的操作

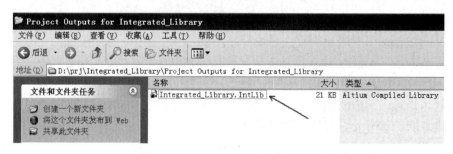

图 3-55　生成集成元件库

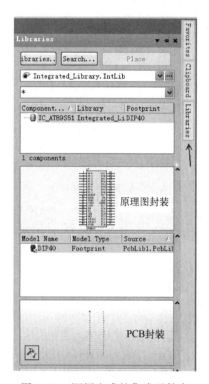

图 3-56　调用生成的集成元件库

3.8　分解集成元件库

有时须要对集成元件库里的分立库文件进行修改，这就须要分解集成元件库并单独编辑每一个分立库。分解集成元件库的步骤如下所述。

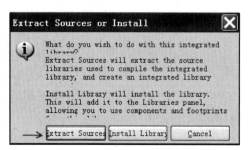

图 3-57　分解集成库

（1）打开一个"＊.IntLib"集成元件库，出现如图 3-57 所示的对话框。在该对话框中，单击"Extract Sources"按钮，此时系统会生成一个"＊.LibPkg"项目文档来保存这个项目。

（2）查看"＊.IntLib"所在的目录，系统会生成一个以这个集成元件库文件名命名的文件夹，所有的分立库文件就保存在这个文件夹中，如图 3-58 所示。

图 3-58　分解后的库文件

3.9　本章小结

　　本章介绍了 Altium Designer 平台中集成元件库的制作步骤，以及原理图元件库和 PCB 封装的绘制方法，使读者能够快速掌握较复杂元件库的制作方法。

　　通过本章的学习，读者能够了解集成库与元件库之间的区别和联系，并能够生成元件报表和元件库报表，了解元件和元件库的相关信息。

第4章　原理图设计

原理图，顾名思义就是表示电路板上各器件之间连接原理的图表。在方案开发等正向研究中，原理图的作用是非常重要的。另外，为了方便自己和他人读图，原理图的美观、清晰和规范也是十分重要的。

Altium Designer 原理图设计流程如图 4-1 所示。

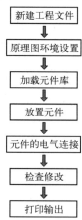

图 4-1　Altium Designer 原理图设计流程

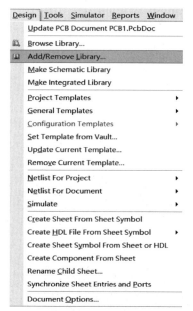

图 4-2　执行"Design"→"Add/
Remove Library…"操作

4.1　加载元件库

有两种方法加载元件库：从项目文件中加载和从系统工具栏加载。

1. 从项目文件中加载

（1）执行"Design"→"Add/Remove Library…"操作，如图 4-2 所示。

（2）在弹出的对话框中单击"Add Library"按钮，弹出"打开"对话框。

（3）如图 4-3 所示，在"打开"对话框中选择"*.SCHLIB"后缀的文件格式，添加已准备好的 SCH Library，单击"OK"按钮。

2. 从系统工具栏加载

（1）如图 4-4 所示，单击原理图右下角的"System"

图 4-3　"打开"对话框（1）

选项，在弹出的选项框中勾选"Libraries"面板项。

（2）如图 4-5（a）所示，在弹出的"Libraries"对话框中单击"Libraries…"按钮。

（3）如图 4-5（b）所示，在弹出的"Available Libraries"对话框中单击"Add Library…"按钮。

（4）如图 4-6 所示，在弹出的"打开"对话框中选择"＊.SCHLIB"后缀的文件格式，添加已准备好的 SCH Library，单击"OK"按钮。

图 4-4　勾选"Libraries"面板项

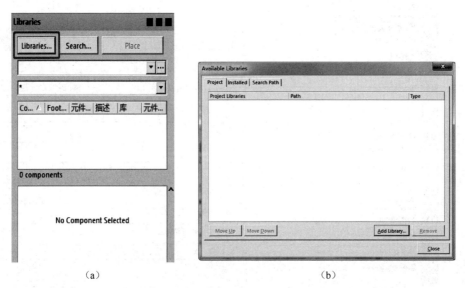

（a）　　　　　　　　　　　　　　　（b）

图 4-5　"Libraries"对话框和"Available Libraries"对话框

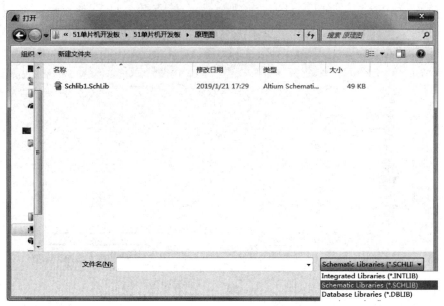

图 4-6 "打开"对话框（2）

4.2 放置元件

放置元件的具体步骤如下所述。

（1）如图 4-7 所示，在电路原理图编辑窗口下，执行"Place"→"Part…"操作，或按快捷键"P+P"。

（2）在弹出的"Place Part"对话框中单击"Choose"按钮，如图 4-8 所示。

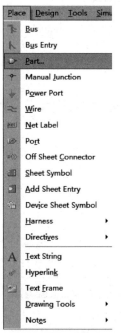

图 4-7 执行"Place"→"Part…"操作

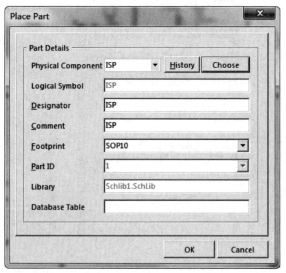

图 4-8 "Place Part"对话框

（3）在弹出的"Browse Libraries"对话框中选择所需要的元件型号，单击"OK"按钮，如图 4-9 所示。

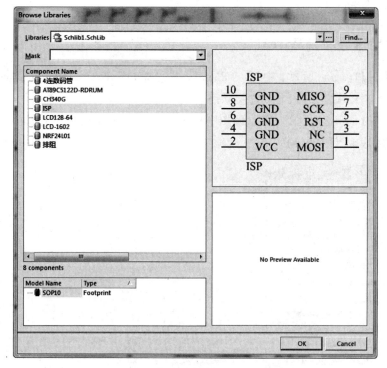

图 4-9　"Browse Libraries"对话框

（4）在单击"OK"按钮后，就会将元件放置在单击鼠标的位置，如图 4-10 所示。

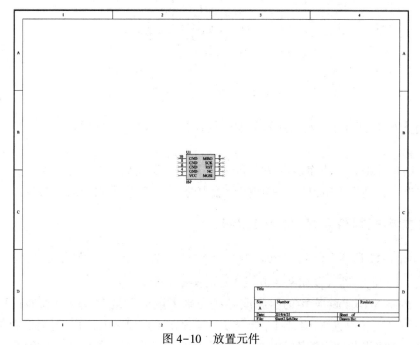

图 4-10　放置元件

4.3　元件的电气连接

4.3.1　绘制电气导线（Wire）

（1）如图 4-11（a）所示，执行"Place"→"Wire"操作，或单击工具栏中的 ≋ 图标，或按快捷键"P+W"进入导线连接状态。

（2）如图 4-11（b）所示，在原理图中单击一个元件的引脚电气连接点，当出现光标符号后，即开始这条导线的连接。

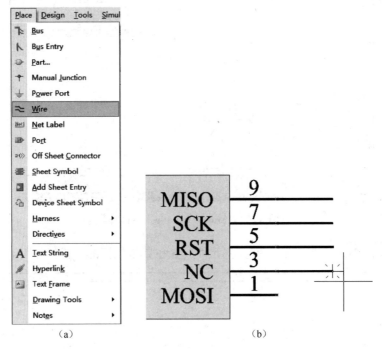

（a）　　　　　　　　　　　　（b）

图 4-11　绘置电气导线

（3）将光标移动到另一个元件的引脚电气连接点，单击一次鼠标左键，结束这条导线的绘制工作。

注意：结束一条导线的连接后并没有退出导线连接状态，还可继续连接其他元件的导线。若需要退出，则可单击鼠标右键或按键盘中的"Esc"键退出当前状态。

4.3.2　添加电气网络标签（Net Label）

（1）如图 4-12 所示，执行"Place"→"Net Label"操作，或单击工具栏中的 Net 图标，或按快捷键"P+N"，进入添加网络电气属性的操作命令。

（2）在需要 Net Label 连接的引脚或导线上单击鼠标左键放置。可以通过按键盘中的"Tab"键，或在完成放置 Net Label 后双击其，在弹出的"Net Label"对话框中更改其电气属性，这里向大家推荐使用按键盘中的"Tab"键的更改方式，如图 4-13 所示。

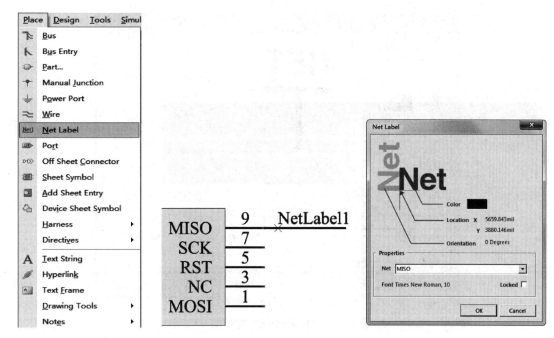

图 4-12　执行"Place"→
　　　　"Net Label"操作

图 4-13　放置 Net Label 并修改其电气属性

4.3.3　放置电源和接地符号（Power Port）

（1）如图 4-14 所示，执行"Place"→"Power Port"操作，或单击工具栏中的"Ucc"电源符号和"⏚"接地符号，或按快捷键"P+O"执行操作，出现光标后即可放置电源和接地符号。

（2）在放置电源和接地符号的状态下，按键盘中的"Tab"键，在弹出的"Power Port"对话框中可对其属性进行设置，如图 4-15 所示。

（3）放置结束后并没有退出放置状态，此时还可继续执行放置。若需要退出，则可通过单击鼠标右键或按键盘中的"Esc"键退出当前状态。

注意： 通过快捷键"P+O"执行操作时，会出现电源符号或者接地符号两种情况，若想下次执行快捷键出现的是电源符号，可先单击工具栏中的电源符号，然后取消，接下来执行快捷键就会一直处于电源符号模式，接地符号的与此相同。也可以通过按"Tab"键或双击电源和接地符号进入"Power Port"对话框，在该对话框中单击"Style"，选择"GOST Power Ground"进行符号修改，如图 4-16 所示。

图 4-14　执行"Place"→
　　　　"Power Port"操作

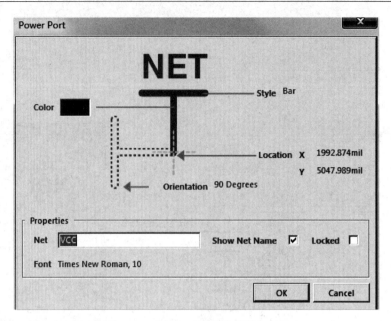

图 4-15　"Power Port" 对话框（1）

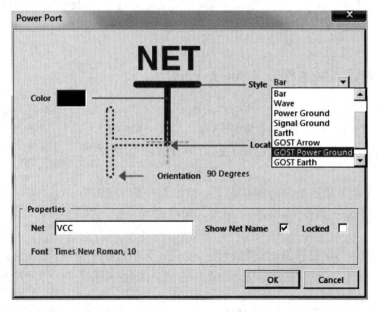

图 4-16　"Power Port" 对话框（2）

4.3.4　放置总线（Bus）

　　总线的应用使得绘制原理图和读原理图更为方便，同时也使原理图更美观，其是一种简化复杂走线的表现形式，从中可清晰地了解到原理图中各元件间的连接关系。

　　执行 "Place" → "Bus" 操作，或单击工具栏中的 图标，或按快捷键 "P+B"，出现光标即可放置总线，如图 4-17 所示。

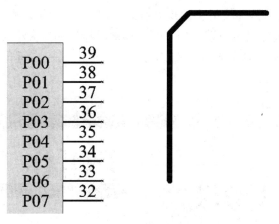

图 4-17 放置总线

4.3.5 连接总线（Bus Entry）

执行 "Place" → "Bus Entry" 操作，或单击工具栏中的 图标，或按快捷键 "P+U"，在总线主干线上的每根数据线的位置处即可放置一个总线支线，在放置的过程中按空格键可改变总线支线的摆放方向，如图 4-18 所示。

执行 "Place" → "Net Label" 操作，或单击 图标，进入放置 Net Label 状态。在放置的过程中，按键盘中的 "Tab" 键或放置好 "Net Label" 后双击其即可更改总线属性，然后将数据线依次连接到总线支线上，更改总线属性及完成总线连接后如图 4-19 所示。

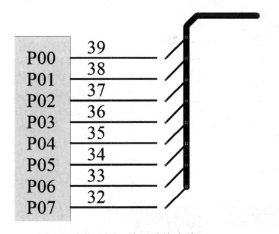

图 4-18 放置总线支线

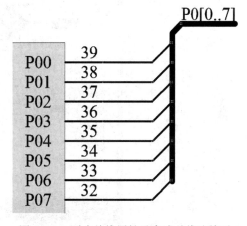

图 4-19 更改总线属性及完成总线连接后

4.3.6 Port 端口操作

在设计原理图时，通过放置相同网络标号的输入/输出端口，也可以表示一个电路网络与另一个电路网络的电气连接关系。端口（Port）是层次化原理图设计中不可缺少的组件。

1. 添加端口

（1）执行 "Place" → "Port" 操作，或单击 图标，或按快捷键 "P+R"，进入放置端口设计状态，此时光标变成十字形，同时一个端口符号悬浮在光标上，移动光标到原理图的合适位置，在光标和导线相交处会出现红色的"×"，这表明实现了电气连接。

（2）单击鼠标左键即可定位端口的一端，移动鼠标使端口大小合适。

（3）再次单击鼠标左键完成一个端口的放置，单击鼠标右键退出放置端口设计状态，端口放置完成后如图 4-20 所示。

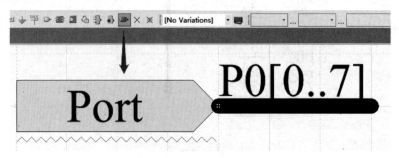

图 4-20　添加端口的操作

2. 端口属性的更改

在放置端口的过程中按键盘中的"Tab"键或放置好端口后双击端口，即可打开"Port Properties"对话框。在该对话框中可更改端口的属性，并将端口放置到总线上，如图 4-21 所示。

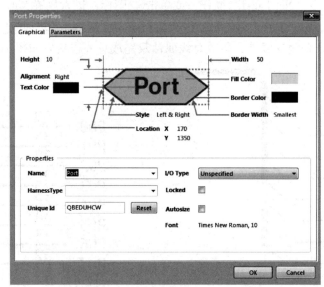

图 4-21　"Port Properties"对话框

"Port Properties"对话框中主要包括以下属性设置。

（1）Height：用于设置端口的外形高度。

（2）Alignment：用于设置端口名称在端口符号中的位置，可设置为 Left、Right 和 Center。

（3）Text Color：用于设置端口内文本的颜色，单击后面的色块可以进行设置。

（4）Style：用于设置端口的外形。系统默认的设置为"Left & Right"。

（5）Location：用于定位端口的水平和垂直坐标。

（6）Width：用于设置端口的长度。

（7）Fill Color：用于设置端口中的填充颜色。

（8）Border Color：用于设置端口边界的颜色。

（9）Name：用于定义端口的名称，具有相同名称的端口在电气上是连接在一起的。

（10）I/O Type：可以定义端口的 I/O 类型，如未确定类型、输入、输出、双向类型。

4.4 添加二维线和文字

用户在原理图的关键位置添加二维线和文字，可以增加原理图的可读性。

1. 添加二维线

（1）执行"Place"→"Drawing Tools"→"Line"操作，或按快捷键"P+D+L"，即可进入添加二维线状态。

（2）单击鼠标左键定位二维线的一端，移动光标并再次单击鼠标左键，完成一条二维线的绘制。

单击鼠标右键可以退出放置二维线的工作状态。

这里需要注意的是：二维线是没有任何电气属性的，通常用于原理图标识。

2. 添加文字

（1）执行"Place"→"Text String"操作，或按快捷键"P+T"，此时光标变成十字形，并带有一个"Text"的文本字。

（2）移动光标到合适的位置后，单击鼠标左键放置文本，如图 4-22 所示。

（3）按键盘中的"Tab"键，或者双击需要设置属性的文本字，弹出"Annotation"对话框，如图 4-23 所示。在该对话框中，可以设置文字的颜色、位置、坐标，以及具体的文字说明和字体。

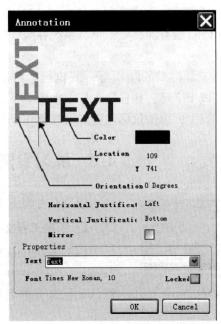

图 4-22　放置文本字　　　　图 4-23　"Annotation"对话框

3. 添加文本框

如果用户想在原理图中添加大量的文字说明，则需要使用文本框。

（1）执行"Place"→"Text Frame"操作，此时光标变成十字形。

（2）单击鼠标左键，确定文本框的一个端点，移动光标到合适的位置后，再次单击鼠标左键确定文本框对角线上的另一个端点，完成文本框的放置，如图 4-24 所示。

（3）按键盘中的"Tab"键或者双击需要设置属性的文本框，弹出"Text Frame"对话框，如图 4-25 所示。在该对话框中，可以设置文字的颜色、位置，以及具体的文字说明和字体等。

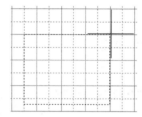

图 4-24　放置文本框

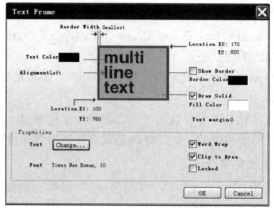

图 4-25　"Text Frame"对话框

4.5　放置 NO ERC 检查测试点

放置 NO ERC 检查测试点的目的是让软件在进行电气规则检查时，忽略对某些节点的检查。例如，系统默认输入型引脚必须连接，但实际上某些输入型引脚不连接也是可以的，如果不放置 NO ERC 检查测试点，那么系统在编译时就会生成错误信息，并在引脚上放置错误标记。

单击布线工具栏中的⊠图标，或执行"Place"→"Directives"→"Generic No ERC"操作，光标变成十字形，并且在光标上粘附一个红叉，将光标移动到需要放置 NO ERC 的原理图元件的节点上，单击鼠标左键即可放置一个 NO ERC 检查测试点。

4.6　练习案例：绘制电源电路原理图

绘制电源电路原理图的步骤如下所述。

1. 新建工程文件

（1）在 Altium Designer 界面中，执行"File"→"New"→"Project"→"PCB Project"操作，创建一个新的工程文件，默认工程文件的名称为"PCB_Project1.PrjPCB"，如图 4-26 所示。

图 4-26　创建新的工程文件

（2）在工程文件 PCB_Project1.PrjPCB 上单击鼠标右键，

在弹出的快捷菜单中选择"Save Project",在弹出的"保存文件"对话框中输入文件名"51单片机开发板.PrjPcb",并将其保存在指定的文件夹中。

2. 新建原理图文件

(1)在工程文件名称处单击鼠标右键,在弹出的快捷菜单中选择"Add New to Project"→"Schematic"。

(2)如图 4-27 所示,在弹出的"Projects"对话框中,在 51 单片机开发板.PrjPcb 工程文件中新建了一个电路原理图文件,系统默认文件名为"Sheet1.SchDoc",将此原理图重命名为"电源电路.SchDoc"。随后系统自动进入原理图设计编辑环境。

3. 加载元件库

(1)单击原理图编辑环境中右侧的"Library"面板,弹出如图 4-28 所示的"Libraries"对话框。

图 4-27 建立新的原理图文件

(2)在"Libraries"对话框中单击"Libraries..."按钮,系统将弹出如图 4-29 所示的"Available Libraries"对话框。

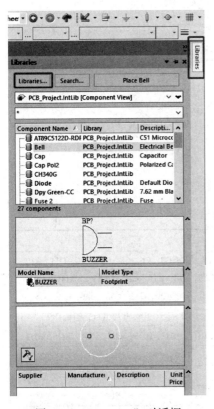

图 4-28 "Libraries"对话框

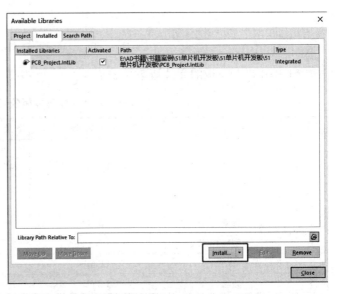

图 4-29 "Available Libraries"对话框

(3)在"Available Libraries"对话框中单击"Install..."按钮,打开相应的选择库文件对话框,在该对话框中选择并加载准备好的库文件"PCB_Project.IntLib"。

4. 放置元件

（1）在"Libraries"对话框中，在当前元件库"PCB_Project.IntLib"中，在过滤框中输入"FUSE2"。

（2）如图 4-30 所示，单击"Libraries"对话框右上角的"Place Fuse 2"按钮，选择的元件将粘附在光标上，在原理图合适的位置单击鼠标左键进行放置。

（3）同样的操作，依次添加其他元件，其在我们所添加的元件库中都可以找到。

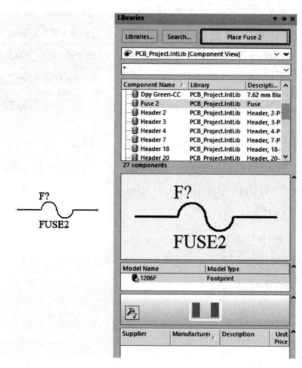

图 4-30　"Libraries"对话框

51 单片机开发板的元件清单见表 4-1。

表 4-1　51 单片机开发板的元件清单

序号	名　称	元 件 封 装	数量	元 件 编 号
1	电容	0402C/0805C	24	C1, C2, C3, C6, C8, C9, C10, C11, C12, C13, C14, C15, C16, C18, C21, C22, C23, C28, C29, C32, C33, C36, C38/ C5
2	电阻	0402R	7	R1, R7, R8, R9, R11, R16, R23
3	排阻	0603RA	7	RD1, RD2, RD3, RD4, RD5, RD6, RD7
4	电解电容	cpcsm-3r2x8r0-1	1	C37
5	二极管	1206D	1	D2
6	熔丝	1206F	1	F1
7	红外接收器	HDR1X3	1	IR1
8	轻触开关	SW-PB	4	S1, S2, K1, K2, K3, K4
9	黄色 LED	0805D	8	L1, L2, L3, L4, L5, L6, L7, L8

序号	名　　称	元件封装	数量	元件编号
10	红色 LED	0805D	1	L9
11	4 段数码管	3416bs	1	LED1
12	三极管	SOT323	5	Q1, Q2, Q3, Q4, Q5
13	喇叭	BUZZER	1	BP1
14	晶振	CO2-5R0X11R5-V	1	Y1, Y2
15	16PIN 座子	HDR1X18	1	RP1
16	20PIN 座子	HDR1X20	1	RP2
17	可调电阻	RV1	1	RV1
18	拨码开关	SS-12F44	1	SK1
19	LM1117-3.3	SOP-223-3L	1	U1
20	CH340G	FPC-SO16-150	1	U3
21	18B20	HDR1X3	1	U5
22	AT89C5122D-RDRUM	DIP40	1	U9
23	USB	USB_A	1	USB1
24	ISP	CON20VS2R00-2X5TM-1	1	ISP
25	LCD128-64	HDR1X20	1	J1
26	LCD-1602	HDR1X16	1	J2
27	SIP7	HDR1X7	1	J5
28	CON2	HDR1X2	5	J9, J10, J12, J15, J16
29	SIP3	HDR1X3	1	J11
30	NRF24L01	CON20VP2R54-2X4TM	1	J22

5. 设置元件属性

放置好元件后，对各个元件的属于进行设置，包括元件的参考编号、型号、封装形式等。双击元件即可打开元件属性设置对话框，如图 4-31 所示。其他元件的属性设置可以参考前面章节内容，这里不再重复描述。设置好元件属性的原理图如图 4-32 所示。

6. 连接导线

在放置好各个元件并设置好相应的属性后，下面应根据电路设计的要求将各个元件连接起来。单击绘图工具栏中的 🔾（导线）图标、🔾（总线主干）图标、🔾（总线支线）图标，完成元件之间端口及引脚的电气连接。

7. 放置网络标号

单击绘图工具栏中的 🔾 图标，或执行"Place"→"Net Label"操作，对于一些难以用导线连接或长距离连接的元件，采用网络标号的方法。放置的过程中按键盘中的"Tab"键，或在放置 Net Label 后双击它，即可更改其网络电气属性。

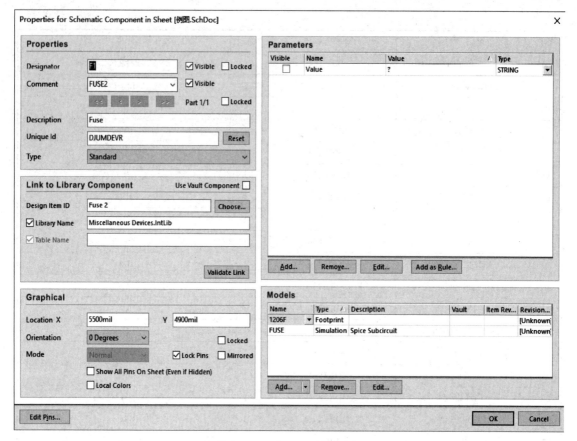

图 4-31　元件属性设置对话框

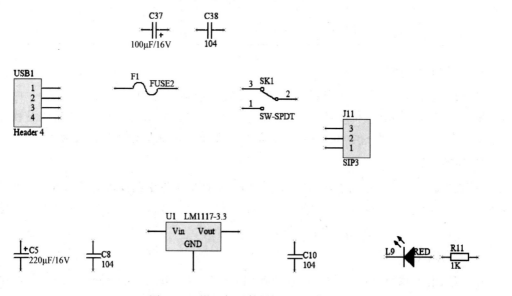

图 4-32　设置好元件属性的原理图

8. 放置电源和接地符号

单击绘图工具栏中的图标放置电源符号，单击绘图工具栏中的图标放置接地符号。

9. 放置 NO ERC 检查测试点

对于用不到的、悬空的引脚，可以放置 NO ERC 检查测试点，让系统忽略对此处的 ERC 检查，不会产生错误报告。

10. 编译原理图

绘制完原理图后，需要对其进行电气规则的检查，这将在后面的章节中通过教程和实例进行详细介绍。

至此，电源的电路原理图绘制完成，如图 4-33 所示。

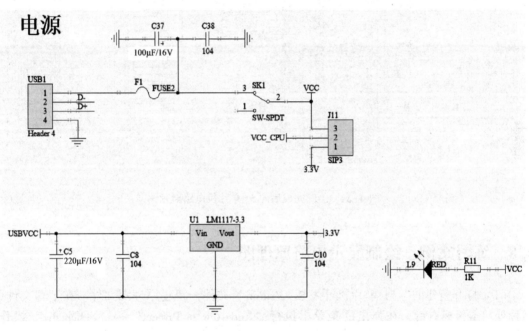

图 4-33　电源的电路原理图

4.7　练习案例：绘制单片机电路原理图

（1）打开新建的"51 单片机开发板 . PrjPcb"文件，新建原理图文件。在工程文件的名称处单击鼠标右键，在弹出的菜单中执行"Add New to Project"→"Schematic"操作。在该工程文件中新建一个电路原理图文件，并将其重命名为"51 单片机电路 . SchDoc"。随后系统自动进入原理图设计编辑环境。

（2）加载元件库"PCB_Project. IntLib"。

（3）放置元件和设置元件的属性。在库面板中，查找并单击面板右上角的"Place"按钮，选择的元件将粘附在光标上，在原理图合适的位置单击鼠标左键进行放置。同样的操作，依次添加其他元件。

（4）连接导线、放置网络标识、放置电源和接地符号。

绘制完成后的 51 单片机电路原理图如图 4-34 所示。

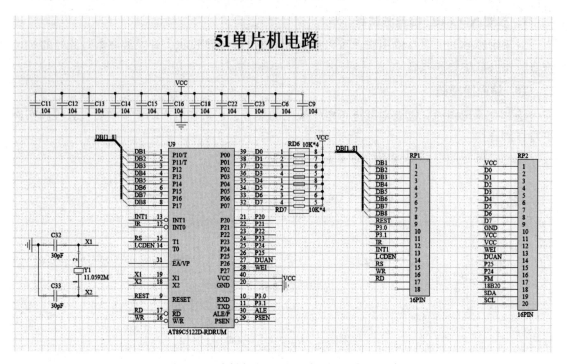

图 4-34　绘制完成后的 51 单片机电路原理图

4.8　练习案例：绘制显示电路原理图

（1）打开新建的"51 单片机开发板.PrjPcb"文件，新建原理图文件。在工程文件的名称处单击鼠标右键，在弹出的菜单中执行"Add New to Project"→"Schematic"操作。在该工程文件中新建一个电路原理图文件，并将其重命名为"显示电路.SchDoc"。随后系统自动进入原理图设计编辑环境。

（2）加载元件库"PCB_Project.IntLib"。

（3）放置元件和设置元件的属性。在库面板中，查找并单击面板右上角的"Place"按钮，选择的元件将粘附在光标上，在原理图合适的位置单击鼠标左键进行放置。同样的操作，依次添加其他元件。

（4）连接导线、放置网络标识、放置电源和接地符号。

绘制完成后的显示电路原理图如图 4-35 所示。

通过逐一绘制各电路模块，最终 51 单片机开发板绘制完成，其电路原理图如图 4-36 所示。

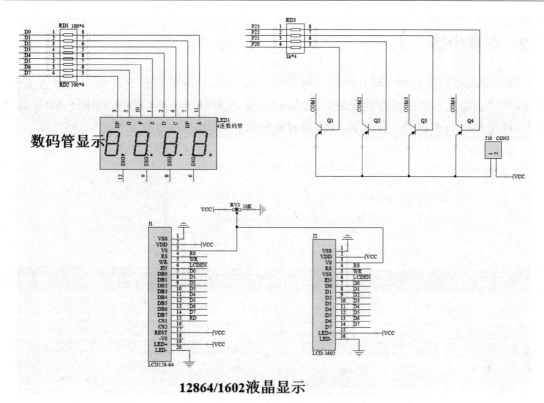

图 4-35 绘制完成后的显示电路原理图

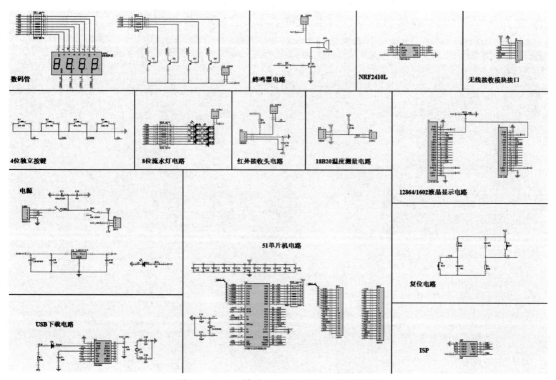

图 4-36 51 单片机开发板的电路原理图

4.9　本章小结

学习完本章后，在本书配套资料包的 Altium Designer\IntLib 目录下找到 51. IntLib 文件，即 51 单片机集成库文件，将其安装到 Altium Designer 软件中，然后参照 PDF–SchDoc 目录下的 51 单片机 . pdf 文件，完成整个 51 单片机电路原理图的绘制。

第 5 章　PCB 封装库设计与管理

元件 PCB 封装的创建是 PCB 设计中的一个重要环节，一个小小的错误就可能导致整个板子都不能工作，以及工期的严重延误。对于常规器件的封装库，一般的 EAD 软件工具都有自带，也可以从器件原厂的设计文档、参考设计源图中获取。

5.1　PCB 元件封装的组成

设计 PCB 元件的封装时须考虑以下几点。

（1）焊盘：用来焊接元件引脚的载体。

（2）引脚序号：用来匹配元件引脚电气连接的序号。

（3）本体尺寸：用来描述元件本体大小的识别丝印框。

（4）元件原点：SMT 机器焊接时用于定位。

（5）1 脚标识/极性标识：定位元件方向的标识符号。

PCB 元件封装的实物组成如图 5-1 所示。

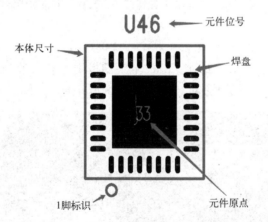

图 5-1　PCB 元件封装的实物组成

5.2　PCB 封装库编辑界面

PCB 封装库编辑界面主要包含菜单栏、工具栏、封装索引文本框、PCB 封装列表栏、层叠显示及绘制工作区域等，如图 5-2 所示。

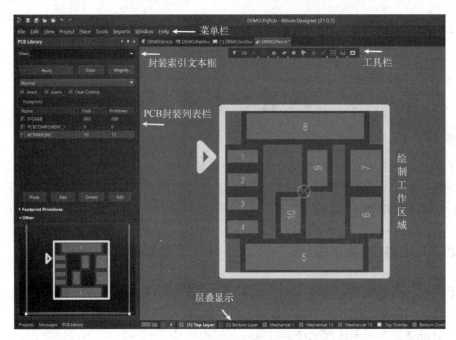

图 5-2　PCB 封装库编辑界面（1）

5.3　2D 标准封装创建

封装常见的创建方法包含向导创建法和手工创建法，下面以两个实例来说明这两种方法的操作步骤。

首先需要创建封装库工程文件，执行"File"→"New"→"Library"→"PCB Library"操作，如图 5-3 所示。此时"Projects"面板中生成一个 PCB 封装库文件，默认名称为"PCBLib1. PcbLib"，同时启动 PCB 封装库编辑界面，如图 5-4 所示。

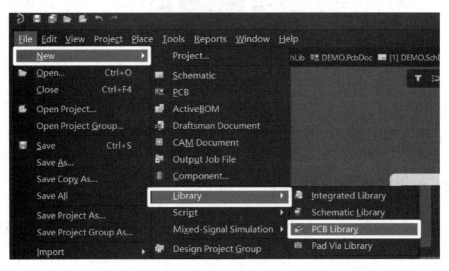

图 5-3　执行"File"→"New"→"Library"→"PCB Library"操作

图 5-4　PCB 封装库编辑界面（2）

5.3.1　向导创建法

向导创建法的操作步骤如下所述。

（1）在 PCB 封装库编辑界面 PCB 封装列表栏的下方单击"Add"按钮，在封装列表中会出现一个封装名默认为"PCBCOMPONENT_1"的封装，右键单击该封装，在弹出的右键菜单栏中选择"Footprint Wizard…"，如图 5-5 所示。此时即可进入"PCB Component Wizard"对话框，如图 5-6 所示。

（2）单击图 5-6 中的"Next"按钮，弹出"Component patterns"对话框，本例选择"Dual In-line Packages（DIP）"，同时还需要选择 PCB 封装设计的单位，直接选择"Metric（mm）"即可，如图 5-7 所示。

（3）单击图 5-7 中的"Next"按钮，在弹出的"Dual In-line Packages（DIP）"对话框中进行焊盘参数的设置，如图 5-8 所示。

我们需要根据封装数据手册确定封装的各个参数，如图 5-9 所示。根据手册中的数据，各参数确定如下。

① 焊盘参数：内径 B（0.365~0.559mm），考虑实际封装会有偏差，一般会比数据手册中的

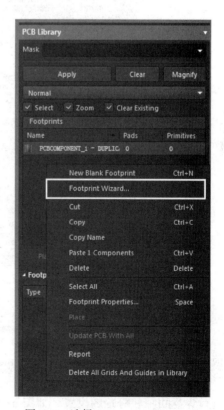

图 5-5　选择"Footprint Wizard…"

图 5-6　"PCB Component Wizard" 对话框

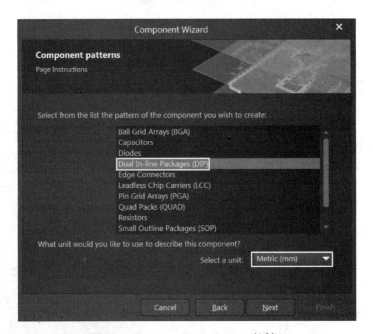

图 5-7　"Component patterns" 对话框

数据大，这里选用 0.8mm。外径 B_1（1.041~1.651mm），选用最大值。

② 焊盘间距参数：纵向间距 e（2.540mm），横向间距 E（15.240~15.875mm）选用最大值。

（4）单击图 5-8 中的"Next"按钮，在弹出的"Dual In-line Packages（DIP）"对话框中进行焊盘间距和跨距的设置，如图 5-10 所示。

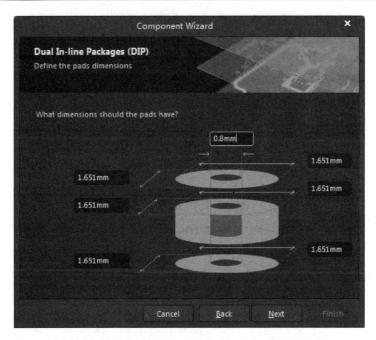

图 5-8　"Dual In-line Packages（DIP）"对话框（1）

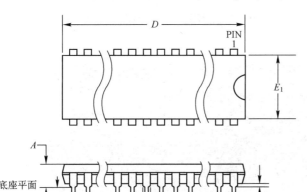

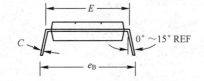

公共尺寸(测量单位：mm)

标准	最小	正常	最大
A	—	—	4.826
A_1	0.381	—	—
D	52.070	—	52.578
E	15.240	—	15.875
E_1	13.462	—	13.970
B	0.356	—	0.559
B_1	1.041	—	1.651
L	3.048	—	3.556
C	0.203	—	0.381
e_B	15.494	—	17.526
e	2.540(典型值)		

图 5-9　封装数据手册

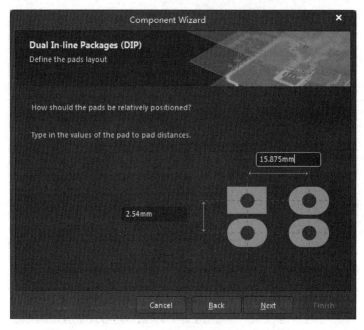

图 5-10 "Dual In-line Packages (DIP)" 对话框 (2)

（5）单击图 5-10 中的 "Next" 按钮，在弹出的 "Dual In-line Packages (DIP)" 对话框中进行丝印的设置，如图 5-11 所示。

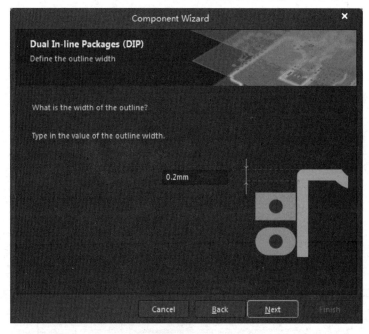

图 5-11 "Dual In-line Packages (DIP)" 对话框 (3)

（6）单击图 5-11 中的 "Next" 按钮，在弹出的 "Dual In-line Packages (DIP)" 对话框中进行焊盘数量的设置，如图 5-12 所示。

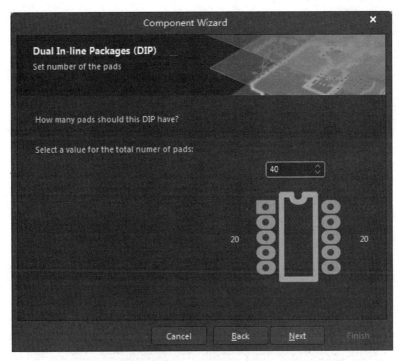

图 5-12　"Dual In-line Packages（DIP）"对话框（4）

（7）单击图 5-12 中的"Next"按钮，在弹出的"Dual In-line Packages（DIP）"对话框中输入新建 PCB 封装的名称，如"DIP40"，如图 5-13 所示。

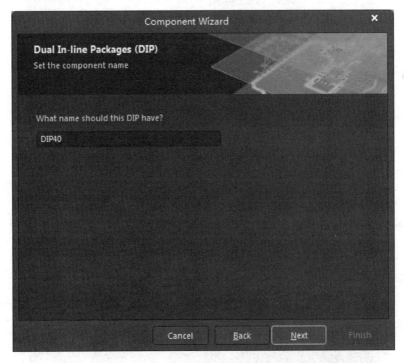

图 5-13　"Dual In-line Packages（DIP）"对话框（5）

（8）单击图 5-13 中的 "Next" 按钮，在弹出的 "Component Wizard" 对话框中单击 "Finish" 按钮，完成封装向导创建工作，如图 5-14 所示。

完成后的 PCB 封装如图 5-15 所示。

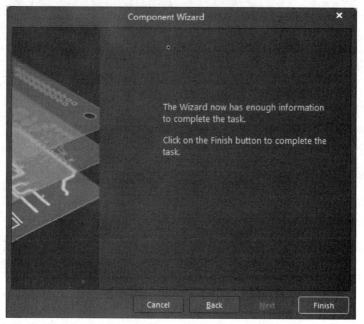

图 5-14 　"Component Wizard" 对话框

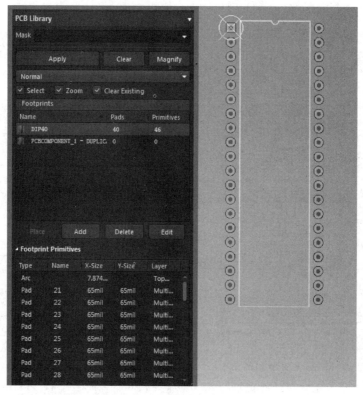

图 5-15 　完成后的 PCB 封装

5.3.2　手动创建法

以 SOT-223 封装尺寸为例来讲解如何手工绘制 PCB 封装，封装参数如图 5-16 所示。

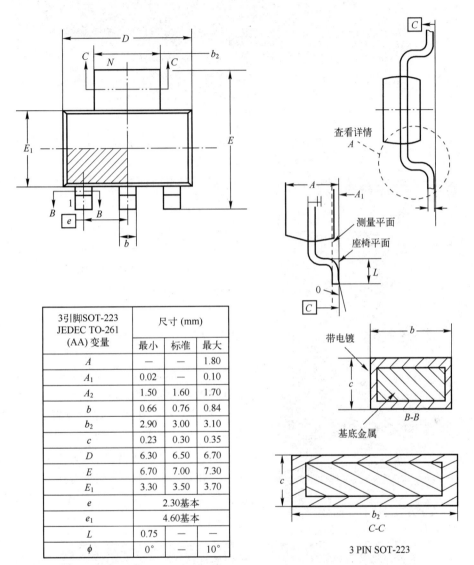

3引脚SOT-223 JEDEC TO-261 (AA) 变量	尺寸 (mm)		
	最小	标准	最大
A	—	—	1.80
A_1	0.02	—	0.10
A_2	1.50	1.60	1.70
b	0.66	0.76	0.84
b_2	2.90	3.00	3.10
c	0.23	0.30	0.35
D	6.30	6.50	6.70
E	6.70	7.00	7.30
E_1	3.30	3.50	3.70
e	2.30基本		
e_1	4.60基本		
L	0.75	—	—
ϕ	0°	—	10°

3 PIN SOT-223

图 5-16　SOT-223 的封装参数

手动绘制 PCB 封装的操作步骤如下所述。

（1）在 PCB 封装库编辑界面的封装列表栏下方单击 "Add" 按钮，在封装列表中会出现一个封装名默认为 "PCBCOMPONENT_1" 的封装，双击该封装，在弹出的 "PCB Library Footprint［mil］" 对话框中输入封装的名称和高度，如图 5-17 所示。

（2）执行 "Place" → "Pad" 操作，或者按快捷操作 "P+P"，或直接单击工具栏中的◙图标，放置焊盘。在放置焊盘的状态下按 "Tab" 键，封装编辑界面会显示暂停状

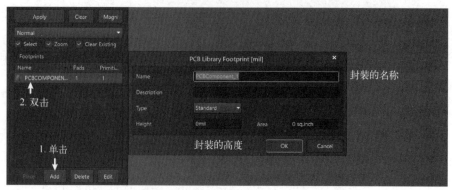

图 5-17 "PCB Library Footprint［mil］"对话框

图 5-18 "Properties" 面板

态，这时可直接在"Properties"面板中编辑该焊盘的属性。

根据数据手册中的数据，可确定 SOT-223 封装均为表贴焊盘，引脚序号为 1、2、3 的焊盘的长和宽为（2mm，0.76mm）；引脚序号为 4 的焊盘的长和宽为（4mm，3mm）。以长和宽为（2mm，0.76mm）的焊盘为例，首先放置 1 号焊盘，其在"Properties"面板中的属性如图 5-18 所示。

（3）放置焊盘。焊盘属性编辑好后，在工作区域合适的位置单击鼠标左键即可放置，接着放置 2 号和 3 号焊盘。对于排列规律的焊盘，一般来说有两种快速放置的方法。

① 通过坐标法排列：焊盘放置好后，按键盘上的"M"键，在弹出的菜单栏中选择"Move Selection by X,Y..."，弹出"Get X/Y Offsets［mm］"对话框。在该对话框中，在焊盘的排列方向上输入偏移距离，即 1、2、3 号焊盘的中心间距，如图 5-19 所示。

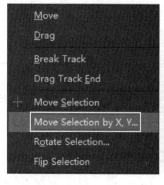

图 5-19 "Get X/Y Offsets［mm］"对话框

② 通过阵列法排列：焊盘放置好后，选中焊盘，执行"Edit"→"Paste Special"操作或者按快捷键"E+A"，在弹出的"Paste Special"对话框中单击"Paste Array..."按钮，如图 5-20 所示。在弹出的"Setup Paste Array"对话框中输入需要阵列排列的焊盘个数、引脚编号的增量、阵列的种类和阵列方向上的焊盘间距，如图 5-21 所示。

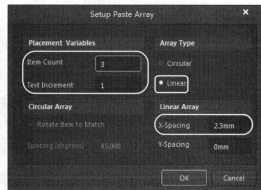

图 5-20　"Paste Special"对话框　　　　　图 5-21　"Setup Paste Array"对话框

（4）添加丝印。放置好所有的焊盘后，就可以对器件添加本体丝印了。执行"Place"→"Line"操作，或者按快捷键"P+L"，按照数据手册中的数据在丝印层（Top Overlayer）绘制丝印本体，丝印的 2D 线宽一般选择为 5mil，如图 5-22 所示。

（5）添加 1 脚标识。PCB 封装为了防呆设计，方便定位元件的安装方向，通常需要添加 1 脚标识，可通过圆形或者三角形进行标记。以圆形为例，执行"Place"→"Full Circle"操作，开始放置丝印标识，并更改丝印的层属性为"Top Overlay"，同样线宽为 5mil，如图 5-23 所示。

（6）更改封装原点。一般情况下，贴片器件的封装原点应设置在器件的中心位置，执行"Edit"→"Set Preference"→"Center"操作，或者按快捷键"E+F+C"，即可将原点设置在器件的中心位置，如图 5-24 所示。

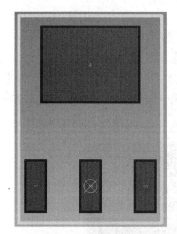

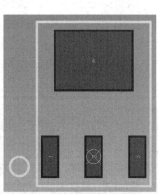

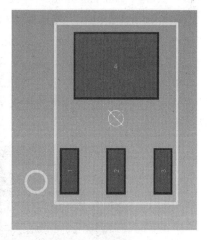

图 5-22　绘制丝印本体　　　图 5-23　添加 1 脚标识　　　图 5-24　设置器件的原点

到此，SOT-223 封装设计完毕。

5.4　PCB 封装检查与报告

PCB 封装绘制完成后，执行"Reports"→"Component Rule Check"操作，在弹出的"Component Rule Check"对话框中可以对已经创建好的 PCB 封装进行检查，如图 5-25 所示。

图 5-25　"Component Rule Check"对话框

图 5-25 中各项封装错误的检查功能描述如下所示。

1. "Duplicate"（重复检查）选项

➢ "Pads"复选框：检查元件封装中重名的焊盘。

➢ "Primitives"复选框：检查元件封装中重名的边框。

➢ "Footprints"复选框：检查元件封装中重名的封装。

2. "Constraints"（约束条件）选项

➢ "Missing Pad Names"复选框：检查元件封装中是否缺少焊盘名称。

➢ "Mirrored Component"复选框：检查是否有镜像的元件封装。

➢ "Offset Component Reference"复选框：检查参考点是否偏离本体。

➢ "Shorted Copper"复选框：检查是否存在导线短路。

➢ "Unconnected Copper"复选框：检查是否存在未连接铜箔。

➢ "Check All Components"复选框：确定是否检查元件封装库中的所有封装。

单击图 5-25 中的"OK"按钮之后，软件会生成一个如图 5-26 所示的封装检查报告窗口，从中可以得知封装检查的相关信息，根据这些提示信息可以对封装进行优化，直到没有错误为止。

图 5-26　封装检查报告窗口

5.5　从现有 PCB 文件生成 PCB 封装库

从现有 PCB 文件生成 PCB 封装库的操作步骤如下所述。

打开需要提取 PCB 封装的 PCB 文件，如图 5-27 所示，执行 "Design" → "Make PCB Library" 操作，或者按快捷键 "D+P"，即可提取 PCB 封装库。

5.6　多个 PCB 封装库合并

许多 PCB 工作者都会有这样的疑惑，那就是随着设计项目的增加，基本上每做一个设计项目，就会多出一个 PCB 封装库，后续在查找 PCB 封装库的时候相当不方便，所以建议用户将所有的 PCB 封装库都统一保存到一个 PCB 库文件中，方便后续的管理和维护。

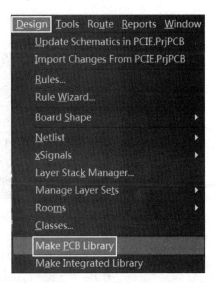

图 5-27　提取 PCB 封装库

多个 PCB 封装库合并的步骤如下所述。

（1）打开 PCB Library，在 "Footprints" 栏中选中需要复制的 PCB 封装库，按住 "Shift" 键可以多选几个 PCB 封装库。

（2）选中 PCB 封装库之后，按 "Ctrl+C" 组合键，或执行 "Copy" 菜单命令，对其进行复制操作。

（3）打开需要合并的 PCB 封装库，在 "Footprints" 栏中单击鼠标右键，执行 "Paste 1 Components" 菜单命令进行粘贴，或者按 "Ctrl+V" 组合键，完成封装从其他库复制到当前库的操作，如图 5-28 所示。

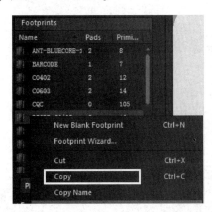
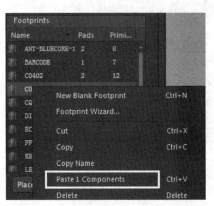

图 5-28　PCB 封装库的复制和粘贴

5.7　3D 模型的创建

通常 3D 模型可以通过以下 3 种方式获得：

（1）Altium Designer 自带的 3D Body；

（2）在相关网站下载 3D 模型，导入 3D Body；

（3）用 Solidworks 等专业的 3D 软件建立 3D Body 后导入。

下面我们将讲解如何通过使用 Altium Designer 自带的 3D Body 来创建器件的 3D 模型，以 R0603 电阻为例。

（1）在"Footprints"栏中选择"R0603"封装，如图 5-29 所示。

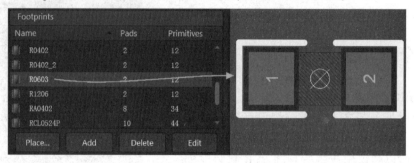

图 5-29　选择"R0603"封装

（2）确定 Mechanical 层打开，因为 3D Body 只有在 Mechanical 层才可以被有效放置。执行"Place"→"3D Body"操作，或者单击工具栏中的▇图标，按"Tab"键，在"Properties"面板中进行 3D 模型模式的选择及参数的设置，如图 5-30 所示。

（3）本文是自己手工绘制的 3D 模型，所以此处选择"Extruded"模式，按照 R0603 封装的规格在"Overall Height"栏中输入高度值。

（4）按照实际尺寸绘制 R0603 的边框，如图 5-31 所示。

图 5-30　"Properties"面板

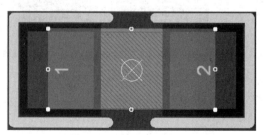

图 5-31　绘制 R0603 的边框

（5）绘制完成之后，一般会切换到 3D 模式下。验证之前，一般先检查下 3D 显示选项的设置是否正常，按快捷键"L"，在弹出的"View Configuration"面板中设置 3D Body 显示的各项参数，如图 5-32 所示。

（6）切换到 3D 视图（按快捷键"3"），查看绘制好的 3D Body，如图 5-33 所示。

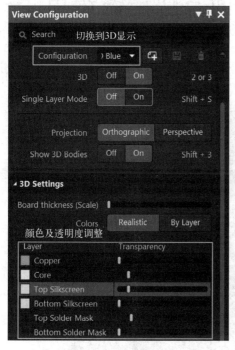

图 5-32　"View Configuration"面板

图 5-33　绘制好的 3D Body

在 3D 模式下，按住"Shift"键，然后按住鼠标右键，此时可以对 3D 模型进行旋转操作，从各个角度查看 3D 模型。

5.8　本章小结

本章主要讲述了标准 PCB 封装、异形封装、3D PCB 封装的设计方法及相关的设计标准，从开发环境的介绍到 PCB 封装库的完成，由浅入深，让读者充分了解 PCB 封装的设计。同时，为便于用户学习 3D 库，随书为读者提供了多个器件的 3D 库，读者可自行在华信教育资源网下载。

第6章　PCB 编辑界面及快捷键运用

PCB 编辑界面与 PCB 原理图编辑界面基本上是一样的，由菜单栏、工具栏、PCB 设计窗口、层显示、设计面板调用按钮等部分构成，如图 6-1 所示。

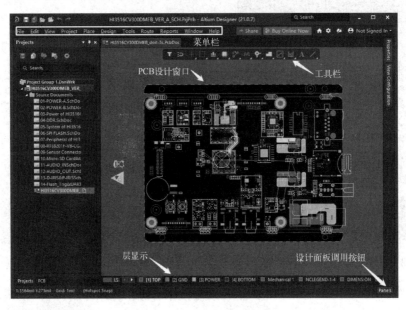

图 6-1　PCB 编辑界面

图 6-2　PCB 设计面板的调用

6.1　Panel 设计面板调用

单击 PCB 编辑界面右下角的"Panels"按钮，此时可以调用不同对象的编辑窗口，如图 6-2 所示。

6.2　PCB 对象编辑窗口

单击"Panels"按钮后，单击"PCB"即可调出 PCB 对象编辑窗口，如图 6-3 所示。该窗口主要对 PCB 相关的对象进行编辑，如添加差分网络的设置、过孔分类、铜箔管理、设置等长规则等。

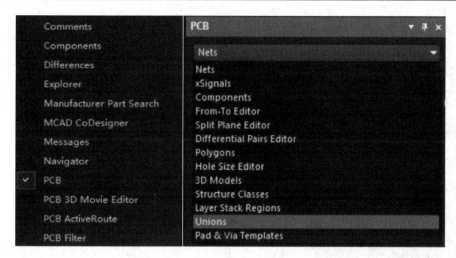

图 6-3　PCB 对象编辑窗口

6.3　PCB 设计常用面板

推荐用户将"Projects""View Configuration""Properties""PCB"等面板优先调用出来，同时可以根据自己的设计习惯自定义这些面板的位置，如图 6-4 所示。

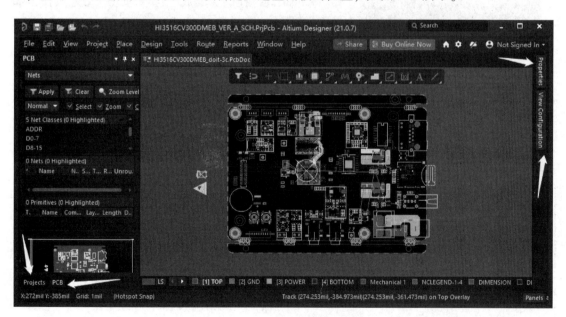

图 6-4　PCB 常用设计面板

其中，"Projects"面板通常提供给用户查看和管理设计工程文件的窗口，使用频率较高，所以一般建议调用；将"View Configuration"面板调用出来，用户就可以在查看或设计时，开启或关闭某个信号层、透明显示、完全显示或隐藏某些元素；"Properties"面板是针

图 6-5　面板显示切换的操作

对整板设计环境设置的窗口，执行不同的操作或者选择不同的对象时，"Properties"面板会显示不同的参数界面。

如果调用出来的面板过多，有以下两种面板显示切换操作（见图 6-5）：

（1）单击面板上方的倒三角图标直接切换；

（2）单击面板右上方相应的按钮进行切换。

6.4　PCB 设计工具栏

Altium Designer 的 PCB 图编辑环境中提供了 4 个工具栏：主工具栏、标准工具栏、布线工具栏和实用工具栏。其中，实用工具栏又可分为元件位置调整工具栏、查找选择工具栏和尺寸标注工具栏，用户可以根据工具命令快速、方便地对 PCB 图进行编辑操作。

下面简单介绍几个常用的工具栏。

6.4.1　标准工具栏

标准工具栏提供了缩放、选取对象等命令按钮，如图 6-6 所示。执行"View"→"Toolbars"→"PCB Standard"操作，可以显示或隐藏该工具栏。

表 6-1 列出了标准工具栏中各个按钮的功能。

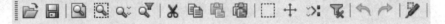

图 6-6　标准工具栏

表 6-1　标准工具栏中各个按钮的功能

按　钮	功　能	对　应　操　作
	打开文档	"File"→"Open"
	保存	"File"→"Save"
	适合整个页面文件显示	"View"→"Fit Document"
	放大指定的区域	"View"→"Fit Specified Area"
	放大选中的部件	"View"→"Selected Objects"
	剪切	Ctrl+X
	复制	Ctrl+C
	粘贴	Ctrl+V
	选择区域内部	S+I

续表

按　钮	功　　能	对 应 操 作
┿	移动选择	M+S
⋊	取消所有选择	X+A
⊼	清除当前过滤器	Shift+C
⟋	显示对应的原理图元件，在原理图和 PCB 之间切换	

6.4.2　布线工具栏

布线工具栏用于进行各种电气操作，如图 6-7 所示。执行"View"→"Toolbars"→"Wiring"操作，可以显示或隐藏该工具栏。

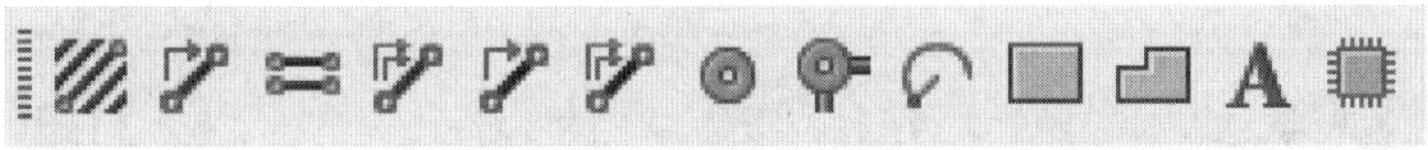

图 6-7　布线工具栏

表 6-2 列出了布线工具栏中各个按钮的功能。

表 6-2　布线工具栏中各个按钮的功能

按　钮	功　　能	对 应 操 作
▨	对选中的对象自动布线	Shift+A
⟋	交互式布线连接	Ctrl+W
⟺	交互式多根布线	U+M
 ⟋	差分对布线	U+I
⟋	快速交互式布线	
⟋	快速交互式差分布线	
◎	放置焊盘	"Place"→"Pad"
⦿	放置过孔	"Place"→"Via"
◠	边缘法放置圆弧	"Place"→"Arc（edge）"
■	放置矩形填充	"Place"→"Fill"
▦	放置多边形覆铜	"Place"→"Polygon Plane"
A	放置字符串	"Place"→"String"
▣	放置元件	"Place"→"Component"

6.4.3　实用工具栏

执行 "View" → "Toolbars" → "Utilities" 操作，可以显示或隐藏如图 6-8 所示的实用工具栏。

1. 绘图工具按钮

单击绘图工具按钮 ，打开绘图工具栏，该工具栏中的各个按钮可以帮助我们在 PCB 上放置直线、圆弧、圆、坐标、原点、标准尺寸等，从而进一步完善 PCB 图，如图 6-9 所示。

图 6-8　实用工具栏　　　　　　图 6-9　绘图工具栏

表 6-3 列出了绘图工具栏中各个按钮的功能。

表 6-3　绘图工具栏中各个按钮的功能

按　钮	功　能	按　钮	功　能
	放置直线	+10,10	放置坐标
	放置标准尺寸		设置原点
	中心法放置圆弧		边缘法放置圆弧
	放置圆		阵列式粘贴

2. 调准工具按钮

单击调准工具按钮 ，打开调准工具栏，该工具栏中的各个按钮可以帮助我们将对象按照要求对齐，从而使 PCB 布局进一步完善，如图 6-10 所示。

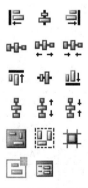

图 6-10　调准工具栏

表 6-4 列出了调准工具栏中各个按钮的功能。

表 6-4　调准工具栏中各个按钮的功能

按　钮	功　　能
	左对齐排列
	水平中心排列
	右对齐排列
	水平等间距排列。在最左和最右元件之间等间距分布选中的元件，其垂直距离不变
	增加水平间距排列。用指定的元件放置网格的距离增加元件参考点之间的水平间距
	减小水平间距排列。用指定的元件放置网格的距离减小元件参考点之间的水平间距
	顶对齐排列
	垂直中心排列
	底对齐排列
	垂直等间距排列。在最上和最下元件之间等间距分布选中的元件，其水平距离不变
	增加垂直间距排列。用指定的元件放置网格的距离增加元件参考点之间的垂直间距
	减小垂直间距排列。用指定的元件放置网格的距离减小元件参考点之间的垂直间距
	选定空间内部排列，将属于该空间的元件排列在该空间内部。单击该按钮，然后单击空间，属于该空间的元件就会在空间内部排列
	区域内部排列，在指定的矩形框内排列选中的元件。单击该按钮，然后单击定义的矩形一角，移动指针再单击矩形的对角，选中的元件将排列在该矩形框内
	移动至网格。移动元件到最近的网格点
	建立元件联合。选中需要放置在一起的元件，单击该按钮，元件联合即可建立。移动联合内的任意一个元件，该联合内的所有元件都保持相互之间的互联关系
	元件排列命令

3. 查找选择工具按钮

单击查找选择工具按钮，打开查找选择工具栏，该工具栏中的各个按钮用来查找所有标记为 "Selection" 的电气符号（Primitive），以供用户选择，如图 6-11 所示。这种方式使用户既能在选择的属性中查找，也能在选择的元件中查找。

图 6-11　查找选择工具栏

表 6-5 列出了查找选择工具栏中各个按钮的功能。

表 6-5　查找选择工具栏中各个按钮的功能

按　钮	功　　能	按　钮	功　　能
	跳转到第一个基本图对象		跳转到选择的第一组对象
	跳转到前一个基本图对象		跳转到选择的前一组对象
	跳转到后一个基本图对象		跳转到选择的下一组对象
	跳转到最后一个基本图对象		跳转到选择的最后一组对象

4. 放置尺寸按钮

单击放置尺寸按钮 ，打开放置尺寸工具栏，利用该工具栏中的按钮可以帮助我们在 PCB 图上进行各种方式的尺寸标注，如图 6-12 所示。

图 6-12　放置尺寸工具栏

表 6-6 列出了放置尺寸工具栏中各个按钮的功能。

表 6-6　放置尺寸工具栏中各个按钮的功能

按　　钮	功　　能	按　　钮	功　　能
⑩	放置直线尺寸标注	☌	放置角度尺寸标注
⑩	放置半径尺寸标注	☌	放置前导尺寸标注
‖	放置数据尺寸标注	☐	放置基线尺寸标注
✚	放置中心尺寸标注	⑩	放置直线式直径尺寸标注
⩔	放置直径尺寸标注	⑩	放置标准尺寸标注

5. 放置 Room 空间按钮

图 6-13　放置 Room 空间工具栏

单击放置 Room 空间按钮 ，打开放置 Room 空间工具栏，该工具栏中的各个按钮用来放置各种形式的 Room 空间，如图 6-13 所示。

表 6-7 列出了放置 Room 空间工具栏中各个按钮的功能。

表 6-7　放置 Room 空间工具栏中各个按钮的功能

按　　钮	功　　能	按　　钮	功　　能
▦	放置矩形 Room 空间	◢	根据元件创建非直角 Room 空间
◢	放置多边形 Room 空间	▦	根据元件创建直角 Room 空间
☑	复制 Room 空间	▦	根据元件创建矩形 Room 空间
▦	根据元件创建直角 Room 空间	▦	分割 Room 空间

6. 网络按钮

网络按钮 用于切换网络、设定网络尺寸，以满足 PCB 图的设计要求，如图 6-14 所示。

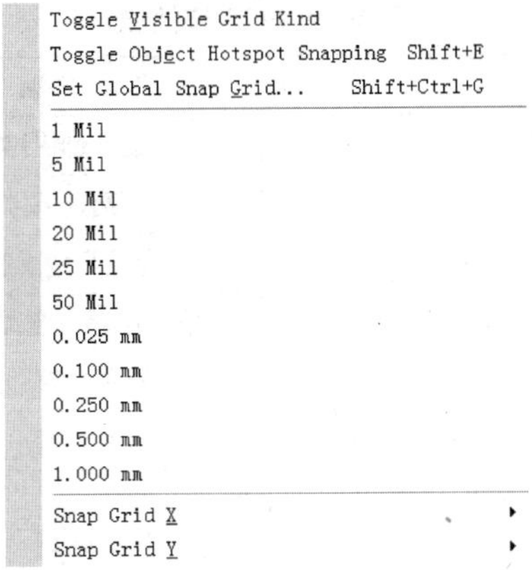

```
Toggle Visible Grid Kind
Toggle Object Hotspot Snapping  Shift+E
Set Global Snap Grid...      Shift+Ctrl+G

1 Mil
5 Mil
10 Mil
20 Mil
25 Mil
50 Mil
0.025 mm
0.100 mm
0.250 mm
0.500 mm
1.000 mm

Snap Grid X                              ▶
Snap Grid Y                              ▶
```

图 6-14　网络按钮

6.5　常用系统快捷键

在软件环境中，你可以在设计工作中通过使用快捷键，提高工作效率。

在快捷方式中，加号（+）表示按指示顺序在键盘上按住多个键。例如，"Alt+F5"组合键表示按住"Alt"键然后按"F5"键。同样，"Shift+Ctrl+H"组合键意味着按住"Shift"键，然后同时按住"Ctrl"键和"H"键。Altium Designer 的快捷键可以用海量来形容。当然，记住这些快捷键是不可能的，而且每一个环境下的每个操作都有其相应的快捷键。

在此，编者将常用的标准快捷键整理归纳如下，见表 6-8 和表 6-9。

表 6-8　原理图快捷键

功 能 说 明	快 捷 键	功 能 说 明	快 捷 键
查找下一个	F3	全屏显示	Alt+F5
打开属性面板	F11	高亮网络	Alt+单击网络
X 轴镜像	X	全选	Ctrl+A
Y 轴镜像	Y	测距	Ctrl+M
旋转	Spacebar	布线	Ctrl+W
参数管理器	T+R	查找	Ctrl+F
封装管理器	T+G	查找/替换	Ctrl+G
交叉探针	T+C	向上对齐	Shift+Ctrl+T
注释	T+A	向下对齐	Shift+Ctrl+B
原理图编译	C+C	向左对齐	Shift+Ctrl+L
设置原理图参数	T+P	向右对齐	Shift+Ctrl+R
布线	P+W	水平间距相等	Shift+Ctrl+H
放置端口	P+R	垂直间距相等	Shift+Ctrl+V
放置网络标号	P+N	对齐到栅格	Shift+Ctrl+D
放置电源	P+O	放置器件	P+P
放置字符串	P+T	切断导线	E+W

表 6-9　PCB 快捷键

功能说明	快捷键	功能说明	快捷键
中心点捕捉	Shift+E	根据选择创建挖槽	T+V+B
显示走线长度（走线）	Shift+G	根据框选区域排列	I+L
回路布线（走线）	Shift+D	将走线改为覆铜	T+V+G
查找相似对象	Shift+F	重新覆铜（全部）	T+G+A
清除筛选	Shift+C	网络颜色覆盖	F5
单层显示	Shift+S	规划模式	1
开启/关闭抬头信息	Shift+H	2D 模式	2
布线状态下选择线宽	Shift+W	3D 模式	3
布线状态下选择过孔	Shift+V	切换单位	Q
切换走线模式	Shift+Spacebar	移动器件时翻面	L
界面翻转	Ctrl+F	打开属性调节面板	Tab
打开交叉选择模式	Ctrl+Shift+X	下/上一个图层	+/-
间距相等	A+A+S+Q	删除	E+D
水平间距相等	A+D	切断线段	E+K
垂直间距相等	A+S	选择性粘贴	E+A
向上对齐	A+T	导出封装库	D+P
向下对齐	A+B	导出集成库	D+A
向左对齐	A+L	设计规则	D+R
向右对齐	A+R	类管理器	D+C
设点原点	E+O+S	层叠管理	D+K
复位原点	E+O+R	移动选择对象	M+S
定义板框	D+S+D	取消全部布线	U+U+A
向上对齐	Shift+Ctrl+T	取消网络布线	U+U+N
向上对齐	Shift+Ctrl+B	取消连接布线	U+U+C
向左对齐	Shift+Ctrl+L	取消器件布线	U+U+O
向右对齐	Shift+Ctrl+R	线选	S+L
布线	Ctrl+W	水平间距相等	Shift+Ctrl+H
放置 2D 线	P+L	垂直间距相等	Shift+Ctrl+V
放置过孔	P+V	高亮网络	Ctrl+单击网络
布线规则模式切换	Shift+R	选择飞线	Alt+左框
放置焊盘	P+P	覆铜管理	T+G+M
放置字符串	P+S	隐藏覆铜	T+G+H
放置多边形覆铜	P+G	显示覆铜	T+G+E
放置多边形区域	P+R	交叉探测对象	T+C
放置填充	P+F	打开首选项	T+P
放置测量尺寸	P+D+L	泪滴	T+E

功 能 说 明	快 捷 键	功 能 说 明	快 捷 键
DRC 检查	T+D+R	重新覆铜（选中）	T+G+R
复位 DRC 错误	T+M	测量距离	Ctrl+M
跳转到元器件	J+C	测量边缘距离	R+P

6.6　操作中实时访问快捷键

在 Altium Designer 这样的多编辑器环境中，用户很难记住实现相关功能的快捷键，特别是那些在运行命令时可用的特殊用途的快捷键。为了解决这个问题，Altium Designer 提供了一个快捷菜单，可以在所有交互式 Schematic 和 PCB 命令中使用。运行交互式命令时，如在原理图编辑器中，当用户在"放置"→"导线"时，按"F1"快捷键可以调出右键快捷菜单（见图 6-15），该菜单列出了当前命令下的所有有效快捷键。用户可以通过从菜单中选择另一个快捷命令来处理另一个操作，也可以按"Esc"键关闭菜单而不影响当前运行的命令。

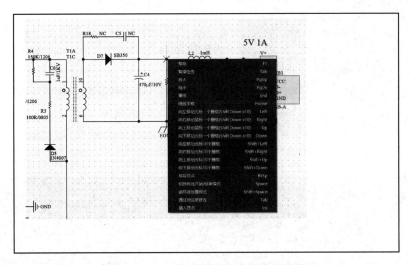

图 6-15　"F1"快捷键的右键快捷菜单

6.7　快捷键的自定义

如果用户不习惯使用系统默认的快捷键，或者想提高操作速度，可以根据自己的设计习惯自定义快捷键。

有两种方法自定义快捷键：Ctrl+左键单击设置法和菜单选项设置法。

1. Ctrl+左键单击设置法

在对应的命令菜单栏下按住"Ctrl"键，同时单击相应的命令菜单，弹出快捷键设置窗口。在快捷键设置窗口中，输入需要设置的快捷键，如图 6-16 和图 6-17 所示。

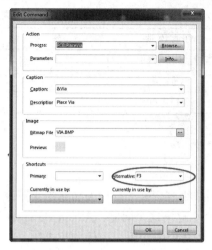

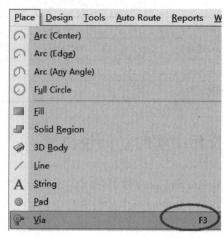

图 6-16　自定义快捷键　　　　　　　　图 6-17　显示已自定义的快捷键

这里建议读者在设计快捷键的时候，尽量不要与原来的快捷键冲突，这样两套快捷键都能正常使用。

图 6-18　单击 "Customize…"

2. 菜单选项设置法

（1）在菜单栏的任意地方单击鼠标右键，在弹出的菜单栏中单击 "Customize…"，如图 6-18 所示。

（2）在弹出的如图 6-19 所示的 "Customizing PCB Editor" 对话框中，在左边栏中适配 "【All】"，在右边栏中找到自己需要设置快捷键的命令进行双击。

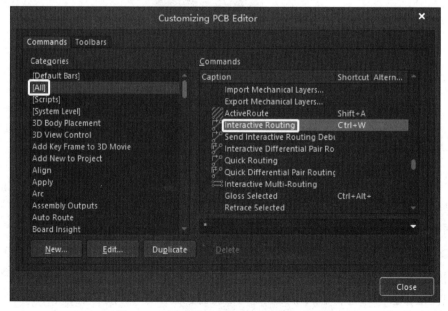

图 6-19　"Customizing PCB Editor" 对话框

（3）如图 6-20 所示，在"Alternative"的文本框中输入需要设置的快捷键，如"F2"。当发现与其他设置键有冲突时，可以将之前的设置清除，按照上述方法重新设置。

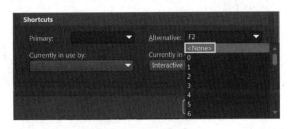

图 6-20　设置快捷键

6.8　本章小结

本章介绍了 Altium Designer 平台中 PCB 设计的工作窗口、PCB 设计工具栏、系统常用的快捷键和自定义快捷键，使读者掌握了对 Altium Designer 平台的常规设置，以及对快捷键的运用。

第 7 章　原理图验证及输出

7.1　原理图设计验证

在对电路板进行设计前，需要对工程进行编译（电气规则检查）。在编译工程的过程中，系统会根据用户的设置对整个工程进行检查。编译结束后，系统会提供相应的报告信息，如网络构成、原理图层次、设计错误报告类型及分布信息等。

7.1.1　原理图设计验证设置

在编译工程前，首先要对工程选项进行设置，以确定在编译时系统所需的工作和编译后系统的各种报告类型。

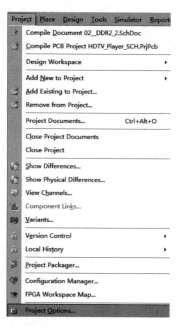

图 7-1　执行 "Project" →
"Project Options…" 操作

编译项目的参数设计包括：错误检查参数、电气连接矩阵、比较器设置、ECO 生成、输出路径、网络表选项和其他项目参数的设置。

执行 "Project" → "Project Options…" 操作，如图 7-1 所示。系统弹出 "Options for PCB Project HDTV_Player_SCH. PrjPcb" 对话框，在该对话框中可以对原理图的错误验证进行设置（一般使用默认设置即可），如图 7-2 所示。

在 "Options for PCB Project HDTV_Player_SCH. PrjPcb" 对话框中，单击错误检查参数标签 "Error Reporting"，在 "Error Reporting" 标签页中可以设置报告类型。其中，主要参数项目的意义如下。

➢ Violation Associated With Buses：总线违规检查。

➢ Violation Associated With Components：元件违规检查。

➢ Violation Associated With Documents：文件违规检查。

➢ Violation Associated With Nets：网络违规检查。

➢ Violation Associated With Others：其他违规检查。

➢ Violation Associated With Parameters：参数违规检查。

在右侧的 "Report Mode" 栏中列出了对应的报告类型，共有 4 种报告类型：Warning（警告）、Error（错误）、Fatal Error（严重错误）、No Report（不报告）。

单击某个报告类型，可以在弹出的下拉列表中更改该报告类型，如图 7-3 所示。

在 "Options for PCB Project HDTV_Player_SCH. PrjPcb" 对话框中的其余标签页中，按

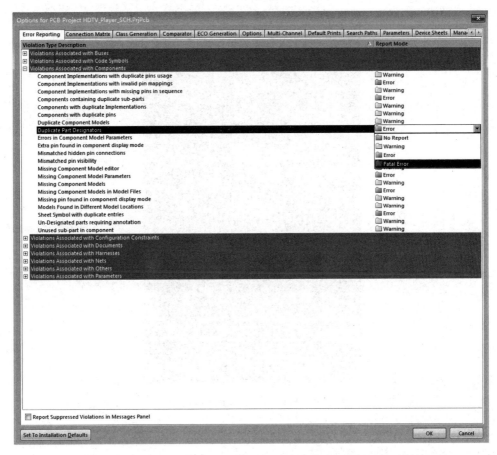

图 7-2 "Options for PCB. Project HDTV_Player_SCH. PrjPcb" 对话框

图 7-3 "Error Reporting" 标签页

照编著者的设计经验，一般按照默认设置即可，故此不再对其进行讲述。

7.1.2 原理图设计验证实现

执行"工程"→"Validate PCB Project 电子万年历 . PrjPcb"操作，可以对原理图中的错误进行验证，如图 7-4 所示。

对原理图中的错误进行验证后即可弹出如图 7-5 所示的"Messages"对话框，在该对话框中可双击错误，此时即可精确定位到错误处，便于对错误进行修改。

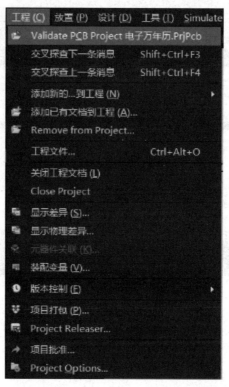

图 7-4　执行"工程"→"Validate PCB Project 电子万年历 . PrjPcb"操作

Class	Document	Source	Message	Time	Date	No.
[Error]	电子万年历.SchDoc	Compiler	Duplicate Net Names Element[0]: P	11:18:41	2015-4-20	1
[Error]	电子万年历.SchDoc	Compiler	Duplicate Net Names Element[1]: P	11:18:41	2015-4-20	2
[Error]	电子万年历.SchDoc	Compiler	Duplicate Net Names Element[2]: P	11:18:41	2015-4-20	3
[Error]	电子万年历.SchDoc	Compiler	Duplicate Net Names Element[3]: P	11:18:41	2015-4-20	4
[Error]	电子万年历.SchDoc	Compiler	Duplicate Net Names Element[4]: P	11:18:41	2015-4-20	5
[Error]	电子万年历.SchDoc	Compiler	Duplicate Net Names Element[5]: P	11:18:41	2015-4-20	6
[Error]	电子万年历.SchDoc	Compiler	Duplicate Net Names Element[6]: P	11:18:41	2015-4-20	7
[Error]	电子万年历.SchDoc	Compiler	Duplicate Net Names Element[7]: P	11:18:41	2015-4-20	8

Details
Duplicate Net Names Element[0]: P
　Element[0]: P
　Element[0]: P

图 7-5　"Messages"对话框

7.2　创建材料清单（BOM 表）

材料清单可以用作元件的采购清单，同时也可以用于检查 PCB 中的元件封装信息是否正确。

（1）执行"Reports"→"Bill of Materials"操作，创建材料清单，如图 7-6 所示。

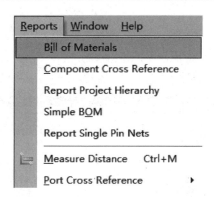

图 7-6 执行 "Reports" → "Bill of Materials" 操作

（2）在弹出的材料清单参数设置对话框中选择所需的参数输出即可，如图 7-7 所示。

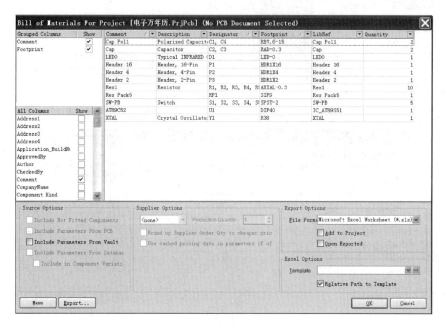

图 7-7 材料清单参数设置对话框

7.3 创建智能 PDF 格式的原理图

PDF 文档是一种广泛应用的文档格式，将原理图导出成 PDF 格式，可以方便设计者之间参考交流。

（1）执行 "File" → "Smart PDF…" 操作，如图 7-8（a）所示。

（2）在弹出的对话框中单击 "Next" 按钮，如图 7-8（b）所示，进入如图 7-9 所示的 "Choose Export Target" 对话框。在该对话框中可以选择该工程中的所有文件或当前打开的文档，并在 "Output File Name" 栏中输入 PDF 文件的文件名及保存路径。

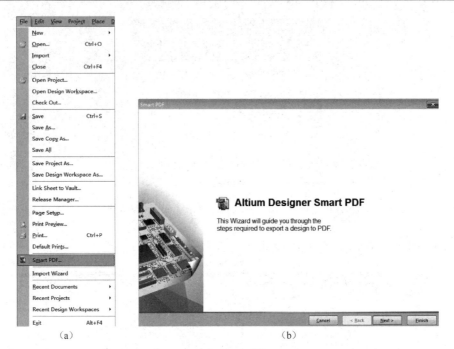

（a）　　　　　　　　　　　　　　　　（b）

图 7-8　执行"File"→"Smart PDF…"操作

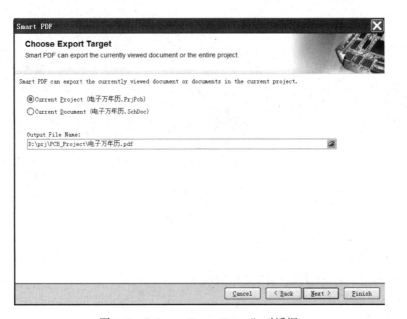

图 7-9　"Choose Export Target"对话框

（3）单击"Next"按钮，进入如图 7-10 所示的"Choose Project Files"对话框，在该对话框中可对目标文件进行选择。如果有多个文件，在选取的过程中可以按住"Ctrl"键或"Shift"键进行选择。

（4）单击"Next"按钮，进入如图 7-11 所示的"Export Bill of Materials"对话框，在对话框中可设置是否需要导出材料清单。

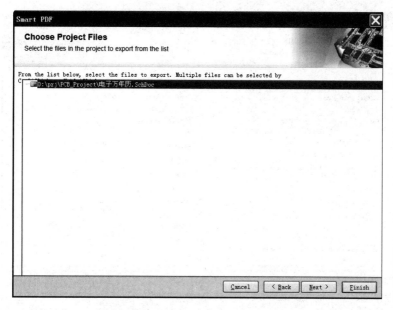

图 7-10　"Choose Project Files" 对话框

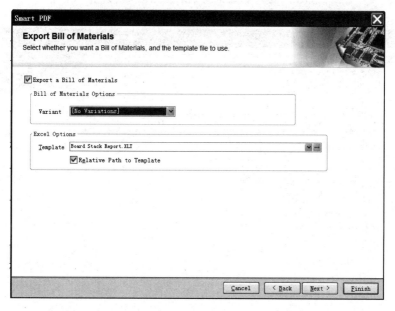

图 7-11　"Export Bill of Materials" 对话框

（5）单击"Next"按钮，进入如图 7-12 所示的"Additional PDF Settings"对话框，在该对话框中可根据需要设置一些选项，一般保持默认设置即可。

（6）单击"Next"按钮，进入如图 7-13 所示的"Structure Settings"对话框，在该对话框中可选择 PDF 使用结构。

（7）单击"Next"按钮，进入如图 7-14 所示的"Final Steps"对话框，在该对话框中可以选择完成后是否打开 PDF 文档或将此次导出的 PDF 文档进行保存，用户可以根据需要进行选择。

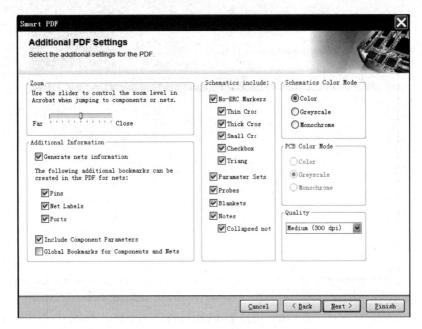

图 7-12 "Additional PDF Settings" 对话框

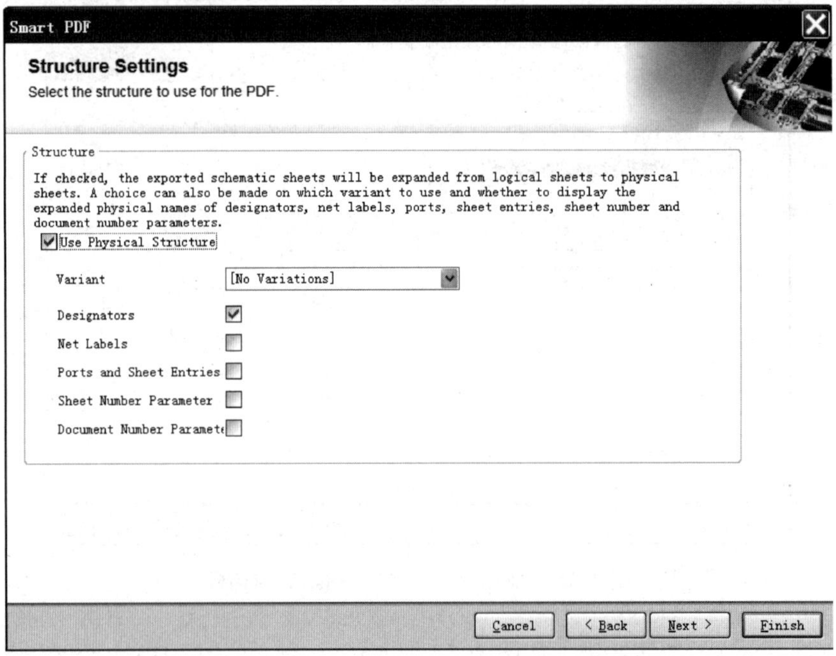

图 7-13 "Structure Settings" 对话框

（8）单击"Next"按钮，完成 PDF 文件的导出，系统会自动打开生成的 PDF 文档，如图 7-15 所示。

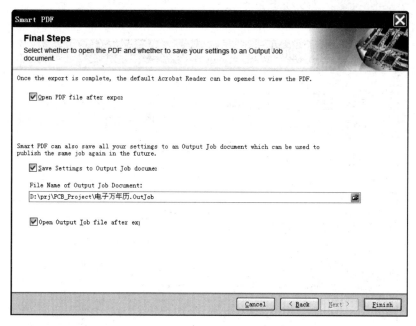

图 7-14　"Final Steps" 对话框

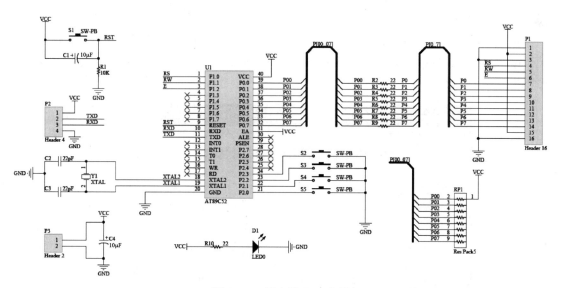

图 7-15　导出的 PDF 文档

7.4　打印原理图

原理图设计完成后可以通过打印机输出，便于技术人员参考或交流。

单击工具栏中的 🖨 图标，系统会以默认的设置打印原理图。如果用户需要按照自己的方式打印原理图，则需要设置打印的页面。执行 "File" → "Page Setup" 操作，弹出如图 7-16 所示的 "Schematic Print Properties" 对话框。在该对话框中可以设置纸张的大小和打印方式等参数，在此不详细讲述。

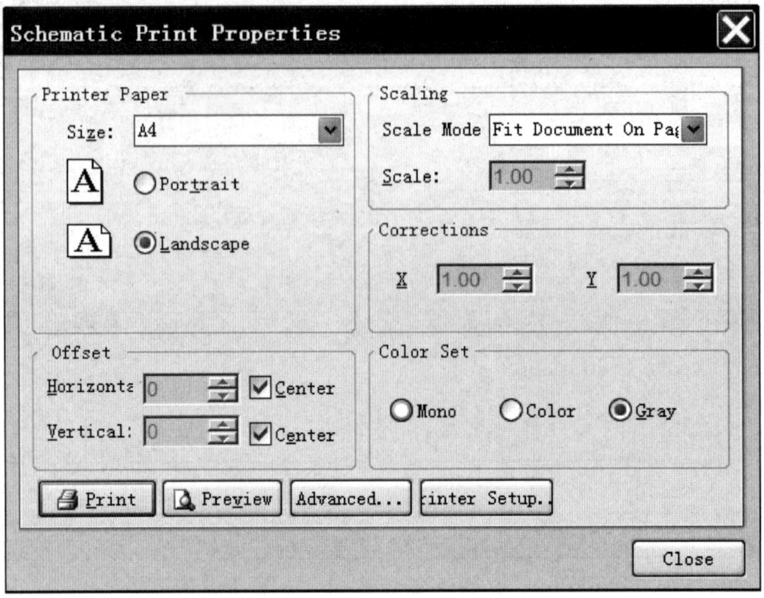

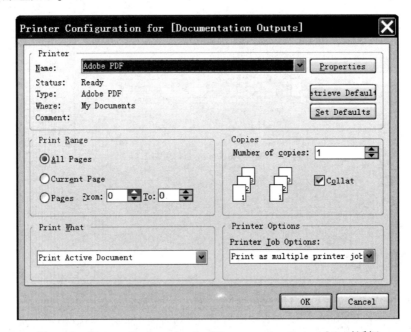

图 7-16　"Schematic Print Properties" 对话框

单击图 7-16 中的 "Print" 按钮，也可以执行 "File" → "Print" 操作，打开如图 7-17 所示的 "Printer Configuration for ［Documentation Outputs］" 对话框，根据需要设置完成之后就可以打印原理图了。

图 7-17　"Printer Configuration for ［Documentation Outputs］" 对话框

在打印之前最好预览一下打印效果，执行 "File" → "Page Preview" 操作，或单击主

界面中工具栏中的 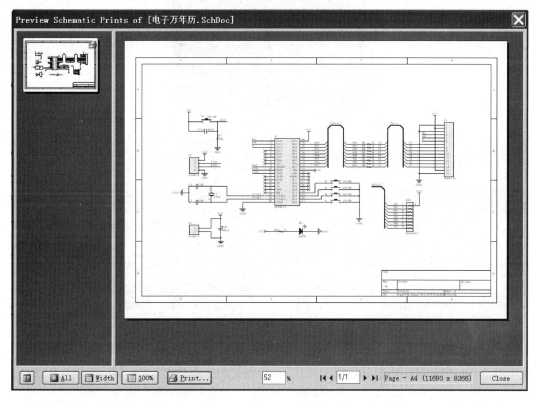 图标,弹出如图 7-18 所示的打印预览窗口。其中,预览窗口的左侧是微缩图显示窗口,当有多张原理图需要打印时,均会在这里微缩显示;右侧则是打印预览窗口,整张原理图在打印纸上的效果将在这里形象地显示出来。

图 7-18 打印预览窗口

如果原理图预览的效果与理想的效果一样,用户就可以执行"File"→"Print"操作进行打印了。

7.5 原理图封装完整性检查

检查原理图封装的完整性,可以确保在执行原理图导入 PCB 操作之前,所有的元件都有其对应的 PCB 封装或者 PCB 封装库的路径匹配正确,可以避免出现器件无法导入或者导入不完全的情况。

7.5.1 封装的添加、删除与编辑

(1) 在原理图中执行"Tools"→"Footprint Manager..."操作,如图 7-19 示,进入封装管理器。

(2) 单击图 7-20 中的"Current Footprint",可对同类型的 PCB 封装进行集中排序,按照封装类型检查封装的完整性。若某个器件没有对应的 PCB 封装,则会被优先排列在前端显示。

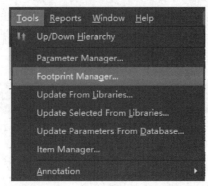

图 7-19　执行 "Tools" → "Footprint Manager..." 操作

图 7-20　元件的集中管理

（3）在封装管理器中可以对一个或多个器件进行封装的添加、删除、编辑等操作，用户可以同时通过 "Comment" 值筛选，局部或全局更改（添加或删除）同类型器件的封装名，如图 7-21 所示。

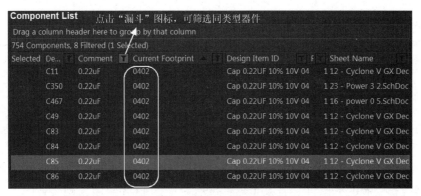

图 7-21　筛选同类型器件

（4）进行编辑和更改之后，单击右下角的"Accept Changes（Create ECO）"按钮，在弹出的"Engineering Change Order"对话框中单击"Execute Changes"按钮，将编辑和更改内容更新到原理图中，如图 7-22 所示。

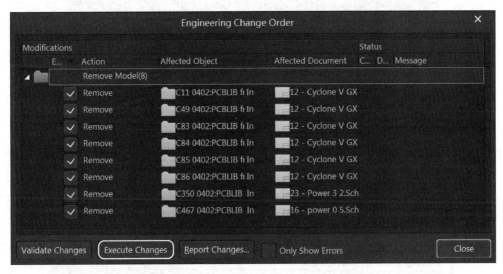

图 7-22　"Engineering Change Order"对话框

7.5.2　库路径的全局指定

用户在画原理图时为了节约时间，通常会从系统自带的库或从自己积累的库中调用封装，这时会将原理图关联的封装指定在本地计算机的某个路径下。如果工程文件在另外一台计算机中打开的时候，由于另外一台计算机中没有前一台计算机指定路径下的库，那么原理图元件库就没办法与 PCB 封装库匹配了。

解决方法：用户需要同时复制 PCB 库来重新指定路径让其关联，其操作步骤如下所述。

（1）指定库路径前删除 PCB 中已关联的系统库，打开 PCB 设计界面，单击右下角的"Panels"按钮，选择该菜单中的"Components"选项，如图 7-23 所示。

（2）在"Components"面板中，单击右侧的菜单，选择"File-based Libraries Preferences…"选项，如图 7-24 所示。进入库的安装编辑界面，从中选择"Installed"标签页中的所有封装库，单击"Remove"按钮，移除系统关联的库，如图 7-25 所示。

图 7-23　"Components"
面板的调用（1）

（3）在原理图界面执行"Tools"→"Footprint Manager…"操作，进入封装管理器，全选左侧窗口中的所有元件和右侧窗口中的所有封装名，在右侧窗口中单击鼠标右键，选择右键菜单中的"Change PCB Library"，如图 7-26 所示。在图 7-27 所示的"Edit PCB Library"对话框中，选择"Any"项，可以实现工程目录下多个 PCB 库的任意匹配，或者可以选择"Library path"项，选择指定的路径。如果项目比较多，路径匹配直接选择"Any"项。

图 7-24　"Components" 面板的调用（2）

图 7-25　移除系统关联的库

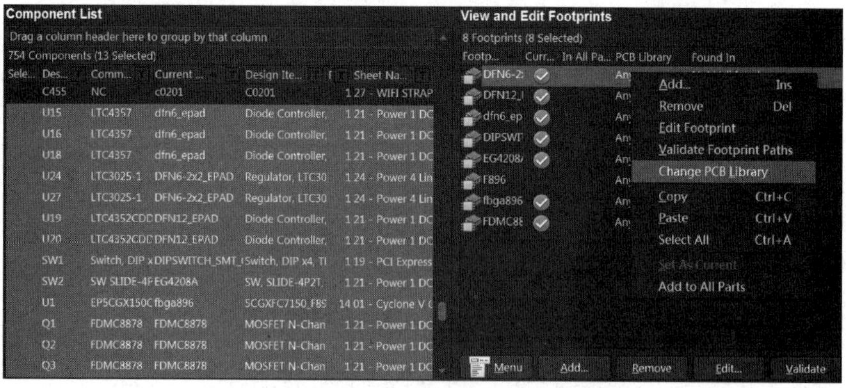

图 7-26　批量修改封装匹配

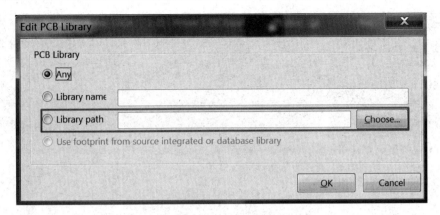

图 7-27　"Edit PCB Library" 对话框

（4）单击 "OK" 按钮，退出 "Edit PCB Library" 对话框。

（5）单击封装管理器右下角的 "Accept Changes（Created ECO）" 按钮，在弹出的对话框中单击 "Execute Changes" 按钮，即可完成全局指定 PCB 库路径的操作。

7.6　网表输出

网表是原理图设计和 PCB 设计之间的桥梁，网表里主要记录的是元件的电气连接关系和各个元件的封装类型，以及与 PCB 设计相关的物理规则和电气规则。如图 7-28 所示，有两种方法可以将原理图的网表输出到 PCB 中，即直接更新至 PCB 文件和在 PCB 文件中直接导入原理图数据。

图 7-28　Altium Designer 原理图直接导入 PCB

1. 直接更新至 PCB 文件

在整个工程下，先新建一个 PCB 文件并保存，然后执行 "Design" → "Update PCB Document PCIE. PCBDOC" 操作，此时即可将原理图数据直接更新至 PCB 文件。

2. 在 PCB 文件中直接导入原理图数据

（1）在完整的工程下打开 PCB 文件后，在 PCB 设计界面执行 "Design" → "Import Changes From PCIE. PrjPCB" 操作，将原理图导入 PCB。

（2）进入如图 7-29 所示的导入执行窗口，单击 "Execute Changes" 按钮执行导入操作，通过 "Status" 可以查看导入状态，"√" 表示导入没有问题，"×" 表示导入存在问题。通过导入发现问题、修正问题、再次导入的重复操作，直至 "Status" 全部为 "√" 为止。

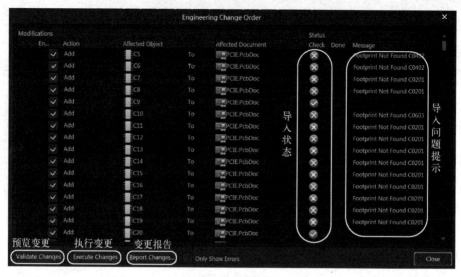

图 7-29   导入执行窗口

7.7   本章小结

本章主要介绍了 Altium Designer 进行原理图验证、原理图数据输出、元件库完整性检查和网表导入的知识。

第 8 章　PCB 结构设计

根据已经确定的电路板尺寸和各项机械定位，在 PCB 设计环境下绘制 PCB 板框，并按定位要求放置所需的接插件、按键/开关、螺丝孔、装配孔等。工程师应充分考虑和确定布线区域和非布线区域（如螺丝孔周围多大范围属于非布线区域）。在电子研发公司中，通常由结构工程师提供相应产品的 2D 结构图，一般为 DWG 或 DXF 格式，然后再由 PCB 工程师进行导入。

8.1　导入 DXF 结构图

导入 DXF 结构图的步骤如下所述。

（1）创建并打开一个新的 PCB 文件，执行"File"→"Import"→"DXF/DWG"操作。

（2）找到需要导入的 DWG/DXF 文件，单击"打开"按钮，此时会自动跳出导入属性设置窗口，如图 8-1 所示。

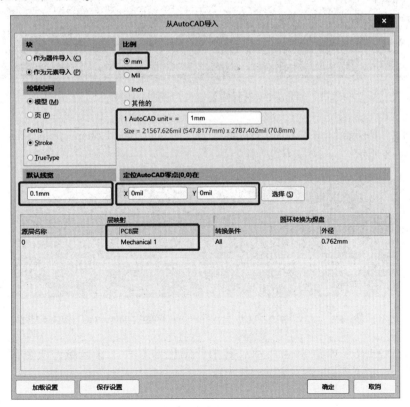

图 8-1　导入属性设置窗口

① 设置导入的单位：一般设置为 mm（毫米）。

② 设置导入比例：一般设置为 1。

③ 设置层映射：将 CAD 图纸的每层都导入 PCB 中的某个层，也可以全部先更改到某个机械层，如 Mechanical 2 层，随后再将板框改为 Mechanical 1 层。

④ 定位 AutoCAD 零点(0,0)在：选择导入的基准点，默认即可。

⑤ 默认线宽：PCB 板框的线宽，一般设置为 0.1mil。

其他项默认即可。

（3）单击"确定"按钮，即可将结构图导入 PCB 中。

（4）选择要定义为板框的线段（注意：所选择的线段一定要是闭合的线段），如图 8-2 所示。

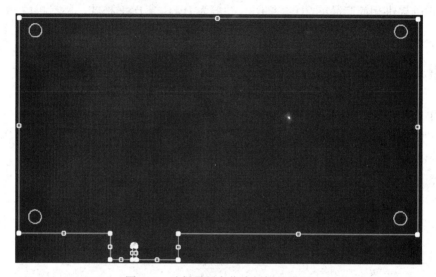

图 8-2　选择需要定位为板框的线段

（5）执行"Design"→"Board Shape"→"Define Board Shape from Selected Objects"操作，如图 8-3 所示。

图 8-3　执行"Design"→"Board Shape"→"Define Board Shape from Selected Objects"操作

定义后的板框效果如图 8-4 所示。其中，黑色部分为工作区域，灰色部分为非工作区域。

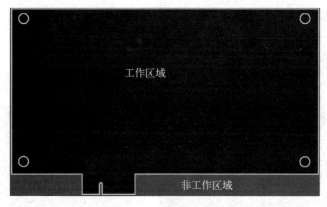

图 8-4　定义后的板框效果

8.2　自定义绘制板框

一些比较规则的形状，如圆形或矩形，在 PCB 中可以直接利用放置 2D 线来进行绘制。板框通常可以放置在 Mech-1（机械 1 层）或者 Keepout（禁止布线）层，具体操作方法如下所述。

（1）将当前层切换到 Keepout 层或 Mech-1，执行"Edit"→"Origin"→"Set"操作，或者按快捷键"E+O+S"，在合适的位置放置原点，如图 8-5 所示。

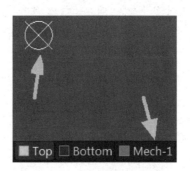

图 8-5　放置原点并切换层

（2）执行"Place"→"Line"操作，或者按快捷键"P+L"，单击原点位置开始绘制 2D 线，此时按下空格键就可以旋转线条的放置方向。

（3）对于绘制的 2D 线的尺寸（包括长度和宽度），可以在放置完成后，双击其进入"Properties"面板，在面板中更改线条的宽度和坐标来精准定义其长度，如图 8-6 所示。

（4）重复上述操作步骤，按照要求绘制出一个封闭的板框区域。

（5）选中所绘制的闭合的板框，执行"Design"→"Board Shape"→"Define Board Shape from Selected Objects"操作，完成板框的定义。

手动绘制板框的效果图如图 8-7 所示。

图 8-6 "Properties" 面板

图 8-7 手动绘制板框的效果图

8.3 板边导圆角

考虑到电路板对操作工人的安全性，板框的四个边角建议做成圆弧状，具体的操作步骤如下所述。

在绘制线条的拐弯处时，按键盘上的"Shift+空格键"，即可依次在"90 度角""弧形角""任意角""45 度角"模式进行切换。当切换到"弧形角"模式时，就可以将边框角改为圆弧形。

8.4 定位孔的放置

定位孔的放置步骤如下所述。

（1）执行"Place"→"Pad"操作，或者按快捷键"P+P"，放置一个焊盘。

（2）单击该焊盘，在"Properties"面板中设置该焊盘的坐标、焊盘及内孔的尺寸。

（3）选中焊盘后，执行复制、粘贴的操作，继续放置其他 3 个定位孔。

8.5 本章小结

本章向读者介绍了 Altium Designer 进行结构图导入的流程及手工绘制结构图的具体操作。

第9章 布局设计

9.1 PCB 布局思路

导入设计数据后，开始 PCB 布局的设计。布局的好坏往往决定着单板的成败。

大多数 PCB 工程师初入行时遇到的布局问题有哪些呢？

➤ 布局好了，发现没有空间打过孔。

➤ 多出来的滤波电容放在 BGA 周围，划分电源时交叉了，好痛苦。

➤ 总是不好连线，总会出现交叉，又要再调整一次布局。

因此，掌握必要的布局思路非常重要。常用的 5 种布局思路如下。

1. 快速模块化

➤ 模块化是高速 PCB 布局常用的一种方法，即根据原理图将一个个小功能模块布局好后再往板内整体布局。

➤ 确定的模块可以优先做，如 DDR、电源模块等，或者复用其他单板上的模块。

➤ 模块尽量做成规则的形状，如正方形或者长方形（有利于布局，也有利于后期调整，甚至改版设计的调整）。

2. 分区布局

一个典型的主机板可能包括了各种电路模块，如时钟电路、PCI 总线单元、总线控制单元、A/D 转换电路、D/A 转换电路、I/O 电路、开关电源电路、滤波电路、处理器和存储器电路等。

进行 PCB 布局的设计时，我们可依据信号的流向对整个电路进行功能模块的划分，从而保证整体布局的合理性，达到整体布线路径短、各个模块互不交错，减少电路模块间互相干扰的可能性。

3. 整体预布局（重点：我们需要对单板有个整体的把握，找个方向）

整体预布局可以不受板框大小的限制，可以忽略 DRC 等。做完模块后，我们应该对各个模块有个总体的了解。这样，我们在整体预布局调整的过程中不用看原理图就知道哪一块是属于电源的，哪一块是属于 DDR 的，哪一块是属于接口的。

4. 模块化布局

无论多么复杂的电路，它们都是由各种电路模块组合而成的。将每个电路模块当作一个整体来考虑，厘清其输入与输出；对每个电路模块的空间大小有一个整体的把握，要充分利用模块之间的布局间隙作为布线空间。同时，需要分清主次，需要特殊处理的地方要提前考虑。

5. 布局优化

在空间比较充裕的单板上，我们往往将每个电路模块都做好了布局，一般都能放进板框里面。而在做高密度板的设计时，却发现做好的电路模块没有足够的空间放置，总有一些地方存在冲突，不得不重新调整一次。因此，在优化模块的时候，我们要先评估一下该模块能否放到预定区域。

优化模块布局的原则：预估空间，合理分配！

9.2　布局前全局设置

（1）单位的设置：布局单位可以通过执行"View"→"Toggle Units"操作，或直接通过键盘中的"Q"键在毫米（mm）和微英寸（mil）之间直接进行切换。

（2）移动器件首选项的设置：执行"Tools"→"Preference"操作，调出系统参数设置界面，单击"PCB Editor"→"General"，在"PCB Editor-General"对话框中勾选"Snap To Center"，如图 9-1 所示，表示按照器件的中心抓取器件。

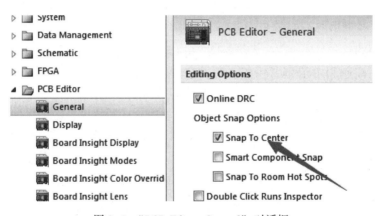

图 9-1　"PCB Editor-General"对话框

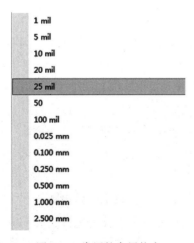

图 9-2　常用的布局格点

（3）格点的设置：格点的大小主要根据 PCB 的器件密度而定，选取合适的格点可以快捷地将器件进行排列。常用的布局格点为 5mil、25mil、50mil 等，如图 9-2 所示。也可以在 PCB 界面中直接使用键盘中的"G"键选择合适的格点。

（4）器件位号的全局设置：导入网络表后，所有导入进来的器件的位号相对较大，会和焊盘重叠在一起（见图 9-3），在布局时会影响用户的操作。通常建议用户将器件的位号改小，并放置于器件的中心。等设计完成后，再用全局操作改回合适的尺寸即可，器件位号的尺寸通常采用 0.8mm 的高度和 0.1mm 的宽度。将器件位号尺寸改小的具体操作步骤如下所述。

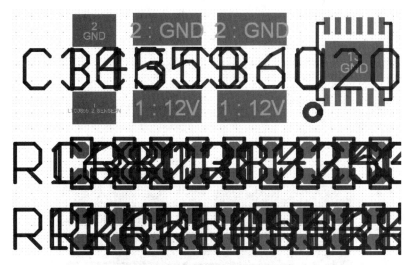

图 9-3　位号和器件重叠在一起

① 选中其中一个器件的位号丝印，单击鼠标右键，在弹出的右键快捷菜单中执行"Find Similar Objects…"操作，如图 9-4 所示。

② 在弹出的如图 9-5 所示的"Find Similar Objects"对话框中，推荐的设置如下。

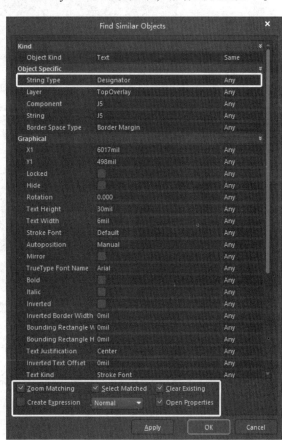

图 9-4　执行"Find Similar Objects…"操作　　　图 9-5　"Find Similar Objects"对话框

◇ String Type："Designator" 选项选择 "Same"，表示选择相同 "Designator" 属性的器件位号。

◇ Zoom Matching：对于匹配项进行放大显示。

◇ Select Matched：对于匹配项进行选择。

◇ Clear Existing：退出当前状态。

◇ Open Properties：打开属性。

③ 单击 "OK" 按钮，进入如图 9-6 所示的 "Properties" 面板，在该面板中，将 "Text Height" 设置为 "10mil"，将 "Stroke Width" 设置为 "2mil"。

图 9-6 "Properties" 面板

④ 对器件位号的尺寸更改后，选中 PCB 中的所有器件，并按快捷键 "A+P"，在弹出的如图 9-7 所示的 "Component Text Position" 对话框中，将 "Designator" 放置在器件的中心，单击 "OK" 按钮，得到的器件位号与器件如图 9-8 所示。

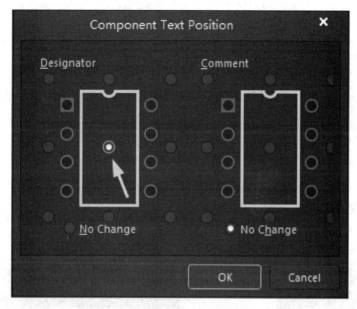

图 9-7 "Component Text Position" 对话框

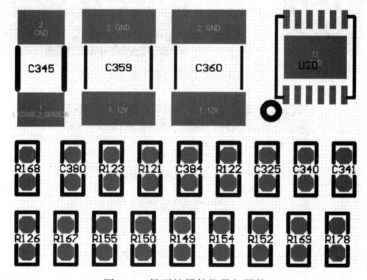

图 9-8 得到的器件位号与器件

9.3 布局基本操作

Altium Designer 提供了非常简单且易操作的布局命令。

（1）器件的移动：直接用鼠标左键拖曳器件即可，如图 9-9 所示。

（2）器件的旋转：可以在移动器件的状态下通过使用键盘中的空格键来实现器件的旋转，如图 9-10 所示；也可以通过双击器件，在弹出的 "Component C184［mm］" 对话框中，在 "Component Properties" 栏中直接设置 "Rotation" 来实现器件的旋转，如图 9-11 所示。

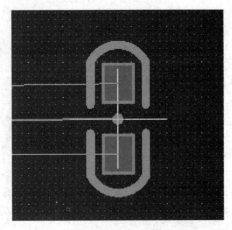

图 9-9　用鼠标左键拖曳移动器件

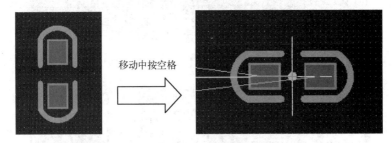

图 9-10　使用空格键旋转器件

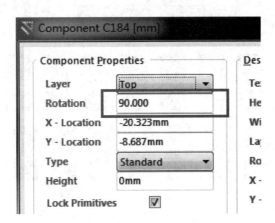

图 9-11　"Component C184〔mm〕"对话框（1）

　　（3）器件以任意角旋转：可以通过调整空格键的旋转步进量，实现任意角度的旋转，该设置可以通过执行"Tools"→"Preference"操作，调出系统参数设置界面，在"PCB Editor"子目录下找到，同样也可以通过"Component Properties"栏中的"Rotation Step"调整，如图 9-12 所示。

　　（4）器件的翻面：可以在移动器件的状态下通过使用键盘中的"L"键来实现器件的翻面，如图 9-13 所示；也可以通过双击器件，在弹出的"Component C184〔mm〕"对话框中设置相应的参数来实现器件的翻面，如图 9-14 所示。

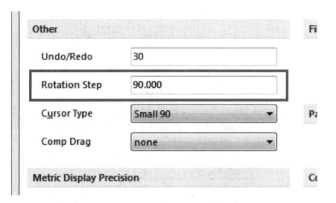

图 9-12 调整空格键的旋转步进量

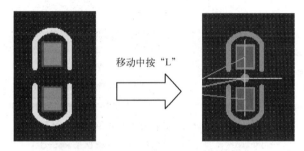

图 9-13 使用快捷键实现器件的翻面

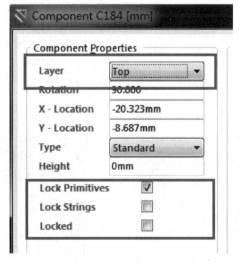

图 9-14 "Component C184 [mm]"对话框（2）

（5）锁定器件：双击器件，在弹出的"Component C184 [mm]"对话框中勾选 "Locked"，如图 9-15 所示，即可锁定器件。当器件在锁定状态下时，可以通过是否勾选 "Protect Locked Objects"来设置是否可以选中锁定器件，如图 9-16 所示。

（6）器件的自动排列：选中要排列的器件，单击鼠标右键，执行"Arrange Components Inside Area"操作，即可让选中的器件自动排列，达到图 9-17（b）中所示的效果。

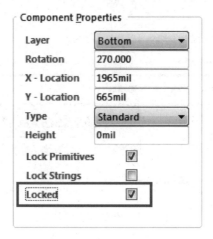

图 9-15　勾选 "Locked"

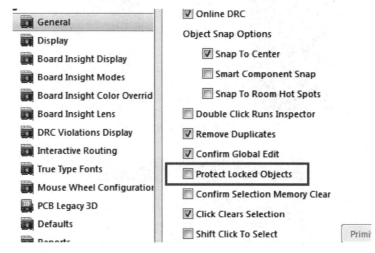

图 9-16　设置是否可以选中锁定器件（器件在锁定状态下）

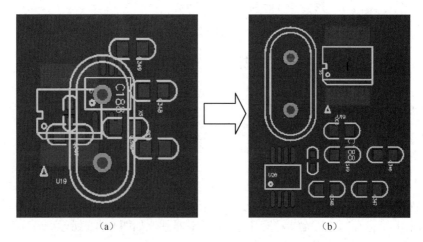

图 9-17　器件的自动排列

（7）对齐器件：选中需要对齐的器件，按下键盘中的"A"键，在弹出的菜单中即可选择不同的对齐方式，如图 9-18 所示。

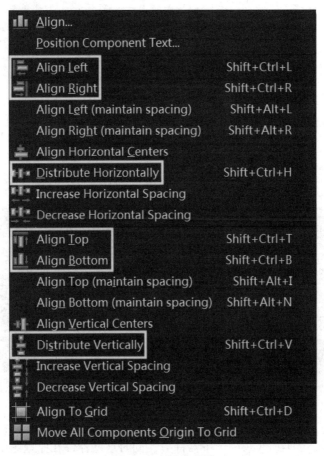

图 9-18　对齐菜单

9.4　交互式布局

在原理图中选择相应的器件，在 PCB 中会同步选中并高亮显示，这样可以有效地使用原理图驱动 PCB 布局，快速定位器件，提高布局效率。

原理图和 PCB 交互的 3 个条件如下所述。

（1）PCB 和原理图在同一个工程（Project）里面。

（2）打开 PCB 文件后，并执行"Tools"→"Cross Select Mode"操作，保证其处于关联模式下。

（3）在原理图文件中，执行"Tools"→"Cross Select Mode"操作，保证其处于关联模式下。

此时，在原理图中选中某一个模块，在 PCB 中会同步高亮选中该模块中的所有器件，使用自动排列命令即可让这些分散的器件自动排列到一起，如图 9-19 所示。

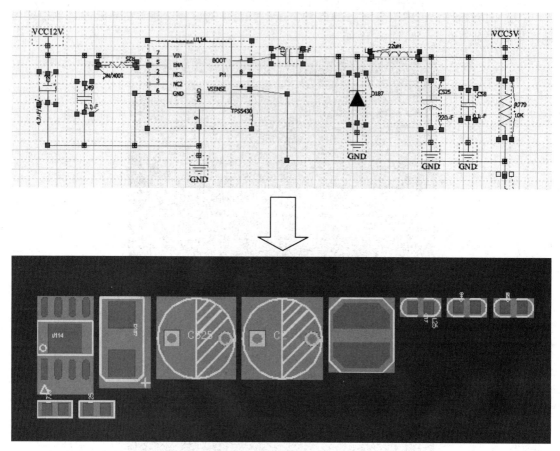

图 9-19　在原理图和 PCB 中同时高亮选中模块

反之也可以实现，即在 PCB 中选中器件后，同时这些器件在原理图中也会被高亮选中。

9.5　快速定位器件

在设计过程中，假设用户想查找并快速定位某个器件的位置。在 PCB 界面下，执行 "Tools" → "Cross Probe" 操作，此时光标变为一个十字形，单击需要查找的目标器件，软件会自动定位到原理图中对应的器件，同时非目标器件会变为灰色，如图 9-20 所示。

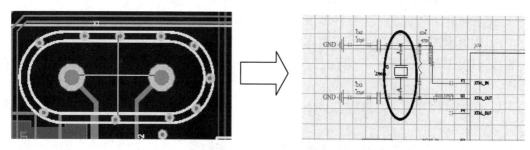

图 9-20　在原理图和 PCB 中同时快速定位特定器件

反之也可以实现,即在原理图中执行"Tools"→"Cross Probe"操作,同样可以在PCB 中快速定位特定器件。

9.6 飞线引导布局法

1. 显示/隐藏整板飞线

在布局时,通过关闭和打开部分飞线,可以帮助用户快速理解信号的流向,提高布局效率。

(1)显示整板飞线:在 PCB 界面中按快捷键"N",在随后弹出的对话框中选择"Show Connections"→"All",即可显示整板飞线,如图 9-21 所示。

(2)隐藏整板飞线:在 PCB 界面中按快捷键"N",在随后弹出的对话框中选择"Hide Connections"→"All",即可隐藏整板飞线,如图 9-22 所示。

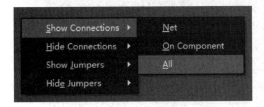

图 9-21 显示整板飞线

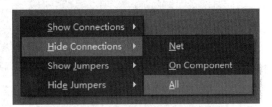

图 9-22 隐藏整板飞线

2. 显示/隐藏器件飞线

(1)显示器件飞线:在 PCB 界面中按快捷键"N",在随后弹出的对话框中选择"Show Connections"→"On Component",单击目标器件,即可显示器件飞线,如图 9-23 所示。

(2)隐藏器件飞线:在 PCB 界面中按快捷键"N",在随后弹出的对话框中选择"Hide Connections"→"On Component",单击目标器件,即可隐藏器件飞线,如图 9-24 所示。

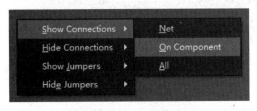

图 9-23 显示器件飞线

图 9-24 隐藏器件飞线

3. 显示/隐藏网络飞线

(1)显示网络飞线:在 PCB 界面中按快捷键"N",在弹出的对话框中选择"Show Connections"→"Net",单击目标网络,即可显示网络飞线,如图 9-25 所示。

(2)隐藏网络飞线:在 PCB 界面中按快捷键"N",在弹出的对话框中选择"Hide Connections"→"Net",单击目标网络,即可隐藏网络飞线,如图 9-26 所示。

图 9-25　显示网络飞线

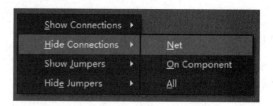
图 9-26　隐藏网络飞线

4. 显示/隐藏网络类的飞线

在 PCB 界面中单击 "Panels" 按钮，在弹出的对话框中选择 "PCB"，如图 9-27 所示。在 "PCB" 面板中，调出 "Net" 编辑窗口，在该窗口中可以单独对某个或多个网络或者某个网络类进行飞线显示/隐藏的操作。

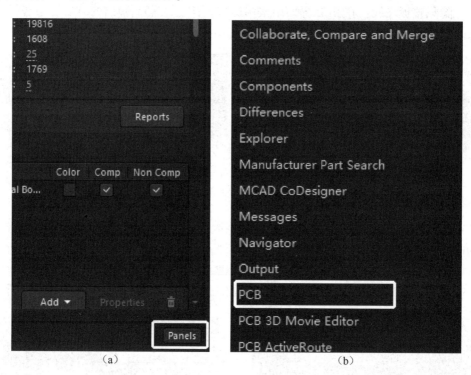

　　　　　　（a）　　　　　　　　　　　　　　　（b）

图 9-27　调出 "PCB" 面板

（1）显示网络类的飞线：在 "Net Classes" 选项框中选中需要显示网络类的飞线，单击鼠标右键，选择 "Connections" → "Show" 即可，如图 9-28 所示。

（2）隐藏网络类的飞线：在 "Net Classes" 选项框中选中需要隐藏网络类的飞线，单击鼠标右键，选择 "Connections" → "Hide" 即可，如图 9-29 所示。

（3）显示/隐藏多个网络的飞线：在 "Net Classes" 选项框中选中需要显示或隐藏多个网络的飞线，单击鼠标右键，选择 "Connections" → "Show" / "Hide" 即可，如图 9-30 所示。

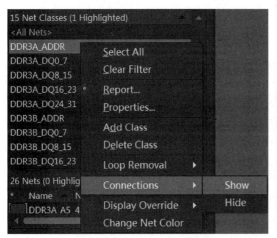

图 9-28 显示网络类的飞线   图 9-29 隐藏网络类的飞线

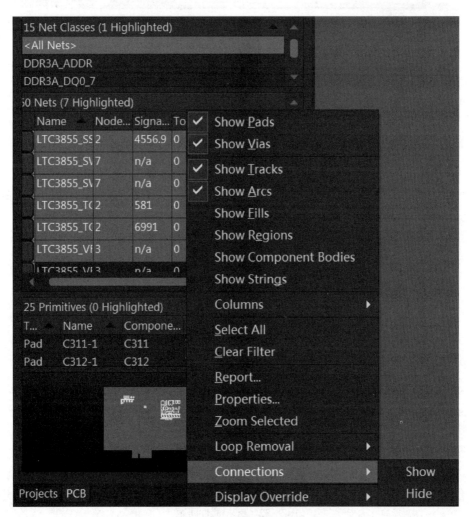

图 9-30 显示/隐藏多个网络的飞线

9.7　选择过滤器

合理利用"Selection Filter"这个功能，可以减少用户误选的可能性。例如，若用户在布局 PCB 设计时只需要选择器件，则可以在过滤器中只选择"Components"，如图 9-31 所示，这样其他元素就不会被选中了，有效提升了布局效率。

图 9-31　选择过滤器

9.8　布局的工艺要求

9.8.1　特殊器件的布局

1. BGA

从可维修性方面考虑，器件尽量距离 BGA 周围 3mm 以外，在器件密度非常大的时候，极限情况至少要 1mm 以外，如图 9-32 所示。

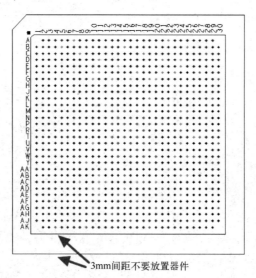

3mm间距不要放置器件

图 9-32　BGA 器件间距

2. 热敏器件

热敏器件，如电解电容、晶体振荡器等，布局时，应尽量远离高热器件。

3. 晶振、时钟发生器

晶振、时钟发生器等关键信号的布局，要远离接口电路，不要布局在板边，离板边最少 5mm。

9.8.2 通孔器件的间距要求

表贴器件到通孔器件的距离要求如下所述。

（1）同一面布局时，表贴器件离通孔器件的外框丝印尽量保持 1mm 以上。

（2）在两面时，如果插件器件是波峰焊工艺，表贴器件距离通孔器件的距离大于或等于 3mm，如图 9-33 所示。

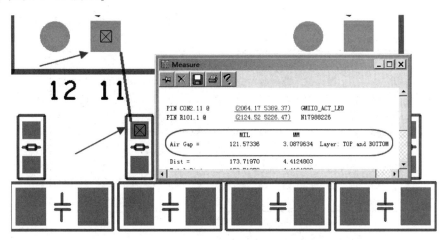

图 9-33　波峰焊工艺距离要求

9.8.3 压接器件的工艺要求

1. 弯公/弯母器件

弯公/弯母器件与压接器件同面时，压接器件周边 3mm 的范围内不得布局任何高于 3mm 的器件，周边 1.5mm 的范围内不得布局任何焊接器件；弯公/弯母器件在压接器件的背面时，距离压接器件引脚 2.5mm 的范围内不得布局任何器件，陶瓷电容远离弯公/弯母器件 3mm 以上。

弯公/弯母器件如图 9-34 所示。

2. 直公/直母器件

直公/直母器件与压接器件同面时，压接器件周边 1mm 的范围内不得布局任何器件。直公/直母器件背面需要装保护套时，其周边 1mm 的范围内不得布局任何器件；没有安装保护套时，距离压接器件引脚 2.5mm 的范围内不得布局任何元器件，陶瓷电容远离直公/直母器件 3mm 以上。

直公/直母器件如图 9-35 所示。

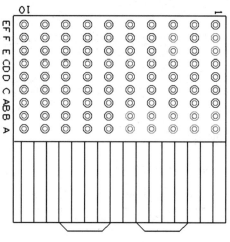

图 9-34　弯公/ 弯母器件

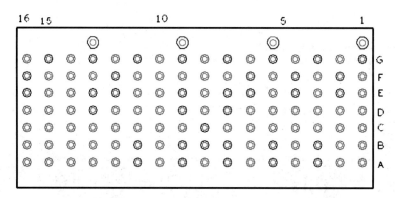

图 9-35　直公/直母器件

9.8.4　PCB 辅助边与布局

批量生产包含表贴器件的板子时，将采用 SMT 机器贴片。

以单板为例（不包含拼版），PCB 需要放在 SMT 机器的传送带上，传送带两边各需要 5mm 的间距，在设计 PCB 时，水平或垂直方向距离板边 5mm 的范围内不摆放表贴器件。

如果表贴器件距离板边小于 5mm，意味着需要添加辅助工艺边。辅助工艺边如图 9-36 所示。

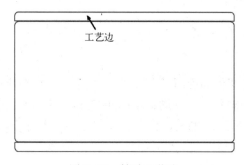

图 9-36　辅助工艺边

9.8.5　辅助边与母板的连接方式

1. V-CUT 连接

这种连接方式主要针对板框比较规则的情况，常用于板与板之间的直线连接，为直通型，不能在中间停止或转弯，如图 9-37 所示。边缘平整且不影响器件安装的 PCB 可用此种连接方式。

采用 V-CUT 连接方式的 PCB 之间的距离（S）应设置为 5mil。X 应为板厚（L）的 1/4~1/3，但 X 需要大于或等于 0.4mm。V-CUT 连接方式常规的设计参数如图 9-38 所示。

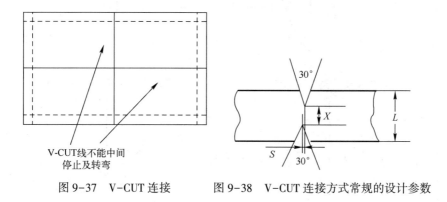

图 9-37　V-CUT 连接　　　图 9-38　V-CUT 连接方式常规的设计参数

2. 邮票孔连接

这种连接方式针对板框不规则的情况，在拐点处适当地加邮票孔来连接母板，如图 9-39 所示。

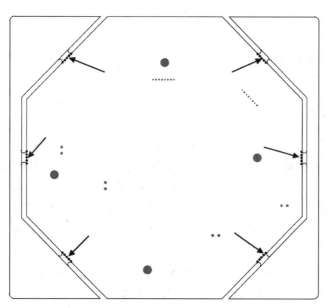

图 9-39　邮票孔连接

推荐铣槽的宽度大于或者等于 2.0mm，铣槽常用于单元板之间需要留有一定距离的情况，一般应与 V-CUT 或邮票孔配合使用。邮票孔常规的设计参数如图 9-40 和图 9-41 所示。

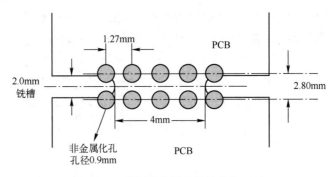

图 9-40   邮票孔常规的设计参数（1）

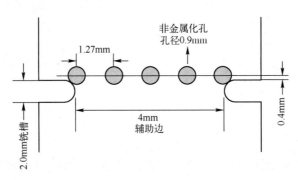

图 9-41   邮票孔常规的设计参数（2）

9.9   布局的基本顺序

9.9.1   交互式布局

一个产品在功能上可分为若干个功能电路模块。例如，板卡可分为网口电路、电源、PCIE 接口电路、CPU 模块、DDR 模块、Flash 模块、WiFi 模块、模拟电路等，我们可以通过交互式布局的方式将同一个电路模块的所有器件放在一起，如图 9-42 所示。

为了方便元件的找寻，需要将原理图与 PCB 对应起来，使两者之间能相互映射，简称"交互"。用户需要在原理图界面和 PCB 界面都执行"Tools"→"Cross Select Mode"操作，激活交互模式，如图 9-43 所示。

激活交互模式后，在原理图中选中某个元件后，PCB 中相对应的元件也会被同步选中。反之，在 PCB 上选中某个元件，原理图中相对应的元件也会被选中。

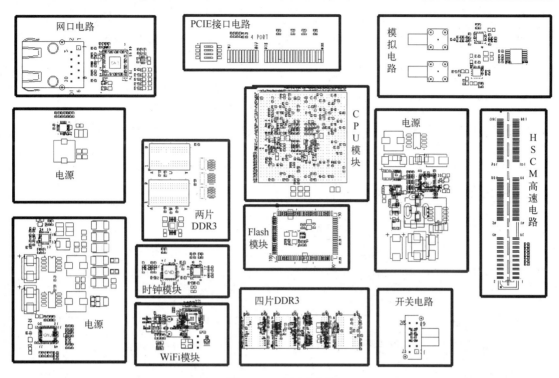

图 9-42　交互式布局

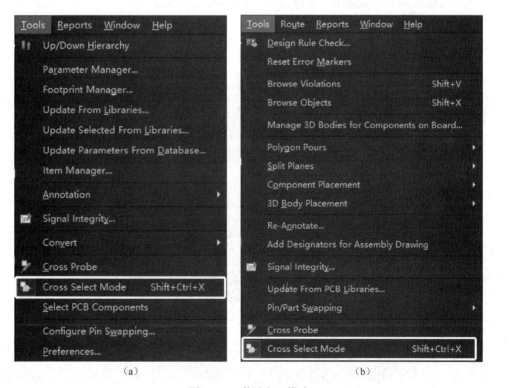

图 9-43　激活交互模式

9.9.2　结构器件的定位

导入结构器件，如图 9-44 所示。

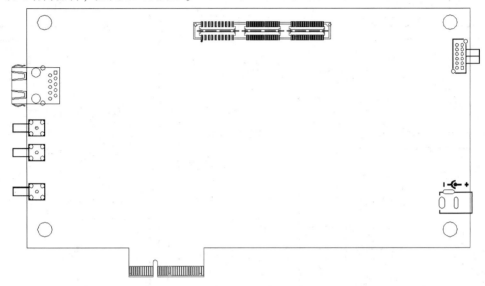

图 9-44　导入结构器件

下面分别介绍 Altium Designer 软件定位结构件的两种常用方法。

1）将丝印归中、重叠进行定位

（1）在"Properties"面板中，将"Snapping"对应的选项切换为"All Layers"，如图 9-45 所示。

图 9-45　"Properties"面板

（2）选中需要精确定位的结构器件，按快捷键"M+S"，捕捉器件丝印的某个点，如网口右上角的端点对上结构图上网口右上角的端点，此时即可完成定位，如图 9-46 所示。

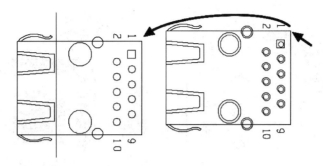

图 9-46　定位结构器件

2）坐标定位法

（1）以网口器件为例，假如原点在 1 脚位置。在"View Configuration"面板中的"System Colors"中开启"Component Reference Point"，即可查看到此器件的坐标原点，如图 9-47 和图 9-48 所示。

图 9-47　"View Configuration"面板

（2）选中 1 脚焊盘对应结构图中的圆形，即可在"Properties"面板中查看到 1 脚的圆心坐标为（511.8mil，3533.4mil）。

（3）选中网口，在"Properties"面板中的"Location"选项中输入第（2）步中查看到的圆心坐标，按回车键，此时即可完成定位，如图 9-49 所示。

为了避免后续误操作，可以将其锁定，操作步骤为：选中需要锁定的器件，在"Properties"面板中的"Location"选项中，单击"锁定"标记（见图 9-50），此时即可锁住器件，再次单击"锁定"标记即可解锁。

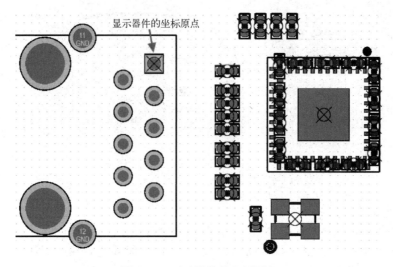

图 9-48　显示器件的坐标原点

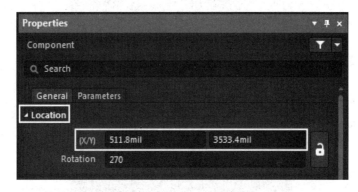

图 9-49　"Properties" 面板

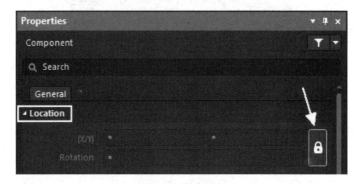

图 9-50　锁定器件

9.9.3　整板信号流向规划

　　通过交互式布局，将一个电路模块里面的所有器件都整合到一起后，关闭电源地的飞线，开启信号的飞线，这样我们可以一目了然地厘清模块与模块之间的互联关系，整板的信号流向如图 9-51 所示。

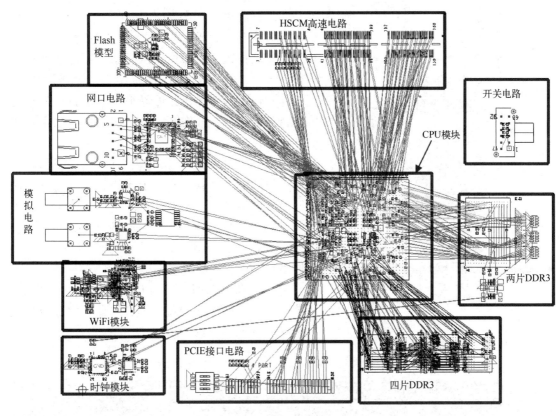

图 9-51 整板的信号流向

图 9-51 中没有将电源放进去，这是因为需要单独分析电源。信号流向分析清楚之后，再来确定模块与模块之间的相对位置。至于电源，我们将其靠近负载，结合输入输出通道，为其确定合适的位置。

9.9.4 模块化布局

模块与模块之间的相对位置确定之后，我们就可以进行模块内的布局了。

以时钟芯片为例，图 9-52 所示为规划的时钟芯片的原理图。

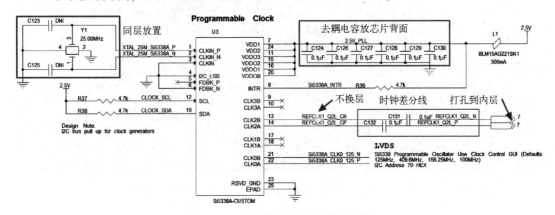

图 9-52 规划的时钟芯片的原理图

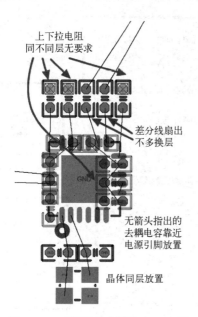

上下拉电阻
同不同层无要求

差分线扇出
不多换层

GND

无箭头指出的
去耦电容靠近
电源引脚放置

晶体同层放置

图 9-53　时钟芯片实际的 PCB 布局

时钟芯片实际的 PCB 布局如图 9-53 所示，没有同层要求的器件可以放置在芯片背面。

模块化布局的操作，需要用到器件排列的功能，即 "Arrange Within Rectangle"（矩形放置框）操作，通过这个操作，可以很方便地将一堆杂乱的器件有序地摆放在一定的区域内，其操作步骤如下所述。

（1）激活原理图和 PCB 文件的交互模式后，在原理图中选择其中同一个模块的所有器件，这时原理图与 PCB 文件相对应的器件都被选中。

（2）执行 "Tools"→"Component Placement" → "Arrange Within Rectangle" 操作，如图 9 - 54 所示。

（3）在 PCB 上的空白区域框选一个范围，这时这个功能模块的器件都会被整齐地排列在刚刚绘制的矩形框内。

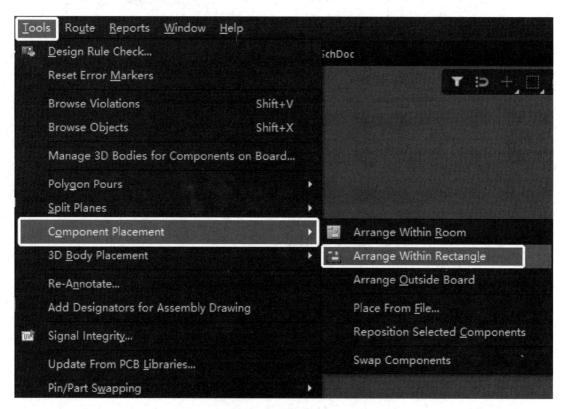

图 9-54　执行 "Tools" → "Component Placement" → "Arrange Within Rectangle" 操作

在模块化布局的时候，可以通过"Split Vertical"操作对原理图编辑界面和 PCB 设计交互界面进行分屏处理，如图 9-55 所示。

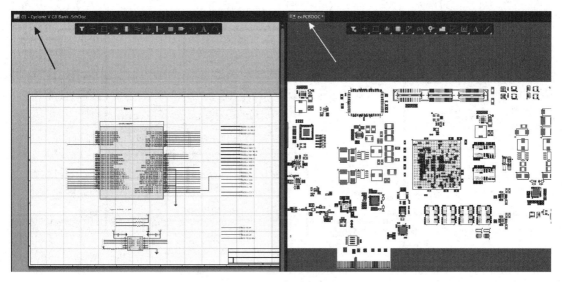

图 9-55　分屏处理

9.9.5　关键芯片布局规划

（1）整板禁布区域的绘制：根据工艺、结构和设计要求绘制合理的禁布区域。

（2）抓模块：将同一模块中的所有器件通过交互式布局放在一起，将复杂的系统细分成一个一个的电路模块。

（3）结构件的定位，将有结构要求的器件优先布局，定好位置。

（4）信号流向分析：关闭电源、地的飞线，通过信号流向、结构要求、电源流向确定模块与模块之间的相对位置。

（5）模块化布局：对每个模块进行更为细致的布局。

（6）关键芯片布局规划：模块布局完成后，就可以将模块放置在板上了。在放置的时候，需要基于 EMC、SI/PI、RF、Thermal 进行合理的布局。

① 开关电源、时钟电路等噪声源远离板边，减少对外辐射。

② 接口电路靠近接口摆放。

③ 差分、时钟、高速信号、关键信号尽量短，且有完整的参考平面。

④ 退耦电容靠近电源引脚，储能电容分散摆放。

⑤ 发热量大的元器件分开摆放。

时钟芯片最终的布局效果如图 9-56 所示。

布局设计完成后，还需要对其进行更为细致的检查与分析。对于不太确定位置的器件，可以结合后期布线进行调整。

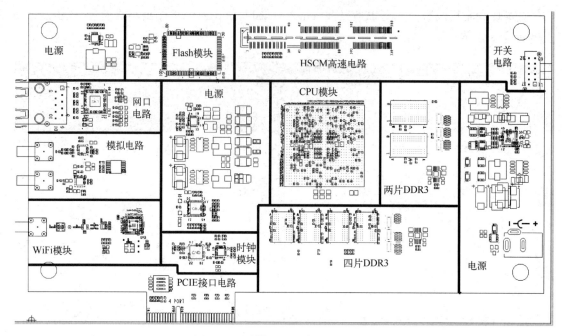

图 9-56　时钟芯片最终的布局效果

9.10　PCB 布局通用规则

为了设计质量好、造价低的 PCB，应首先考虑 PCB 的尺寸大小。PCB 的尺寸过大时，印制线条长，阻抗增加，抗噪声能力下降，成本也增加；PCB 的尺寸过小时，散热不好，且邻近线条易受干扰。PCB 的最佳形状为矩形，长宽比为 3:2 或 4:3。位于 PCB 边缘的元器件，离 PCB 的边缘一般不小于 2mm。

9.10.1　PCB 布局基本顺序

（1）根据结构图定义板框（注意阻焊开窗的位置）。

（2）绘制整板器件的禁布区域，一般距离板边 5mm。

（3）根据结构图，提前布局有结构定位要求的接口器件。

（4）对电路板按照电路功能进行分区规划，通常可分为模拟区域、数字区域、电源区域。

（5）对布局进行整体规划，根据信号流向布局关键的信号器件。

（6）优先考虑时钟系统、控制系统、电源系统等的布局，对主次电源进行规划，需要考虑各电源在电源平面层的大致分割，同时还需要考虑器件间有足够的布线通道。

（7）布局时需要考虑有拓扑要求的器件，并预留有足够的空间给有长度要求的信号绕等长。

（8）单板基准点的放置，顶层和底层各放置 3 个基准点。

9.10.2　PCB 布局注意事项

1. PCB 布局原则

在 PCB 设计中，布局是一个重要的环节。布局结果的好坏将直接影响布线的效果，因此可以这样认为，合理的布局是 PCB 设计成功的第一步。PCB 布局的基本思路是先大后小、先难后易。在布局时，可根据走线的情况对器件进行再分配，将两个器件进行交换，使其成为便于布线的最佳布局。在布局完成后，还可将设计文件及有关信息标注在原理图上，使 PCB 中的有关信息与原理图一致，以便今后的建档、更改设计能同步起来，同时对模拟的有关信息进行更新，对电路的电气性能及功能进行板级验证。

PCB 布局设计前，首先需要对所选用的组件及各种插座的规格、尺寸、面积等有完全的了解；对各部件的位置应合理、仔细考虑，主要从电磁场兼容性、抗干扰的角度，以及走线短，交叉少，电源、地的路径和去耦等方面考虑。在确定 PCB 的尺寸后，确定特殊组件的位置。最后，根据电路的功能单元，对电路的全部器件进行布局。应将相互有关的器件尽量放得靠近些，这样可以获得较好的抗噪声效果。时钟发生器、晶振和 CPU 的时钟输入端都易产生噪声，要相互靠近些。尽可能缩短高频元器件之间的连线，设法减少它们的分布参数和相互间的电磁干扰。易受干扰的元器件不能相互挨得太近，输入和输出组件应尽量远离。易产生噪声的器件、小电流电路、大电流电路等应尽量远离逻辑电路。

2. 组件排列原则

布局的首要原则是保证布线的布通率，移动器件时注意飞线的连接，将有连线关系的器件放在一起。尽可能减小环路面积，以抑制辐射干扰。按照电路的流程安排各个功能电路单元的位置，使布局便于信号流通，并使信号尽可能保持一致的方向。放置器件时要考虑以后的焊接，不要太密集，以每个功能电路的核心组件为中心，围绕它来进行布局。各组件的排列和分布要合理且均匀，力求整齐、美观，尽量减少和缩短各器件之间的引线和连接。去耦电容尽量靠近器件的电源引脚。在高频下工作的电路，要考虑器件之间的分布参数。一般电路应尽可能使器件平行排列。这样，不但美观，而且容易装焊，易于批量生产。电阻、二极管、管状电容器等组件有"立式"和"卧式"两种安装方式。

(1) 立式指的是组件体垂直于 PCB 安装和焊接，其优点是节省空间。在电路组件数较多，而且 PCB 的尺寸不大的情况下，一般采用立式安装。立式安装时，两个焊盘的间距一般取 1/10~2/10 英寸。

(2) 卧式指的是组件体平行且紧贴于 PCB 安装和焊接，其优点是组件安装的机械强度较好。在电路组件数量不多，而且 PCB 的尺寸较大的情况下，一般采用卧式。对于 1/4W 以下的电阻平放时，两个焊盘的间距一般取 4/10 英寸；1/2W 的电阻平放时，两个焊盘的间距一般取 5/10 英寸；二极管平放时，对于 1N400X 系列的整流管，一般取 3/10 英寸；对于 1N540X 系列的整流管，一般取 4/10~5/10 英寸。

3. 电位器和 IC 座的放置原则

电位器和 IC 座的放置原则如下所述。

(1) 电位器：在开关电源中用来调节输出电压的电位器，顺时针调节其时输出电压升高，逆时针调节其时输出电压降低；在可调恒流充电器中，电位器应为顺时针调节时电流增大，逆时针调节时电流减小。电位器安放的位置应当满足整机结构安装及面板布局的要求，应尽可能放置在 PCB 的边缘，旋转柄朝外。

（2）IC 座。在设计 PCB 时，IC 器件尽量直接焊在 PCB 上，少用 IC 座。在使用 IC 座的场合下，一定要特别注意 IC 座上定位槽放置的方位是否正确，并注意各个 IC 脚位是否正确，如第 1 脚只能位于 IC 座的右下角或左上角，而且紧靠定位槽（从焊接面看）。

4. 进出接线端布置

相关联的两引线端不要距离太大，一般为 2/10～3/10 英寸比较合适。进出线端尽可能集中在 1～2 个侧面，不要过于离散。

9.10.3 器件布局一般原则

器件布局的第一个步骤是在板上放置器件，将噪声敏感器件和产生噪声的器件分开放置。完成这个任务有两个准则：一是将电路中的器件分成两大类，即高速（大于 40MHz）器件和低速器件，如果可能，将高速器件尽量靠近板的接插件和电源放置；二是将上述大类再分成 3 个子类，即纯数字、纯模拟和混合信号，将数字器件尽量靠近板的接插件和电源放置。

PCB 上元器件的放置顺序通常如下。

第 1 步：放置与结构有紧密配合的、固定位置的元器件，如电源插座、指示灯、开关、连接件之类的器件，放置好这些器件后，用软件的"LOCK"功能将其锁定，使之以后不会被误移动。

第 2 步：放置线路上的特殊组件和大的器件，如发热组件、变压器、IC 座等。

第 3 步：器件在 PCB 上的排向，原则上随着器件类型的改变而变化，即同类器件尽可能按相同的方向排列，以便器件的贴装、焊接和检测。在 PCB 上，均匀排放组件，避免轻重不均。

第 4 步：PCB 的 X、Y 方向均要留出传送边，PCB 上的所有器件均放置在离板的边缘 5mm 以内或至少大于板的厚度，这是由于在插件生产的流水线和进行波峰焊时，要提供给导轨槽使用，尽量保证器件的两端焊点同时接触波峰焊料，同时也为了防止由于外形加工引起边缘部分的缺损。如果 PCB 上的器件过多，不得已要超出 5mm 范围时，可以在板的边缘加上 5mm 的辅边，辅边开 V 形槽。

第 5 步：若 PCB 上同时有高压电路和低压电路，则高压电路部分的器件与低压部分的器件要隔开放置，隔离距离与要承受的耐压有关。通常情况下，在 2000kV 时，板上要距离 2mm。若要承受更高的耐压测试，在此之上距离还要加大。例如，若要承受 3000kV 的耐压测试，则高压电路与低压电路之间的距离应在 3.5mm 以上。许多情况下为避免爬电，还会在 PCB 上的高压电路与低压电路之间开槽。

第 6 步：组件在 PCB 上排列的位置要充分考虑抗电磁干扰问题，其原则是各部件之间的引线要尽量短。在布局上要将模拟信号部分、高速数字电路部分、噪声源部分（如继电器、大电流开关等）合理地分开，使相互间的信号耦合最小。

第 7 步：当尺寸相差较大的片状器件相邻排列且间距很小时，较小的器件在波峰焊时应排列在前面，先进入焊料波，避免尺寸较大的器件遮蔽其后尺寸较小的器件而造成漏焊。PCB 上不同组件相邻的焊盘图形之间的最小间距应在 1mm 以上。

9.10.4 特殊器件布局

在确定特殊器件的位置时要遵守以下原则：

（1）尽可能缩短高频器件之间的连线，设法减少它们的分布参数和相互之间的电磁干扰。易受干扰的器件不能相互挨得太近，输入和输出组件应尽量远离。

（2）某些器件或导线之间可能有较高的电位差，应加大它们之间的距离，以免放电引起意外短路。带高电压的器件应尽量布置在调试时手不易触及的地方。

（3）质量超过 15g 的器件，应当用支架加以固定，然后焊接。那些又大又重、发热量多的器件，不宜装在 PCB 上，应装在整机的机箱底板上，且应考虑散热问题。热敏器件应远离发热器件。

（4）对于电位器、可调电感线圈、可变电容器、微动开关等可调器件的布局，应考虑整机的结构要求。若是机内调节，应放在 PCB 上方便调节的地方；若是机外调节，其位置要与调节旋钮在机箱面板上的位置相适应。应留出 PCB 定位孔及固定支架所占用的位置。位于 PCB 边缘的器件，离 PCB 的边缘一般不小于 2mm。

（5）PCB 在机箱中的位置和方向。应保证发热量大的器件处在上方，I/O 驱动电路尽量靠近 PCB 的板边。

（6）晶振要尽量靠近 IC，且布线比较粗；晶振外壳接地；每个 IC 的电源引脚要加旁路电容（一般为 $0.1\mu F$）和滤波电容（$10\sim100\mu F$）。如有可能，在 PCB 的接口处加 RC 低通滤波器或 EMI 抑制组件（如磁珠、信号滤波器等），以消除连接线的干扰，但是要注意不要影响有用信号的传输。

9.11 本章小结

本章向读者介绍了 Altium Designer PCB 布局的基本设置、布局常用操作和高速 PCB 设计的布局思路。

第 10 章　基于华秋 DFM 的层叠阻抗设计

随着集成电路近百年的发展，电路设计日趋复杂和高速，各种高速信号的完整性成为难题。根据设计的高速线，控制信号线的特征，阻抗匹配成为关键。不严格的设计阻抗控制极为困难，其将引发相当大的信号反射和信号失真，导致设计失败。常见的信号，如 HDMI、USB、以太网、DDR 内存、LVDS 信号等，均需要进行阻抗控制。阻抗控制最终根据 PCB 设计生产工艺控制的线宽和线距来实现，对 PCB 工艺也提出了更高要求。电子产品的信号完整性对 PCB 设计和 PCB 生产工艺来说极为重要。

10.1　关于阻抗的定义

1. 阻抗

对流经其中已知频率的交流电流所产生的总阻力称为阻抗（Z_0）。对印刷电路板而言，是指在高频信号之下，某一线路层（Signal Layer）对其最接近的相关层（Reference Plane）总合的阻抗。

2. 特性阻抗

在传输信号线中，传播高频信号或电磁波时所遭遇的阻力称为特性阻抗。

3. 差动阻抗

由两根差动信号线组成的控制阻抗的一种复杂结构，驱动端输入的信号为极性相反的两个信号波形，分别由两根差动线传送，在接收端这两个差动信号相减，这种方式主要用于高速数模电路中，以获得更好的信号完整性及抗噪声干扰。

4. 共面阻抗

当阻抗线距导体的距离小于或者等于最近对应层的距离时，即为共面阻抗（Coplanar）。

10.2　影响阻抗的因素

如图 10-1 所示，从 PCB 制造的角度来讲，影响阻抗的关键因素如下所述。

◇ 线宽（W_1、W_2）。阻抗的线宽与阻抗成反比，线宽越小，阻抗越小，线宽越大，阻抗越大。

◇ 线厚（T_1）。

◇ 介质厚度（H_1、H_2）。

◇ 差分线间距（S_1）。

◇ E_r 相对电容率（原俗称介质常数）。

◇ 表面工艺。针对外层阻抗计算的铜厚，电金或镀金工艺与其他表面工艺计算的取值不一样，前者计算的偏大 3~5Ω。

◇ 外层有阻焊和无阻焊对最外层的阻抗结果是有影响的。

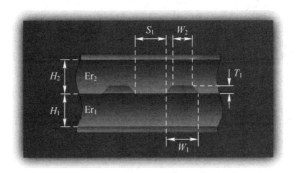

图 10-1　影响阻抗的关键因素

各因素与阻抗之间的关系如下所述：

◇ 阻抗与线宽 W 成反比，线宽越宽，阻抗越小；

◇ 阻抗与铜厚成反比，铜厚越厚，阻抗越小；

◇ 阻抗与介质厚度成正比，介质厚度越厚，阻抗越大；

◇ 阻抗与介质介电常数的平方根成反比，介电常数越大，阻抗越小；

◇ 阻抗与差分线间距成正比，差分线间距越大，阻抗越大。

10.3　阻抗计算公式

众所周知，直流电路中电流遇到的阻力叫电阻，交流电路中电流遇到的阻力叫阻抗，而高频（大于 400MHz）电路中传输信号所遇到的阻力叫特性阻抗。在高频情况下，印制板上传输信号的铜导线可以被视为由一串等效电阻及一并连电感组合而成的传导线路，而此等效电阻在高频分析时，阻值小到可以忽略不计。因此，在对一个印制板的信号传输进行高频分析时，只需要考虑杂散分布的串联电感及并联电容的效应，简化可以得到以下公式：

$$Z_0 = R + \sqrt{L/C} \approx \sqrt{L/C} \quad （Z_0 为特性阻抗值）$$

10.4　阻抗设计原则

（1）在传输数字信号时，印制板线路的阻抗值必须与驱动端和接收端电子元件的阻抗值相匹配，如果不匹配，所传送信号的能量将出现反射、散失、衰减或延误等现象，从而产生杂讯。

（2）由于电子元件的电子阻抗值越大时其传输速率才越快，因而电路板的特性阻抗值也要随之提高，这样才能与之匹配。

（3）射频通信用的 PCB，除强调阻抗外，还要求板材本身具有低的 E_r 值（介质常数）及低的 D_f 值（介质损耗因子）。高频信号在介质中的传输速度为 C/E_r，由此可知，E_r 越小，传输速度越快，这也是为何高频要用低介质常数的高频材料（D_f 影响着信号在介质传输过程中的失真，D_f 越小，失真越小）。

（4）减少串讯的方法为线要短、板要薄、减少平行线（传输线越短，延误越少；密集布线时，介质层越薄，杂讯越小）。

10.5　关于传输线

（1）什么是传输线？

两个具有一定长度的导体就可以构成传输线。其中的一个导体成为信号传播的通道，而另外的一个导体则构成信号的返回通路（在这里我们提到信号的返回通路，实际上就是大家通常理解的地，但是为了叙述方便，暂且忘掉地这一概念）。在一个多层的电路板设计中，每一个 PCB 互联线都构成传输线中的一个导体，该传输线都将临近的参考平面作为传输线的第二个导体或者叫作信号的返回通路。

（2）什么样的 PCB 互联线是一个好的传输线呢？

如果同一个 PCB 互联线上的特征阻抗处处保持一致，这样的传输线就称为高质量的传输线。

（3）什么样的电路板叫作受控阻抗的电路板？

受控阻抗的电路板是指 PCB 上所有传输线的特征阻抗符合统一的目标规范，通常是指所有传输线的特征阻抗为 25~70Ω。

10.6　阻抗匹配不良的后果

传输线的瞬间阻抗或者特征阻抗是影响信号品质最重要的因素。如果信号传播过程中，相邻的信号传播间隔之间阻抗保持一致，那么信号就可以十分平稳地向前传播，因而情况变得十分简单。如果相邻的信号传播间隔之间存在差异，或者说阻抗发生了改变，信号中的一部分能量就会往回反射，信号传输的连续性也会被破坏。

为了确保最佳的信号质量，信号互联设计的目的就是确保信号在传输过程中的阻抗尽可能保持恒定不变。这里主要是指要保持传输线的特征阻抗为常量，所以设计生产受控阻抗的PCB 就变得越来越重要。

10.7　阻抗控制计算前准备

1. 板材厂商

常用的板材厂商主要有华正新材、生益、联茂、台湾南亚、台耀、建滔、国纪等。

2. 板材类型 FR-4

玻纤板类型有黄芯料与白芯料、有水印与无水印、含铜与不含铜。

3. 板材的特性

◇ 阻燃特性的等级可以划分为 94V-0、V-1、V-2、94-HB 四种。

◇ FR-4 是玻璃纤维板。

◇ 无卤素指的是不含有卤素（氟溴碘等元素）的材料，因为溴在燃烧时会产生有毒的气体，不利于环保要求。

◇ T_g 是玻璃转化温度，即熔点。高 T_g PCB 线路板材料的燃烧性，又称阻燃性。自熄性、耐燃性、耐火性、可燃性等是评定材料具有何种耐抗燃烧的能力。普通的 T_g 值是 TG135，中等的是 TG150、155，高等的是 TG170、180，特高的是 TG250。

4. 板材的质量等级

板材的质量等级可分为 3 种，即 A 级、B 级、C 级。其中，A 级板材是合格率最高的板材，但也不能保证百分之百的质量，也有很小的概率会出现轻微的不良品，即 A2 级；B 级就是不合格的了，基本上就是板材的外观出现了明显的不良，如大于 3mm 的圆点，还有折皱，等等，都是不良品；C 级就不必多介绍了。

5. 板材厚度

板材的厚度可为 0.1mm（含铜）、0.15mm（含铜）、0.2mm（含铜）、0.3mm（含铜）、0.4mm（含铜）、0.5mm（含铜）、0.6mm（含铜）、0.7mm（含铜）、0.8mm（含铜）、0.9mm（含铜）、1.0mm（含铜）、1.1mm（含铜）、1.3mm（含铜）、1.3mm（含铜）、1.5mm（含铜）、2.0mm（含铜）。如果是不含铜的板材，则板材的厚度就是含铜的板材厚度减去铜箔的厚度（铜厚）。

6. 铜箔

（1）铜箔（Copper Foil）是一种阴质性电解材料，是沉淀于线路板基底层上的一层薄的、连续的金属箔，可作为 PCB 的导电体。它容易黏合于绝缘层，腐蚀后形成电路图样。铜镜测试（Copper Mirror Test）是一种助焊剂腐蚀性测试，在玻璃板上使用一种真空沉淀薄膜来实现。

（2）铜箔的单位为盎司（oz）。根据质量的计算公式：

$$m = \rho \times V(\text{体积}) = \rho \times S(\text{面积}) \times t(\text{铜厚})$$

即可知道铜箔的质量除以铜的密度和面积就可以得到铜厚。

因为：

$$1\text{oz} = t \times 929.0304(\text{cm}^2) \times 8.9\text{g/cm}^3 = 28.35\text{g}$$

所以：

$$t = 28.35 \div 929.0304 \div 8.9(\text{cm}) \approx 0.0034287(\text{cm}) = 34.287(\mu\text{m}) \approx 34.287 \div 25.4(\text{mil}) \approx 1.35(\text{mil})$$

由此可知，1oz 铜箔的厚度约为 35μm 或者 1.35mil。

1oz 铜箔的厚度约为 0.035mm，1.5oz 铜箔的厚度约为 0.05mm，2oz 铜箔的厚度约为 0.07mm。

（3）铜箔的厚度一般为 1/3oz、H/Hoz、1/1oz、1.5/1.5oz、2/2oz、3/3oz。

7. 半固化片

半固化片又称"PP"，是多层板生产中的主要材料之一，主要由树脂和增强材料组成。其中，增强材料又分为玻纤布材料类型，而制作多层印制板所使用的半固化片（黏结片）大多采用玻纤布作为增强材料。

多层板所用 PP 片的主要外观要求有：布面应平整、无油污、无污迹、无外来杂质或其他缺陷、无破裂和过多的树脂粉末，但允许有微裂纹。PCB 设计过程中，如果是多层板的设计，就必须用到 PP。PP 的型号、厚度和含胶量如表 10-1 所示。

表 10-1　PP 的型号、厚度和含胶量

PP 的类型	PP 内的玻布厚度/mm	含量（RC）
7628	0.20	50%
1506	0.15	45%
2116	0.125	57%
1080	0.075	68%
2313	0.095	55%

10.8　阻抗控制计算的作业流程

阻抗控制计算的作业流程如图 10-2 所示。

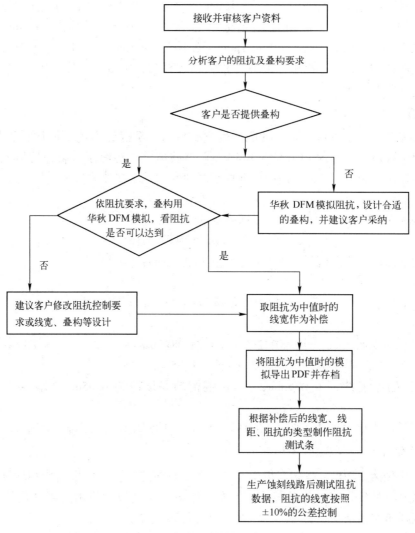

图 10-2　阻抗控制计算的作业流程

10.9　阻抗计算工具：华秋 DFM

1. 叠层图

（1）自动生成叠层图，直接省略用 Excel 制作叠层图模板的辛苦及麻烦。DFM 里面有自带板材、PP 及铜箔的库，可根据需要自行选择。

（2）DFM 制作叠层图，最多可以制作 18 层叠层图和 2.5 倍的板厚，以及内层有 0.5oz 和 1.0oz 的铜厚可根据需要自行选择。

（3）叠层厚度的计算能够计算 PP 填胶的残铜率，此功能对制作叠层考虑得很全面，PP 压合后内层为无铜区域，其会自动流胶填满，因此 PP 的厚度会减薄。DFM 的特点是能够计算出填胶后的厚度，从而满足实际压合的板厚要求。一般工程师都会忽略这一点，因此 DFM 的功能很强大。

2. 阻抗计算界面（见图 10-3）

（1）阻抗操作界面非常方便，直接将阻抗值输入软件里面，阻抗线所在的层就可以根据实际的设计文件去选择，输入线宽和线距即可计算阻抗值。

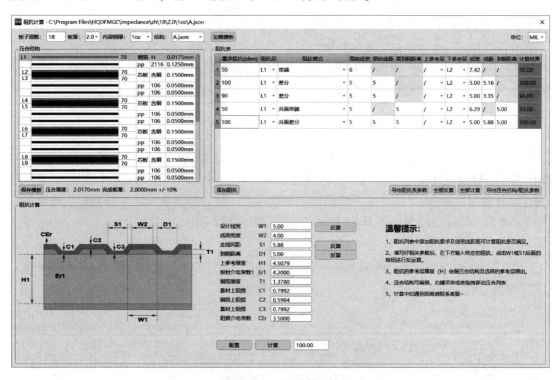

图 10-3　阻抗计算界面

（2）DFM 的功能可以实现一起计算多组阻抗，大大地提高了工作效率。例如，用 SI9000 计算一组阻抗，需要将输入的参数全部更改才能计算第二组，而且不方便综合考虑阻抗需要匹配的线宽、线距及介质厚度。而对于 DFM，可一起计算多组阻抗，所以数据一目了然，需要调整的问题会立马呈现在面前，因此提高了工作效率。

（3）反算功能。正常计算是根据线宽、线距计算阻抗值的，而反算则可以根据阻抗值推算出需要的线宽、线距。因此，对于阻抗计算，多了一种方法和一种思路来处理工作。

3. DFM 保存 PDF 功能

DFM 可以将图片及所有数据保存为 PDF 文件，方便存档，以及与客户确认阻抗信息。

10.10　注意事项

（1）要保证叠层结构参数的正确性，PP、板材及铜厚参数不可出错，如板材及 PP 的厚度用错，即便是总板厚能够达到，叠层结构不对称生产的成品板子则会导致板翘无法使用；计算阻抗时的介质厚度如果跟生产时有差异，则会导致阻抗值偏大或者偏小。图 10-4 所示为介质厚度变化带来的阻抗值差异。

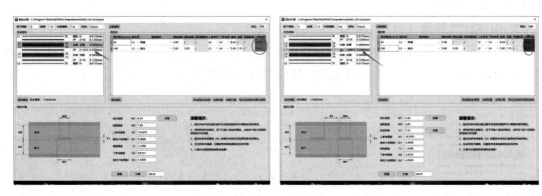

图 10-4　介质厚度变化带来的阻抗值差异

（2）叠层结构的铜厚一定要选择准确。如果铜厚选择错误，则会导致差分阻抗相差 20Ω 左右、单端阻抗相差 10Ω 左右，因此达不到实际设计要求的阻抗值。例如，要求铜厚 1oz，制作叠层是 0.5oz，如果生产按照叠层生产板子，则会导致成品的铜厚不够、线宽载流不够，导致产品烧板报废。图 10-5 所示为铜厚变化带来的阻抗值差异。

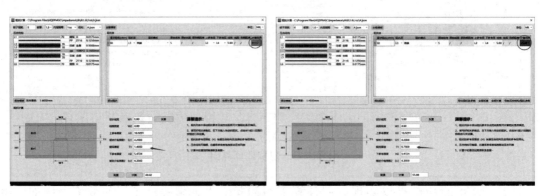

图 10-5　铜厚变化带来的阻抗值差异

（3）计算阻抗时模板不能选错，需要根据实际需要选择模板。例如，单端共面阻抗直接使用单端模板，阻抗会相差 10Ω 左右，导致阻抗超公差；如果是隔层，参考的是没有使用隔层的模板，则阻抗会相差几十欧姆，导致板子直接报废。图 10-6 所示为参考层变化带来的阻抗值差异。

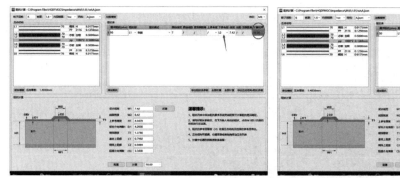

图 10-6　参考层变化带来的阻抗值差异

10.11　阻抗计算模板简介

1. 模板 1（见图 10-7）

适用范围：外层单端阻焊后阻抗的计算。

图 10-7 中的参数说明如下。

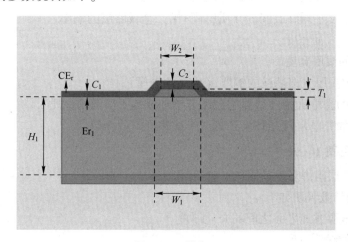

图 10-7　模板 1

H_1：外层到电源或地平面之间的介质厚度。

W_2：阻抗线的线面宽度。

W_1：阻抗线的线底宽度。

Er_1：介质层的介电常数。

T_1：线路铜厚，包括基板的铜厚和电镀的铜厚（成品的铜厚）。

CE_r：阻焊的介电常数。

C_1：基材阻焊的厚度。

C_2：线面阻焊的厚度。

2. 模板 2（见图 10-8）

适用范围：与外层相邻的第二个线路层阻抗的计算（内层单端线计算）。

例如，一个 6 层板，L_1、L_2 均为线路层，L_3 为地或电源层，则 L_2 层的阻抗用此方式计算。

图 10-8 中的参数说明如下。

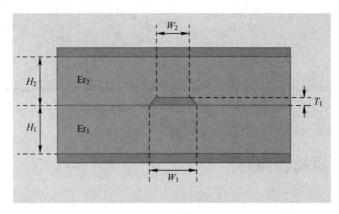

图 10-8 模板 2

H_1：线路层到相邻电源或地平面之间的介质厚度。

H_2：外层到第二个线路层间的介质厚度+第二个线路层的铜厚。

W_2：阻抗线的线面宽度。

W_1：阻抗线的线底宽度。

T_1：阻抗线的铜厚，即基板的铜厚（成品的铜厚）。

Er_1：介质层的介电常数（线路层到相邻电源或地平面间的介质）。

Er_2：介质层的介电常数（外层到第二个线路层间的介质）。

3. 模板 3（见图 10-9）

适用范围：外层阻焊后差动阻抗的计算。

图 10-9 中的参数说明如下。

H_1：外层到电源或地平面之间的介质厚度。

W_2：阻抗线的线面宽度。

W_1：阻抗线的线底宽度。

S_1：差动阻抗线之间的间隙。

Er_1：介质层的介电常数。

T_1：线路铜厚，包括基板的铜厚和电镀的铜厚（成品的铜厚）。

CE_r：阻抗的介电常数。

C_1：基材阻焊的厚度。

C_2：线面阻焊的厚度。

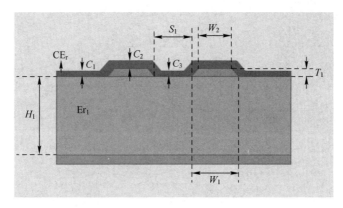

图 10-9　模板 3

C_3：差动阻抗线间阻焊的厚度。

4. 模板 4（见图 10-10）

适用范围：两个电源或地平面夹一个线路层的阻抗计算（内层差动阻抗的计算）。

图 10-10 中的参数说明如下。

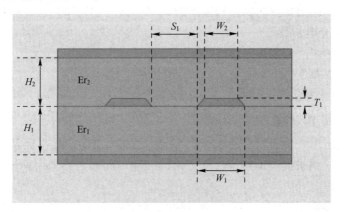

图 10-10　模板 4

H_1：线路层到较近电源或地平面间的距离。

H_2：线路层到较远电源或地平面间的距离+阻抗线路层的铜厚。

Er_1：介质层的介电常数（线路层到相邻电源或地平面间的介质）。

Er_2：介质层的介电常数（线路层到较远电源或地平面间的介质）。

W_2：阻抗线的线面宽度。

W_1：阻抗线的线底宽度。

T_1：阻抗线的铜厚，即基板的铜厚（成品的铜厚）。

S_1：差动阻抗线之间的间隙。

5. 模板 5（见图 10-11）

适用范围：阻焊后单线共面阻抗，参考层为同一层面的电源或地平面和次外层电源或地平面层（阻抗线被周围地包围，周围地即为参考层面），外层单端共面的计算。

图 10-11 中的参数说明如下。

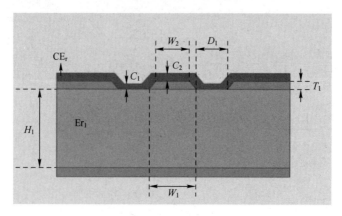

图 10-11   模板 5

H_1：外层到次外层电源或地平面之间的介质厚度。

W_2：阻抗线的线面宽度。

W_1：阻抗线的线底宽度。

D_1：阻抗线与地铜之间的距离。

T_1：线路铜厚，包括基板的铜厚和电镀的铜厚（成品的铜厚）。

Er_1：介质层的介电常数。

C_1：阻抗线与地之间的阻焊厚度。

C_2：线面的阻焊厚度。

CE_r：阻焊的介电常数。

6. 模板 6（见图 10-12）

适用范围：内层单线共面阻抗，参考层为同一层面的电源或地平面及与其邻近的两个电源或地平面层（阻抗线被周围地包围，周围电源或地平面即为参考层面），内层单端共面的计算。

图 10-12 中的参数说明如下。

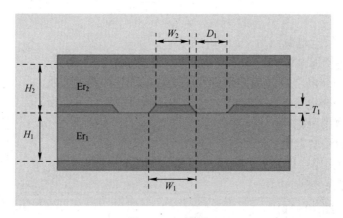

图 10-12   模板 6

H_1：阻抗线路层到其邻近电源或地平面之间的介质厚度。

H_2：阻抗线路层到其较远电源或地平面之间的介质厚度。

W_2：阻抗线的线面宽度。

W_1：阻抗线的线底宽度。

D_1：阻抗线与地铜之间的距离。

T_1：线路的铜厚，即基板的铜厚（成品的铜厚）。

Er_1：H_1 对应介质层的介电常数。

Er_2：H_2 对应介质层的介电常数。

7. 模板 7（见图 10-13）

适用范围：地包围，周围电源或地平面即为参考层面（外层差动端共面的计算）。

图 10-13 中的参数说明如下。

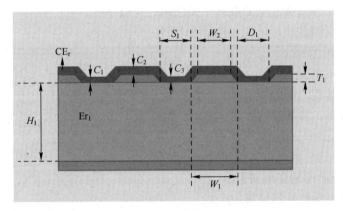

图 10-13　模板 7

H_1：外层到次外层之间的介质厚度。

W_2：阻抗线的线面宽度。

W_1：阻抗线的线底宽度。

D_1：阻抗线与地铜之间的距离。

S_1：差分阻抗线之间的间距。

T_1：线路的铜厚，包括基板的铜厚和电镀的铜厚。

Er_1：介质层的介电常数。

C_1：阻抗线与地之间的阻焊厚度。

C_2：线面的阻焊厚度。

C_3：阻抗线间的阻焊厚度。

CE_r：阻焊的介电常数。

8. 模板 8（见图 10-14）

适用范围：内层差分共面阻抗，参考层为同一层面的电源或地平面及与其邻近的两个电源或地平面层（阻抗线被周围地包围，周围电源或地平面即为参考层面，内层差动端共面的计算）。

图 10-14 中的参数说明如下。

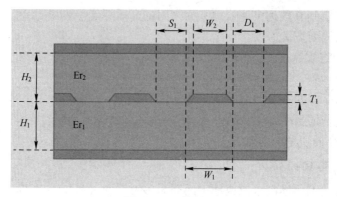

图 10-14　模板 8

H_1：阻抗线路层到其邻近电源或地平面之间的介质厚度。

H_2：阻抗线路层到其较远电源或地平面之间的介质厚度。

W_2：阻抗线的线面宽度。

W_1：阻抗线的线底宽度。

D_1：阻抗线与地铜之间的距离。

T_1：线路的铜厚，即基板的铜厚。

S_1：差分阻抗线之间的间隙。

Er_1：H_1 对应介质层的介电常数。

Er_2：H_2 对应介质层的介电常数。

阻抗模块中的参数的解释见表 10-2。

表 10-2　阻抗模块中的参数的解释

参　　数	解　　释
H_1	介质厚度
Er_1	介电常数
W_1	需要调整的线宽
W_2	蚀刻后的线宽
S_1	线距
T_1	铜厚
C_1	基材上的阻焊厚度
C_2	铜面上的阻焊厚度
C_3	差分阻抗线之间的阻焊厚度
CE_r	阻焊的介电常数
Z_{diff}	计算的阻抗值

注：1. H_1 为 PP 的介质厚度，要填写残铜流胶后的介质厚度。

2. Er_1：常规板材是 4.2。如果是特殊板材，要填写板才的介电常数。

3. W_2 为蚀刻后的线宽，一般为 $W_1-0.5$（mil）。

4. T_1，内层为 H/Hoz，铜厚按 0.6mil 计算、内层为 1/1oz，铜厚按 1.2mil 计算，外层成品的铜厚为 1/1oz，铜厚按 1.4mil 计算；外层成品的铜厚为 2/2oz，铜厚按 2.4mil 计算。

5. C_1 为基材上的阻焊厚度，为 0.8mil；C_2 为铜面上的阻焊厚度，为 0.5mil；C_3 为差分阻抗线之间的阻焊厚度，为 0.8mil。

6. CE_r 为阻焊的介电常数，为 3.5mil。

10.12　使用案例

10.12.1　文件预审

（1）接收客户文件后，进行文件预审。检查客户文件里面的阻抗线与对应的阻抗控制要求参数是否一致，若发现不一致的阻抗异常，则需要提出异常给客户确认，如第一层阻抗的控制要求为 6/6/6mil 的差分阻抗线，然而在 Gerber 文件的第一层找不到对应的阻抗线，对于此异常需要与客户确认，并提出建议，即是否忽略阻抗控制要求，或阻抗线跟控制要求是否有偏差，请说明实际的 Gerber 文件中的阻抗线。

（2）核对 Gerber 文件中的叠层结构，检查板厚、铜厚、PP 的参数是否能够对应 DFM 里面的物料库。若叠层结构的芯板厚度在 DFM 里面找不到，则需要与客户确认，建议更改板厚，调整叠层结构。

（3）预审阻抗线对应的控制要求是否满足。例如，同层阻抗线的控制要求一样、介质厚度一样、线宽不一样，导致两组阻抗线只能控制一组，此时也需要客户确认阻抗在同层、同介质厚度的情况下是否能够统一。

文件预审如图 10-15 所示。

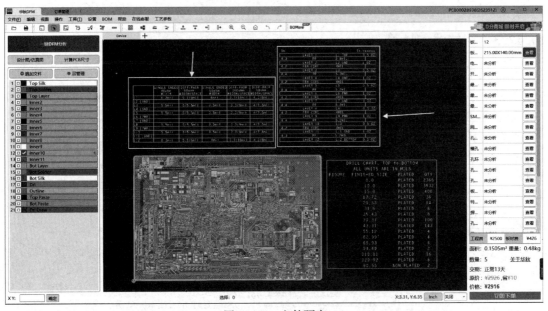

图 10-15　文件预审

10.12.2　阻抗线的挑选及调整

（1）按照客户提出的阻抗控制要求去挑选板内对应的阻抗线；挑选阻抗线时需要注意，宁可多选，也不可漏选。

（2）将挑选的阻抗线移到另外一层，待阻抗计算完毕，按照计算的结果调整阻抗线，阻抗线按照生产制成能力补偿后，再移回板内正常制作出生产所需的工具菲林。

图 10-16 所示为阻抗线的挑选及调整。

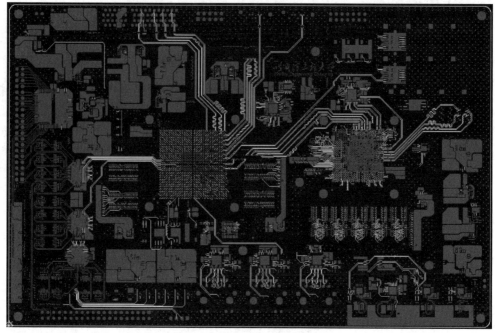

图 10-16　阻抗线的挑选及调整

10. 12. 3　阻抗线的计算

（1）按照客户要求的叠层厚度及所用的物料参数制作叠层图，计算阻抗线时，DFM 自动读取叠层图里面的参数，使用叠层图里面的介质厚度计算所需要的线宽与线距。

（2）叠层图里面的参数一定要正确，结构要对称。如果参数错误，则会导致阻抗偏差很大；如果叠层不对称，则会导致无法生产。

（3）输入每层的铜面积，DFM 可以自动计算无铜区域的填胶量，精确计算阻抗及成品板的总厚度（见图 10-17）。

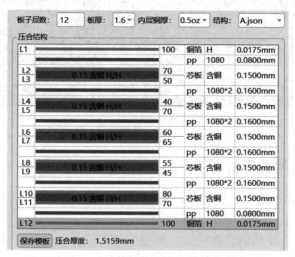

图 10-17　计算阻抗及成品板的总厚度

（4）选择阻抗层，找到阻抗对应的模板，输入"原始线宽"和"原始线距"，若参考层是隔层参考，则需要手动选择参考层。输入参数完毕后，单击"全部计算"按钮。计算结果若为绿色，则表示计算成功；若为红色，则需要调整线宽、线距或者介质厚度。如图 10-18 所示，右上角可以更改单位（mil/mm）。单击左下角的"添加阻抗"按钮，则可以添加多组阻抗。

	需求阻抗(ohm)	阻抗层	阻抗模式	原始线宽	原始线距	原到铜距离	上参考层	下参考层	线宽	线距	到铜距离	计算结果
1	40	L1	单端	6.3	/	/	/	L2	6.95	/	/	40.00
2	40	L3	单端	5.5	/	/	L2	L4	5.89	/	/	40.00
3	40	L5	单端	5.5	/	/	L4	L6	6.06	/	/	40.00
4	50	L1	单端	4	/	/	/	L2	4.50	/	/	50.00
5	80	L1	差分	5.1	6	/	/	L2	5.10	3.73	/	80.00
6	100	L1	差分	3.7	10	/	/	L3	3.70	2.71	/	100.00
7	80	L3	差分	5	5.5	/	L2	L5	5.00	3.43	/	80.00
8	100	L5	差分	4	7.5	/	L4	L7	4.00	6.61	/	100.00

图 10-18　更改单位和添加多组阻抗

10.12.4　阻抗计算和反算的区别

（1）计算则是根据原始线宽、原始线距、叠层结构的厚度计算阻抗值，单端阻抗为 +/-5ohm，差分线的为 +/-10%，若阻抗达不到客户要求，则需要调整线宽、线距或者介质厚度，从而满足阻抗要求。如图 10-19 所示，单击"全部计算"按钮，则多组阻抗一起计算；单击"计算"按钮，则计算选中的单组阻抗线的阻抗。

（2）反算则是根据原始线宽、原始线距、叠层结构的厚度和阻抗值，计算阻抗线的线宽、线距，单端阻抗为 +/-5ohm，差分线为 +/-10%。若阻抗达不到客户要求，则需要调整线宽、线距或者介质厚度，从而满足阻抗要求。如图 10-20 所示，单击"全部反算"按钮，则多组阻抗一起计算；单击"反算"按钮，则计算选中的单组阻抗线的阻抗。单组阻抗反算可以单独反算线宽或者单独反算线距来满足阻抗要求。

（3）阻抗计算完毕后，需要单击"导出压合结构/阻抗参数"按钮，保存 PDF 文档，进行存档。

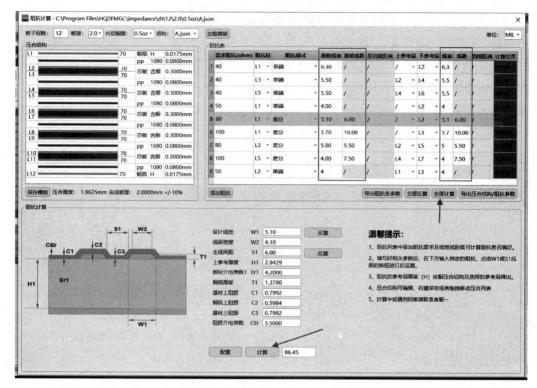

图 10-19　阻抗计算（计算）

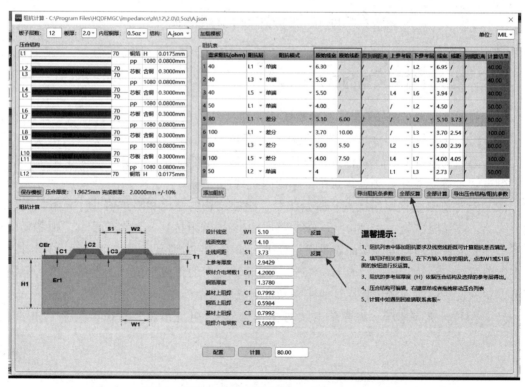

图 10-20　阻抗计算（反算）

第 11 章 电源及地平面设计

本章将要讨论电源及地的处理。一个性能优良的 PCB 设计，常常面临电源、地噪声的挑战。高速 PCB 普遍采用多层板进行设计，这时候电源、地通常采用平面来处理，除电源供电外，还提供作为信号的参考平面和回流通道。这时候，电源、地的噪声会直接串入以其为参考平面的信号。解决电源、地噪声的问题，不仅是考虑供电电源自身电平的稳定问题，还是解决高速信号可靠性问题的重要因素。

在高速系统中，电源和地平面主要有 3 个重要作用：

（1）为数字交换信号提供稳定的参考电压；

（2）为所有逻辑器件提供均匀的电源；

（3）控制信号间的串扰。

首先，针对高速 PCB 的电源设计，要厘清电源的供给状态，如表 11-1 所示。在处理电源之前，一定要弄清楚整板电源的供给状态，分析电源通道的合理性。

表 11-1　电源的供给状态

I/O type	Power supply	Power source
1.8V only	VCC1V8_PMU	RK808 VLDO3
1.8V（Default） 3.0V	VCC1V8_PMU	RK808 VLDO3
3.3V only	VCC1V8_IO VCC3V3_IO	RK808 Buck4 RK808 VSW2
1.8V（Default） 3.0V	VCC1V8_DVP	PK808 VLDO1
1.8V only	VCC1V8_WIFI	RK808 Buck4
1.8V 3.0V（Default）	VCC_1V5 VCC3V0_IO	RK808 VLDO6 RK808 VLD08

同时，因为实际布线有电阻，从电源输出端到实际负载的线路上有压降，而高速电路器件的电压往往很低，压降对供电效果有直接影响。电流的载流能力与走线的线宽、内外层、铜的厚度、允许温升有关。

其次，针对电源的滤波效果，需要考虑电源的阻抗。因为电源通道实际上不是一个理想的通道，而是有电阻和阻抗的。高速电路在门电路翻转时，需要瞬间的电源供给，而电流从电源模块给各个门电路翻转提供能量是需要时间进行各级路径分配的，这可被理解为一个分级充电的过程。在高频状态下，元件引脚上的电流，在板级是由电源、地平面组成的平板电容供电的，因为由它们组成的供电系统的阻抗最低、供电速度最快。

综上所述，电源系统在现代的数字电路中提供以下基本功能：

（1）为数字信号提供稳定的参考电压；

（2）为所有的逻辑元件分配电源；

（3）为高速翻转的门电路提供稳定的电源供应。

下面将详细讨论在 PCB 设计中如何考虑电源与地的处理问题。

11.1 电源、地处理的基本原则

11.1.1 载流能力

大电流的载流能力是电源、地设计考虑的重点，尤其是在当前的高速 PCB 设计中，随着电压降低和功耗增大，板上承载的电流越来越大，一些 Core 电压的电流甚至达到或者超过 100A，在 PCB 设计上考虑这么大的电流的载流能力和由此引起的电压跌落、温升等问题是比较有挑战性的。

每个芯片工作时都要消耗一定的能量，这些能量的供给通道就是 PCB 上的走线，影响 PCB 上走线载流能力的几个关键因素有线宽、铜厚、温升、层面。

（1）线宽：电源走线的宽度。如果以覆铜来实现，则考虑铜皮最细处的宽度，同时要减去最细处其他网络过孔的避让宽度（这是简单计算时的处理方式，严格来说，有其他网络过孔的避让铜皮不能用简单的减法来计算有效通道，因为铜皮的宽度和载流能力之间不是线性比例关系。这个时候，PI 仿真的 IRDROP 功能可以帮助工程师准确得到铜皮的载流能力和压降数据）。长距离布线时，需再增加 50% 的裕量，保证 PCB 上的印制线不被熔断或烧损。表 11-2 所示为 PCB 线宽对应的电流（表 11-2 中的数据来源为 MIL-STD-275 Printed Wiring for Electronic Equipment）。

表 11-2 PCB 线宽对应的电流

温升	10℃			20℃			30℃		
铜厚	1/2oz	1oz	2oz	1/2oz	1oz	2oz	1/2oz	1oz	2oz
线宽/inch	最大电流								
0.010	0.5	1.0	1.4	0.6	1.2	1.6	0.7	1.5	2.2
0.015	0.7	1.2	1.6	0.8	1.3	2.4	1.0	1.6	3.0
0.020	0.7	1.3	2.1	1.0	1.7	3.0	1.2	2.4	3.6
0.025	0.9	1.7	2.5	1.2	2.2	3.3	1.5	2.8	4.0
0.030	1.1	1.9	3.0	1.4	2.5	4.0	1.7	3.2	5.0
0.050	1.5	2.6	4.0	2.0	3.6	6.0	2.6	4.4	7.3
0.075	2.0	3.5	5.7	2.8	4.5	7.8	3.5	6.0	10.0
0.100	2.6	4.2	6.9	3.5	6.0	9.9	4.3	7.5	12.5
0.200	4.2	7.0	11.5	6.0	10.0	11.0	7.5	13.0	20.5
0.250	5.0	8.3	12.3	7.2	12.3	20.0	9.0	15.0	24.5

（2）铜厚：电源走线所在层的铜厚。常见内层（电源、走线混合层）的铜厚为 1oz。如果需要加到 2oz 及以上，最好将电源和地设计到芯板的两面。

（3）温升：允许因电源走线的温度升高而导致整个 PCB 温度升高的范围。

（4）层面：分为外层电源走线和内层电源走线，通常外层比内层的载流量大。

（5）表 11-2 虽说是国际权威机构提供的数据，但是在实际的设计当中我们还是要留够裕量，设计时我们应当遵循表 11-3 中所示的电流需求和走线宽度（铜厚为 1oz）

表 11-3　走线宽度对应表

电 流 需 求	走线宽度/mil	其 他 说 明
1~3A	60~80	尽量走成平面
501mA~1A	40~60	—
301~500mA	20~30	—
101~300mA	10~12	—
小于 100mA	6~8	—

11.1.2　电源通道和滤波

明晰每一个电源的来龙去脉，这样才能够清楚整个单板的电源分布。在布局前，对整板的电源树要有个直观的了解。每种电源都会有它的主要电源通道，合理地设计整板的电源通道才是成功的关键。规划整板电源的几个主要原则如下所述。

（1）按照功能模块布局，电源流向明晰，避免输入与输出交叉布局。

（2）各功能模块相对集中、紧凑，避免交叉、错位，对电源有个清晰的规划和布局，这样在分割电源的时候就会比较得心应手，节省设计时间，电源分割如图 11-1 所示。

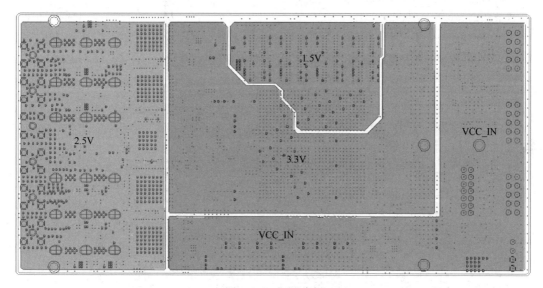

图 11-1　电源分割

（3）整个电源通路布线（或铜箔）的宽度满足载流能力要求。根据我们现在主流的设计经验，在温升 10℃、铜厚 1oz 的情况下，1mm（40mil）的线宽承载 1A 的电流。

电源模块或电源芯片，必须在其输入端加滤波电容，并且在满足 DFX 的前提下要将电容尽量靠近其电源的输入端放置，其作用有以下 3 点。

（1）减小电源内部产生的、反灌到输入侧的杂声电压。

（2）防止当模块的输入端接线很长时，输入端产生输入电压振荡的现象。这种振荡可能产生几倍于输入电压的电压尖峰，轻则使电源输入不稳定，重则会对模块造成致命损坏。

（3）如果模块的输入端出现不正常的瞬态电压时，此电容的存在可抑制短暂的瞬态电压。

对于电源模块或电源芯片，必须在其输出端加滤波电容，并且在保证热设计的前提下将电容放置在靠近电源的输出端，该电容有如下几个作用。

（1）减小输出纹波值。

（2）改善模块在负载变化时的动态性能。

（3）改善模块某些方面的性能（如启动波形、系统稳定性等）。

（4）模块输出关闭后，输出电压可以维持一段时间，以保证负载电路的某些操作可正常完成（如储存数据）。

芯片端的滤波电容考虑：电容主要用于保证电压和电流的稳定。处理器的耗电量处于极不稳定的状态，可能突然增大，也可能突然减小，特别是在执行了一条待机指令，或者恢复至正常工作状态的时候。而对电压调节器来说，无论如何都不可能立即对这些变化做出响应。

对于一些功耗大、高频、高速的器件，其电源设计要求如下所述。

（1）在器件周围均匀放置几个储能电容，如图 11-2 所示。

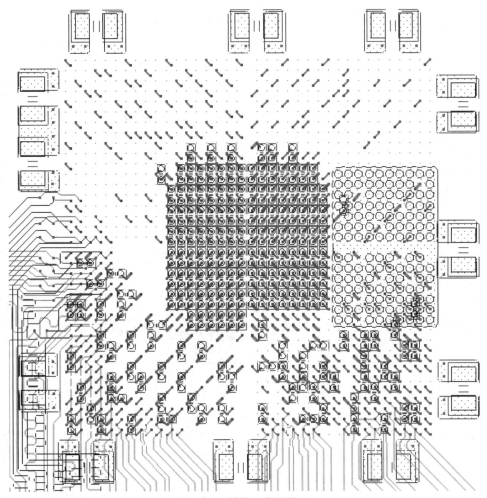

图 11-2　储能电容的放置

（2）对于器件手册指定的电源引脚，必须就近放置滤波电容。在对滤波无特殊需求的情况下，可酌情考虑放置适当的滤波电容。

（3）滤波电容靠近 IC 的电源引脚放置，位置、数量适当。

（4）对于一些特殊的芯片，需要考虑滤波电容的容值是否合理，以及不同容值应该对应哪些引脚设置。如图 11-3 所示，同样是 3.3V 和 0402 封装大小的电容，但是它们的容值不同，也对应了不同的引脚设置。

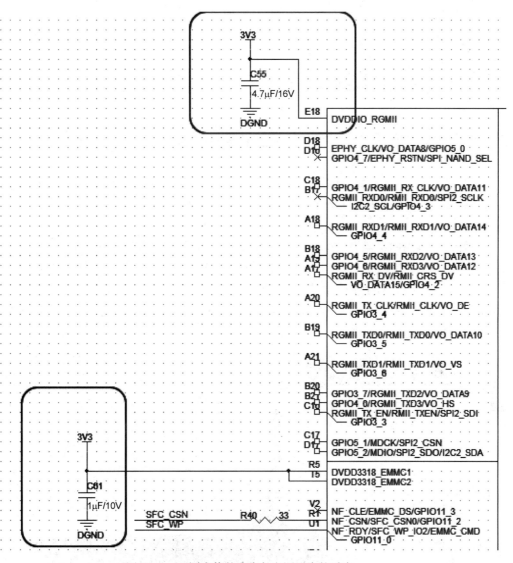

图 11-3　不同容值的电容与电源引脚的对应

此外，还需要注意整板电源滤波电容的分布是否合理、数量是否足够。

11.1.3　直流压降

（1）压降：由于走线或铜皮本身都有一定的阻值，所以电流通过其后会产生压降，如图 11-4 所示。

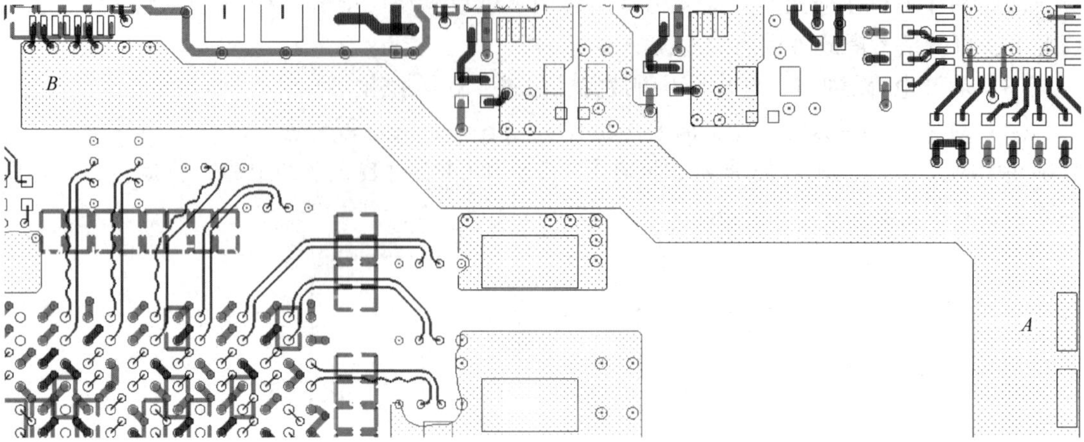

图 11-4 电源路径压降

假如电源由 A 点输出向 B 点供电，由于从 A 点到 B 点的这段铜皮是有一定阻值的，所以这段铜皮上会有直流压降，那么实际 B 点的电压应该为

$$U_B = U_A - I_{AB} \times R_{AB}$$

一般情况下我们不考虑压降的影响，但是对于长距离的电源走线，需再增加 50%的裕量，增加铜皮的宽度，减小这部分的直流电阻。或者在一些对电压有严格要求的地方，必须要考虑压降的影响。对于更严格的设计需求，可以用 Cadence PDN 中的 IRDROP（压降）进行仿真。很多仿真软件都可以做 IRDROP，如 Hyperlynx、Sigrity 等，其仿真精度都比较高。图 11-5 所示为 Hyperlynx 做的一个 IRDROP 仿真图。

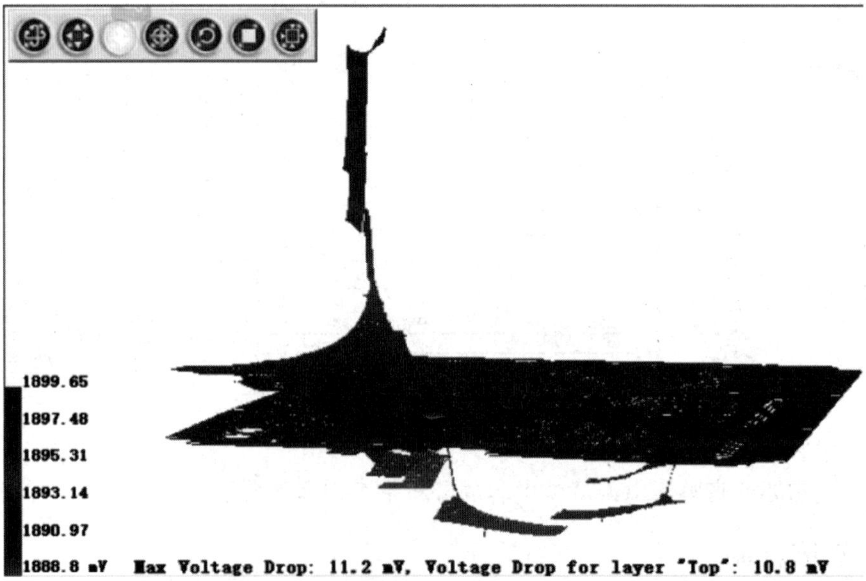

图 11-5 Hyperlynx 做的一个 IRDORP 仿真图

（2）要考虑电源层和地层的阻抗。动态阻抗可以通过仿真工具得到，但对于电源的静态阻抗，可以用下面公式来预估：

$$Z_0 = \frac{120\pi}{\sqrt{\varepsilon}} \times \frac{D}{W}$$

其中，D 为电源平面同地平面之间的间距；W 为平面之间的面积。

从上面的计算公式可得出减少直流压降的措施如下：

① 电源平面要尽量与地平面靠近，以减少电源的静态内阻。

② 在满足工艺设计的要求下，尽量加宽电源线和地线。

③ 尽量将电源放置到地平面以下。

11.1.4　参考平面

如果将 PCB 的信号作为一个回路模型来看，那么地平面也可以看作传输通道的一部分。因为只有构成完整的回路，整个电路才能正常工作。低频信号的回路会选择电阻最小的路径，而高频数字电路则会选择感抗最小的路径进行回流。这时候，电源、地平面就成了信号所选择的低感抗回流通道，也就赋予了参考平面的作用。

当电源、地平面作为参考平面进行设计时，有以下要求需要注意：

（1）避免信号跨越电源、地分割，保证信号的参考平面相对完整，这是考虑层叠和EMC 设计的首要原则；

（2）层叠对称原则；

（3）元件面下尽量设置一个完整的地平面。

11.1.5　其他要求

（1）电源与地平面的分割方式简洁合理，分割区域的大小满足载流能力。分割线的宽度一方面要满足现在的工艺要求，另一方面还要考虑不同电压的压差影响，压差越大，分割线应该越粗（对于 FR4 的板子，一般 1mm 的间距可以耐压 1000V，当前设计中分割线的宽窄实际取决于 PCB 的制造工艺）。在 BGA 区域需要用相对较细的分割线，以免出现因分割线太粗导致部分电源引脚没有被有效覆盖而要用另外的层连接。如图 11-6 所示，BGA 区域和 BGA 区域外的分割线的粗细比较合适。

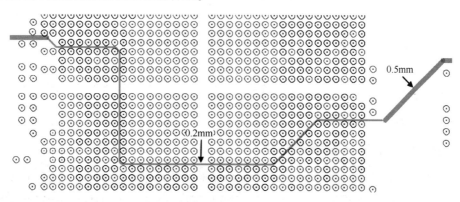

图 11-6　BGA 区域和 BGA 区域外的分割线的粗细

（2）20*H* 准则：在地平面的边缘，包括不同性质的地平面，地平面要比电源平面、信号平面外延 20*H*，在这里 *H* 表示相邻的电源平面和地平面之间的距离，如图 11-7 所示。

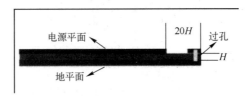

图 11-7　20*H* 准则

关键信号不要布在地平面的边缘，如果在与电源平面相邻的信号平面边缘设置一圈地（相当于一个护栏），并将这圈地与地平面用间隔（推荐 200mil）较密的过孔连接起来（见图 11-8），则会更好地降低辐射。

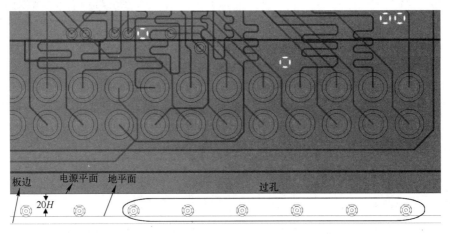

图 11-8　20*H* 准则 PCB 示意图

（3）相邻分割区的电源压差不能过大。如果过大时，需增大隔离线的宽度。

（4）对于高压的处理，需要满足安全要求。

11.2　常规电源的种类介绍及各自的设计方法

11.2.1　电源的种类

（1）直流电源：开关电源、线性电源、POE。

（2）交流电源：主要有 220V 和 380V 的。

下面我们将主要介绍下直流电源的设计方法。

11.2.2　POE 电源介绍及设计方法

POE（Power Over Ethernet）也被称为基于局域网的供电系统（Power Over LAN，POL）或有源以太网，有时也被简称以太网供电，这是利用现存标准以太网传输电缆的同时传送数据和电功率的最新标准规范，并保持了与现存以太网系统和用户的兼容性。

（1）POE 的主要应用：在现有的以太网 Cat.5 布线基础架构不做任何改动的情况下，在为一些基于 IP 的终端（如 IP 电话机、无线局域网接入点 AP、网络摄像机等）传输数据信号的同时，还能为此类设备提供直流供电的技术。POE 技术能在确保现有结构化布线安全的同时，保证现有网络的正常运作，最大限度地降低成本。

（2）POE 架构：一个典型的以太网供电系统，在配线柜里保留以太网交换机设备，用一个带电源的供电集线器给局域网的双绞线提供电源。在双绞线的末端，该电源用来驱动电话、无线接入点、相机和其他设备。为避免断电，可以选用一个 UPS。

（3）POE 特点：大部分情况下，POE 供电端的输出端口在非屏蔽的双绞线上输出 44~57V 的直流电压、48V 的标准电压、350~400mA 的直流电流。

POE 电源由网口差分线载流进来，从网络变压器的前端输出到变压器上，将电压转换成单板上能用的电源（12V），如图 11-9 所示。

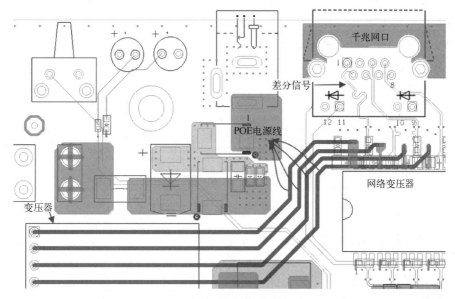

图 11-9　POE 电源的 PCB 设计

当然，一些复杂的 POE 电路中会有一系列起滤波、保护、静电防护等功能的电路。

因为 POE 电源在单板上相当于高压的部分，所以 POE 在 PCB 上的设计如下所述。

（1）布局：远离非本身模块，特别是时钟、晶体、模拟等敏感部分。

（2）布线：走线加粗，考虑安全间距，内层线距离孔、焊盘、铜皮等 1mm 以上，表层为 2mm。

11.2.3　48V 电源介绍及设计方法

48V 电源电路的基本构成如图 11-10 所示。其中，其主要零件有电源接口、保险管、MOS 管、光耦电感（48V）、电容、电源砖等。

1. 电源在布局时的注意事项

（1）保险管尽量靠近电源接口。

（2）同类型的电路尽量集中布局，不同类型的电路尽量不交叉。

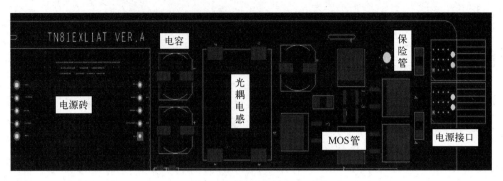

图 11-10   48V 电源电路的基本构成

（3）48V 区块与板子别的区块需要至少 80mil 的分隔带，通常编著者个人的习惯是在布局时先用"ANTI ETCH ALL 80MIL"画出隔离带，以方便检查。

（4）电源砖离电容至少 2mm 的距离。

2. 48V 电源在布线时的注意事项

（1）单板上保险管前的电源，不同的信号不要在 PCB 的相邻层平行布线，防止 PCB 的内层绝缘破坏造成短路，使得 PCB 燃烧，最好的处理方法是保险管前的电源不与别的信号重叠。

（2）MOS 管打散热孔并在 BOTTOM 面做亮铜处理。

（3）保险管在丝印层要加标识，如 125V/12A。其中，125V 表示电压；12A 表示电流。

（4）电源砖的引脚（PIN）最好采用花焊盘连接。

（5）48V 区域的参考平面只能是 RTN，不准有 GND、DGND 等其他的地平面进入，也不准其他电源平面进入该区域。

11.2.4 开关电源的设计

1. 开关电源

开关电源依靠控制开关管的开通与关断进行电压的转换。开关管工作在饱和/截止状态，靠载波开关"切掉"多余的电压，本身消耗功耗小。

1）开关电源的原理说明（1）

（1）开关电源主要包括输入电网滤波器、输入整流滤波器、变换器、输出滤波器、控制电路、保护电路。

（2）常规单板使用的开关电源一般由板外输入的是 DC 电源，一般会省略输入电网滤波器和输入整流滤波器。

2）开关电源的原理说明（2）

（1）输入滤波器：其作用是将电网存在的杂波过滤，同时也阻碍本机产生的杂波反馈到公共电网。

（2）整流与滤波：将电网交流电源直接整流为较平滑的直流电，以供下一级变换。

（3）逆变：将整流后的直流电变为高频交流电，这是高频开关电源的核心部分，频率越高，体积、重量与输出功率之比就越小。

（4）输出整流与滤波：根据负载需要，提供稳定可靠的直流电源。

3）开关电源的原理说明（3）

（1）控制电路：一方面从输出端取样，通过与设定标准进行比较，然后控制逆变器，改变其频率或脉宽，达到稳定输出；另一方面，根据测试电路提供的数据，经保护电路鉴别，提供控制电路对整机进行各种保护措施。

（2）检测电路：除了提供保护电路中正在运行中的各种参数，还提供各种显示仪表的数据。

2. 开关电源的 PCB 设计

1）开关电源的 PCB 设计原则

（1）布局尽量紧凑，布线尽量粗、短。

（2）大电流通道和载流能力。

（3）分清交流通路，减少噪声。

（4）大电流输入、输出共地。

（5）采样反馈和调制输出远离电感和噪声区域。

2）PCB 设计时需要注意的事项

PCB 设计时需要注意接地、电容的放置、信号的走线、内层的划分、芯片的滤波电容靠近引脚。

以开关电源芯片 TPS54620 为例，图 11-11 所示为其原理图。

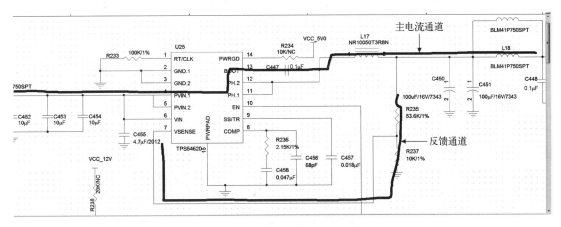

图 11-11　开关电源芯片 TPS54620 的原理图

图 11-12 为开关电源芯片 TPS54620 相应的 PCB 设计。

3）PCB 布局顺序

（1）确定模块在板上的位置：因为其是一个强烈的 EMI 辐射源，所以应远离时钟、接口等敏感器件的摆放。

（2）确定原理图中各个部分的核心器件：输入整流（可选）、输入滤波、开关管、控制电路、输出滤波。

（3）开关管：布局紧凑，考虑大电流通道，可与输入、输出的地直接相连，且环路面积最小。

（4）输入滤波：紧凑开关管，确保能做到大电流先滤波再进入开关管。

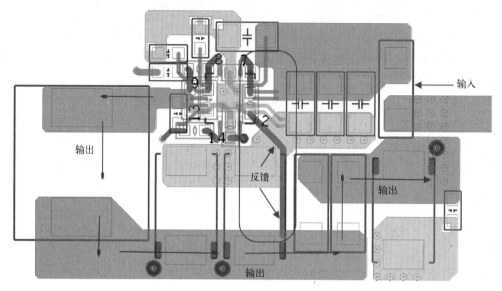

图 11-12　开关电源芯片 TPS54620 相应的 PCB 设计图

（5）输出滤波：紧靠开关管，确保大电流吸纳滤波后再进入单板平面。

（6）控制电路的采样电路：采样电阻放在输出滤波与比较电路的中间，布局时保证采样电路尽量靠近芯片引脚、靠近比较电路。

（7）控制电路的比较电路：靠近控制芯片摆放。

（8）控制电路本身的滤波网络：电容尽量靠近相应引脚。

4）PCB 布线顺序

（1）开关管：部分尽量粗、短，一般用覆铜实现。

（2）输入、输出滤波：注意电源平面的过孔数目和位置，在滤波电容之后。

（3）控制电路的采样：模拟信号，采样点在输出滤波之后，如果有电流采样和电压采样，布成差分线的紧耦合形式，采样线尽量短，减小受干扰的空间。

（4）控制电路的调制输出：模拟信号，不要在开关管下走长线，远离大电流的电源和地的区域。

（5）输入、输出的地：用大铜皮连接到一起。

（6）控制电路的地：模拟地与大电流地分开，远端单点接地。

（7）芯片的 GATE 信号：要走 15mil 以上，最好不打孔，允许有两个孔，远离干扰。

11.2.5　线性电源的设计

1. 线性电源

依靠晶体管（三极管或 MOS 管）的线性放大效应进行电压的转换。开关管持续工作在导通状态，多余的电压通过发热的形式消耗，本身消耗功率大。

2. 线性电源 LDO 的设计

（1）LDO 注意散热：加大铜皮，多加过孔，通过 PCB 散热。

（2）滤波电容：电源输入过电容、输出过电容。

（3）布局：靠近对应的负载。

典型的 LDO 的 PCB 设计如图 11-13 所示。

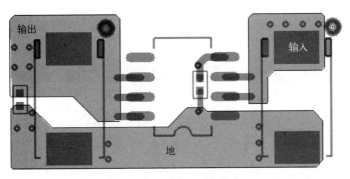

图 11-13　典型的 LDO 的 PCB 设计

11.3　Altium Designer 22 对电源、地平面的分割

电源、地平面分为正片和负片。正片层就是平常用于走线的信号层（直观上看到的地方就是铜线），可以用"Track""Polygon"等进行大块覆铜与填充操作。负片层则刚好相反，将某层设置为负片层之后，整个层就默认已经覆铜了，走线的地方就是分割线，没有铜的存在。我们要做的就是将整层铜皮进行分割，再赋予相应的网络即可。正片和负片分别如图 11-14 和图 11-15 所示。

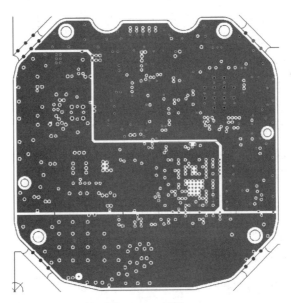

图 11-14　正片

在最后的光绘文件中，正、负片的差别不大，都可以用作电源、地平面的处理。在实际操作中，由于 PCB 的面积文件越来越大，铜皮的避让也越来越复杂，这时正片的数据量很

大，单个光绘文件的大小甚至超过百兆。这时候会带来计算机计算上的系统资源问题，设计时操作起来会非常卡，影响设计效率，也给文件传输带来困难。所以，在 PCB 设计中，在设计难度大、层数多的情况下，大家习惯在平面中使用负片。对于一些简单的、层数比较少的 PCB 设计，正片会更加容易处理。

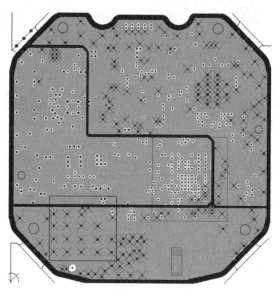

图 11-15   负片

在处理电源之前，首先要规划好需要几个电源平面，其次要确定将哪些电源规划到当前的平面，最后给电源网络分配颜色，这样可以非常方便地对平面进行分割。

分割的时候，除了满足不同电源的归宿，还要注意不要让分割形状过于复杂，小部分引脚可以在信号层适当地使用粗、短的布线去连接，如图 11-16 所示。

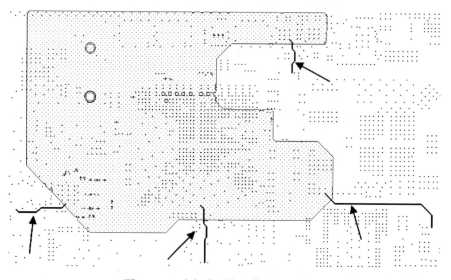

图 11-16   小部分引脚在信号层的布线

11.3.1 Altium Designer 22 的覆铜操作

因为电源地的设计一般都是通过铜皮来处理的，所以我们要熟练掌握 Altium Designer 22 软件的覆铜操作。本节将会对 Altium Designer 22 软件的覆铜操作、覆铜设置、覆铜的编辑优化等进行详细讲解。

1. 动态铜的处理

所谓动态铜（Polygon Pour），就是能对覆铜路径上或者覆铜区域内不同网络的过孔、走线、焊盘或者其他障碍物根据规则进行自动避让。

（1）执行"Place"→"Polygon Pour"操作或者按快捷键"P+G"后，按"Tab"键，在"Properties"面板中进行动态铜的参数设置。为了更有效率地进行覆铜，推荐按照图 11-17 和 11-18 所示的进行设置。

图 11-17 动态铜的参数设置（1）

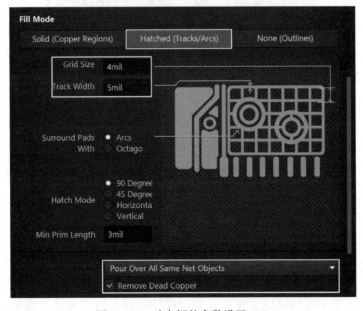

图 11-18 动态铜的参数设置（2）

① Hatched（Tracks/Arcs）为网格覆铜方式；Solid（Copper Regions）为实心铜覆铜方式。其中，Hatched（Tracks/Arcs）方式的覆铜由线宽和间距组合而成，当覆铜格点比覆铜线宽小时会是实心铜的效果，覆铜效果相对圆滑。而 Solid（Copper Regions）方式的覆铜会有小小的锯齿，图 11-19 所示为 Hatched 覆铜和 Solid 覆铜的对比。所以建议使用 Hatched 覆铜方式进行覆铜，无论是 Hatched 覆铜还是 Solid 覆铜，Hatched 覆铜都能满足我们的覆铜要求，而且覆铜圆滑。

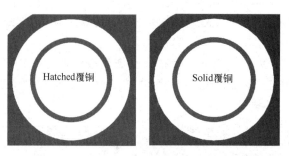

图 11-19   Hatched 覆铜和 Solid 覆铜的对比

② Track Width 为覆铜线宽；Gride Size 为覆铜格点，即覆铜线与线之间的距离。如果需要实心覆铜，那么线宽值比网格值大就好。推荐线宽值为 5mil、网格值为 4mil，它们都不宜过大或者过小。设置过大，一些较小 Pitch 间距的 BGA 没办法覆铜进去，造成铜皮断裂，影响平面的完整性；设置过小，覆铜更容易进入一些电阻、电容的缝隙中，造成狭长铜皮的出现，增加生成上的难度或者产生串扰。

③ 对于 Net Options，选择"Pour Over All Same Net Objects"选项。对于相同的网络，都需要采取覆铜，不然会出现相同网络的走线和铜皮无法连接的现象，如图 11-20 所示。

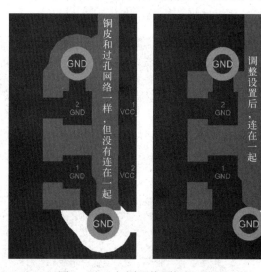

图 11-20   相同网络覆铜设置对比

④ Remove Dead Copper 为移除死铜，勾选此选项可以对覆铜产生的孤立铜皮进行清除。

（2）完成上述第 1 步的覆铜设置后，单击设计窗口中的"暂停"图标，接着绘制一个闭合的铜皮区域，完成局部覆铜或者全局覆铜的操作。

2. 静态铜的处理

所谓静态铜，就是不避让覆铜区域内的任何障碍物，通常在处理电源模块或者局部覆铜时会使用。通常有以下两种方法来实现。

（1）执行 "Place" → "Solid Region" 操作，或者按快捷键 "P+R"，可以绘制任意形状的铜皮，然后按 "Tab" 键，在 "Properties" 面板中设置静态铜的相关参数。"Solid Region" 的参数设置相对来说比较简单，只需要设置铜皮所在的层和网络即可。同时，还可以设置相对于该铜皮的阻焊和钢网的补偿值。由于 "Solid Region" 可以绘制任意形状的铜皮，因此我们可以使用该功能绘制任意形状的焊盘，如图 11-21 所示。

（2）执行 "Place" → "Fill" 操作，或者按快捷键 "P+F"，可以单纯地绘制矩形铜皮。然后按 "Tab" 键，在 "Properties" 面板中设置铜皮所在的层和网络，也可以设置矩形铜皮的长度和宽度，如图 11-22 所示。

图 11-21　"Region" 的参数设置　　　　　　图 11-22　"Fill" 的参数设置

3. 动态铜皮的管理

在对整板进行覆铜后，铜皮的种类和个数一般都会比较多，特别是一些比较大的项目，包括信号层整板和局部的铜皮，以及电源、地平面分割出来的铜皮等。Altium Designer 22 提供了集中管理的功能，其可以系统地对整个板子的覆铜进行优先级设置、重新覆铜、更改设置参数等操作。

（1）执行 "Tools" → "Polygon Pours" → "Polygon Manager" 操作，如图 11-23 所示。

（2）进入覆铜管理器。覆铜管理器主要分为 4 个区，如图 11-24 所示。

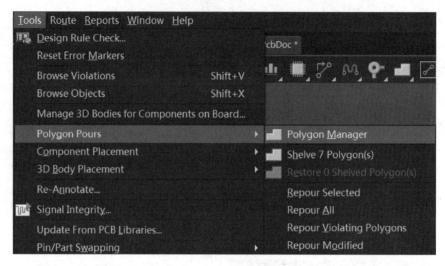

图 11-23 执行 "Tools" → "Polygon Pours" → "Polygon Manager" 操作

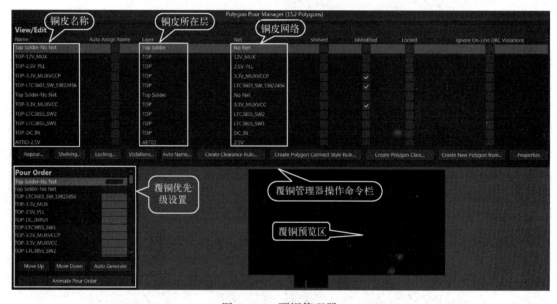

图 11-24 覆铜管理器

① View/Edit: 可以对覆铜所在的层和网络进行更改。

② 覆铜管理器操作命令栏: 可以对覆铜的动作进行管理。

③ Pour Order: 可以进行覆铜优先级的设置。

④ 覆铜预览区: 可以大概看到覆铜之后的效果或者所选择铜皮的覆铜效果。

4. 铜皮的切割, Cutout 的放置

通常在覆铜之后会有很多碎铜、尖尖角角的铜皮或者长条铜等不合格的铜皮, 这些铜皮都需要进行优化或者直接删除。Cutout 的功能就是禁止覆铜进入放置有 Cutout 的区域, 只针对动态覆铜有效, 不作为独立的铜存在, 放置完后不用删除。

(1) 执行 "Place" → "Polygon Pour Cutout" 操作, 如图 11-25 所示。

（2）选中 Cutout，或者在绘制 Cutout 时按"Tab"键，在"Properties"面板中对其属性进行设置，可以选择 Cutout 的应用范围，这里根据实际情况选择 Cutout 所放置的当前层，或者直接在"Layer"的下拉框中直接选择，如图 11-26 所示。

图 11-25　执行"Place"→"Polygon Pour Cutout"操作　　　图 11-26　"Properties"面板

5. 铜皮的优化和调整

在实际应用中，覆铜有时候不能一步到位，铜皮绘制完成之后，需要对铜皮的形状进行一些调整，如宽度、长度、钝角等的调整。一般来说，铜皮形状的调整方法有两种。

（1）直接编辑：选中需要调整的铜皮，即可看到该铜皮的四周有一些"小白点"，如图 11-27 所示。将光标放在"小白点"上拖动，可以对该铜皮的形状及大小进行调整，调整完成之后，记得对此块覆铜进行覆铜刷新操作（在覆铜上单击鼠标右键，执行"Polygon Actions"→"Repour Selected"操作，静态铜不用执行此操作）。

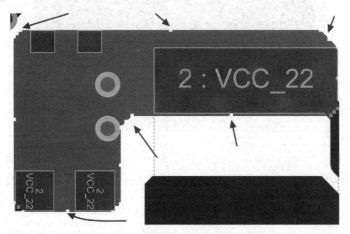

图 11-27　覆铜大小及形状的调整

（2）分离操作：执行"Place"→"Slice Polygon Pour"操作，或者按快捷键"P+Y"，

激活分离命令，在覆铜的直角处横跨绘制一条分割线，绘制后，覆铜会分离成两块铜皮，选中尖角那一块，即可完成当前覆铜直角的修整，如图 11-28 所示。

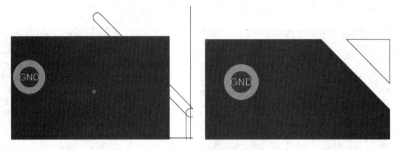

图 11-28　覆铜直角的调整

11.3.2　Altium Designer 22 内电层的分割实现

在 Protel 版本中，内电层是用 "Split" 来分割的，而在最新版本 Altium Designer 22 中可直接用 "Line"，或者按快捷键 "P+L" 来分割。分割线不宜太细，推荐使用 15mil 及以上。用负片对电源平面进行分割时，只需要用 "Line" 将各自的电源区域划分好，然后双击各区域的闭合图形，分配网络即可，如图 11-29 所示。

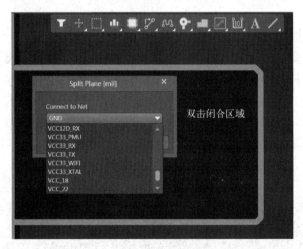

图 11-29　给铜皮赋予网络

11.4　本章小结

本章向读者介绍了电源、地平面处理的基本原则和 Altium Designer 22 进行灌铜设计的基本知识。

第 12 章 规 则 设 置

规则设置，即用户定义 PCB 设计时的限制条件，如设置类规则可以对整板的信号进行分类、电源网络和地网络信号在 PCB 设计时需要加粗；PCB 上面的各种阻抗线，如单端信号通常控制特性阻抗为 50Ω，差分信号通常控制特性阻抗为 100Ω；对于多层板，每层的线宽都可能不一样。所以，通过规则设置来约束，当在 PCB 上走线和放置元件时遵守这些规则约束。

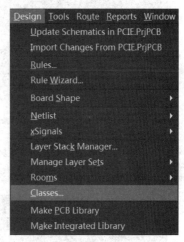

图 12-1　执行 "Design" → "Classes" 操作

12.1　网络类的创建

设置网络类的目的是为了方便用户对整板的信号进行分类，每个电路模块的同一类信号建议都设置为同一个网络类，如电源、模拟信号、时钟、复位等关键信号，以及 DDR 数据总线、地址总线等。

下面以电源网络为例，讲解电源网络类的创建步骤。

（1）如图 12-1 所示，执行 "Design" → "Classes…" 操作，或者按快捷键 "D+C"，进入类管理器对话框。

如图 12-2 所示，常用的类有以下几种。

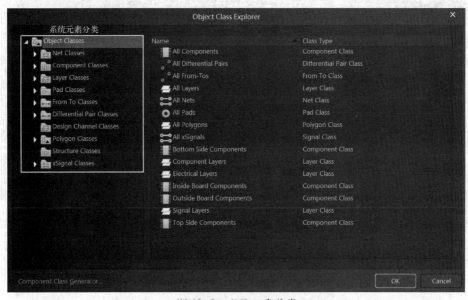

图 12-2　系统元素分类

① Net Classes：网络类。

② Component Classes：元件类。

③ Layer Classes：层类。

④ Pad Classes：焊盘类。

⑤ Differential Pair Classes：差分类。

⑥ Polygon Classes：铜皮类。

（2）在"Net Classes"上单击鼠标右键，选择"Add Class"，并将新建的类命名为"PWR"，如图 12-3 所示。

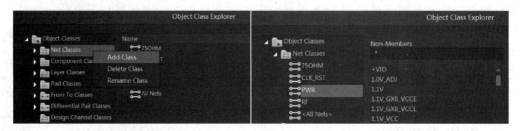

图 12-3　新建类并命名为"PWR"

（3）单击"PWR"，在左边框按住"Ctrl"键并通过鼠标左键单击相应的电源网络，然后单击█按钮，将选中的电源网络添加到右边的列表框中，如图 12-4 所示。

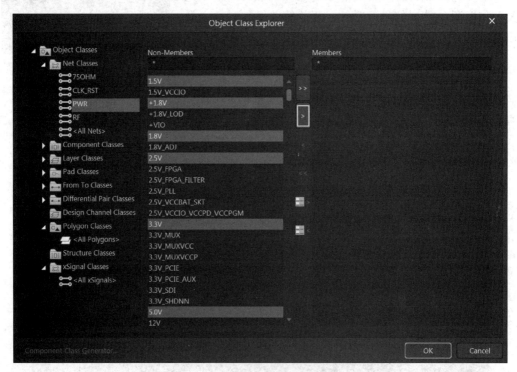

图 12-4　分配网络

这样，电源网络类就已经创建并分配完成了，如图 12-5 所示。

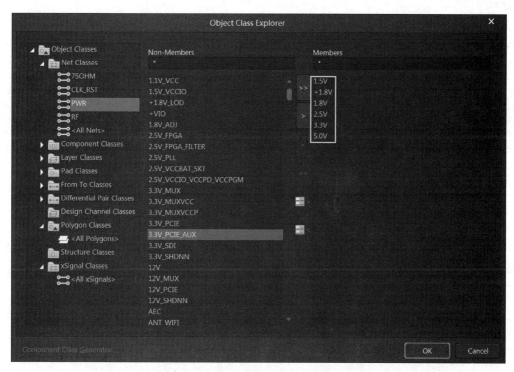

图 12-5　创建并分配完成电源网络类

有时候工程师在绘制原理图时，并不一定会将电源网络的信号明确指示出来，这时候就有可能出现漏选的情况。针对这个漏选的电源信号，我们可以在 PCB 界面中选中该电源信号的走线、过孔或者焊盘时，通过单击鼠标右键，在弹出的快捷菜单中执行"Net Actions"→"Add Selected Net to NetClass"操作来解决漏选的情况，如图 12-6 所示。

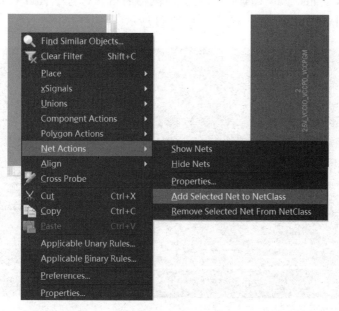

图 12-6　在 PCB 界面中将网络添加到网络类中的操作

在随后弹出的"Choose Net Class"对话框中，选择我们刚才建立的 PWR 类，然后单击"OK"按钮，如图 12-7 所示，这样该网络就会被加到电源网络类 PWR 中了。

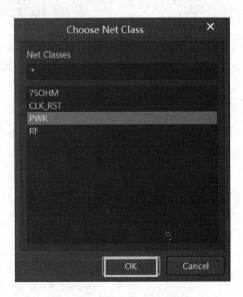

图 12-7　"Choose Net Class"对话框

一般有 90Ω（如 USB 差分信号）和 100Ω 的差分信号。差分类的创建，需要在类管理器中添加分类名称，然后在差分对编辑器中进行网络的添加。下面讲解具体操作。

（1）执行"Design"→"Class"操作，或者按快捷键"D+C"，进入类管理器对话框。

（2）在"Differential Pair Classes"上单击鼠标右键，选择"Add Class"添加两个类，分别命名为"90ohm"和"100ohm"，如图 12-8 所示。

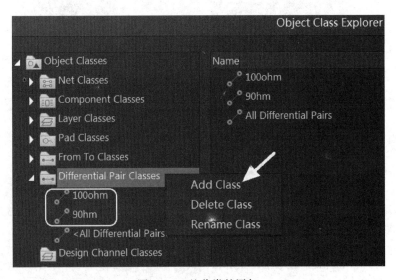

图 12-8　差分类的添加

（3）执行"View"→"Panels"→"PCB"操作，调出 PCB 对象编辑窗口。在该窗口中，选择"Differential Pairs Editor"，进入差分对编辑器，如图 12-9 所示。从图 12-9 中，可以看到，这里总共有 3 个差分类。

① All Differential Pairs：这个默认包含了 PCB 上所有设置的差分线。

② 90ohm：步骤（2）中在类管理器中添加的差分类。

③ 100ohm：步骤（2）中在类管理器中添加的差分类。

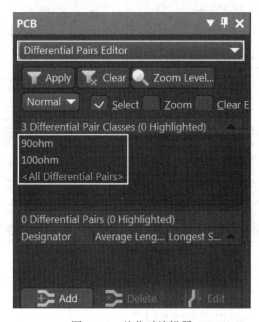

图 12-9　差分对编辑器

（4）当需要添加网络到"100ohm"的差分类里面时，可以通过以下两种方法实现。

第一种方法：手工添加差分网络。选中"100ohm"的类别，单击"Add"按钮，在"Positive Net"栏中添加"+"性网络，在"Negative Net"栏中添加"-"性网络，建议更改差分对名称，方便识别，如图 12-10 所示。

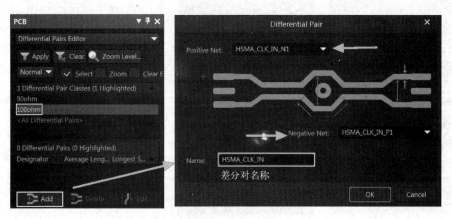

图 12-10　手工添加差分网络

　　第二种方法：通过网络匹配添加差分网络。在差分对编辑器中，单击"Create From Nets"按钮，进入如图 12-11 所示的差分匹配界面。在该界面中的匹配栏中填写差分线的前缀，选择需要添加的差分网络类，确认自动匹配出来的差分对。如果确认是差分对，则进行勾选；如果确认不是差分对，则取消勾选。设置完成后，单击"Execute"按钮，完成差分对自动匹配添加，通常使用到的匹配符有"+""−""P""N""H""L"。

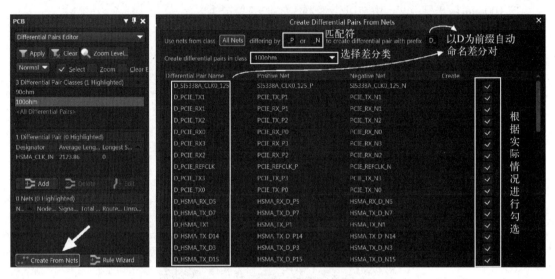

图 12-11　通过网络匹配添加差分网络

12.2　常用的 PCB 规则设置项目

　　规则设置是 PCB 设计中至关重要的一个环节，可以通过合理的 PCB 规则设置，保证 PCB 符合电气要求和机械加工要求，为 PCB 设计提供依据。Altium Designer 会实时地进行规则检查，会将违规地方标记为亮绿色。

　　对于常规的 PCB 设计，我们并不需要全部的规则，这里只对常用的规则设置进行介绍。执行"Design"→"Rules …"操作，或者按快捷键"D+R"，即可进入规则设置界面。在该界面中，有电气规则、布线规则、开窗规则、铜皮规则、制造规则、布局规则等的设置，如图 12-12 所示。

图 12-12　规则设置界面

12.3 电气规则的设置

电气（Electrical）规则的设置包括安全间距、开路、短路方面的设置。

12.3.1 安全间距规则的设置

（1）在规则管理器中，在"Clearance"上单击鼠标右键，从弹出的菜单中选择"New Rule…"，新建一个间距规则，如图 12-13 所示。

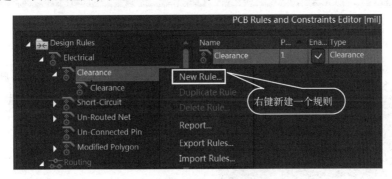

图 12-13 新建一个间距规则

（2）系统将自动生成一个名字为"Clearance_1"的新规则，在"Constraints"选项区域中的"Minimum Clearance"文本框里输入需要设置的参数值，如图 12-14 所示。针对单片

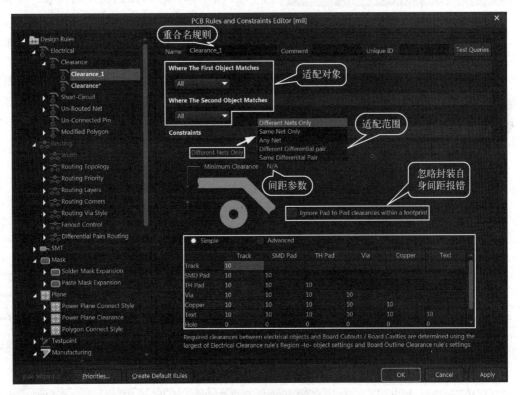

图 12-14 规则设置界面

机等低速电路板，可以将相应的间距值设置得大一点，如图 12-15 所示。其中，部分参数的说明如下。

	Track	SMD Pad	TH Pad	Via	Copper	Text
Track	10					
SMD Pad	8	8				
TH Pad	6	8	6			
Via	6	6	6	6		
Copper	12	12	6	6	20	
Text	10	8	10	10	20	10
Hole	40	40	40	40	40	40

图 12-15　常用对象间距的推荐设置

图 12-16　忽略元件封装本身的间距报错

① Track：走线。

② SMD Pad：表贴元件的焊盘。

③ TH Pad：通孔元件的焊盘。

④ Via：过孔。

⑤ Copper：灌铜、铜皮。

⑥ Text：文本丝印。

⑦ Hole：钻孔。

⑧ Ignore Pad to Pad Clearances within a footprint：忽略元件封装本身的间距报错。如图 12-16 所示，假如我们创建的封装，焊盘和焊盘之间的距离超过设置的距离规则（9mil），我们又不想这个封装自身进行报错提示，则可以勾选这个选项，忽略元件封装本身的间距报错。

⑨ Advanced：和 Simple 规则基本相同，只是增加了更多的对象选择，如 Arc（圆弧）、Poly（覆铜）、Region（区域）、Fill（填充块）。实际上，Copper＝Poly+Region+Fill。

Altium Designer 也提供了类似低版本的方式，如通过多个间距规则叠加的方法设置（不推荐读者采用这种设置方式，本节仅作为用法的介绍）。

（1）Where The First Object Matches：选择规则的第一个适配对象。

① All：针对所有对象。

② Net：针对单个网络。

③ Net Class：针对网络类。

④ Layer ：针对信号层。

⑤ Net and Layer：针对网络和信号层。

⑥ Custom Query：自定义适配项。

（2）Where The Second Object Matches：选择规则的第二个适配对象，以及与第一个适配对象勾选对象的筛选，即完成规则定义的范围。

下面通过个例子来说明，如过孔与走线间距规则的设置。

（1）在"Where The First Object Matches"栏中选择"Custom Query"。

（2）单击"Query Builder…"，在弹出的复选框中选择"Object Kind is"，在"Condition

Value" 下拉框中选择对象 "Via", 这个时候可以看到自定义对象中出现代码 "IsVia", 如图 12-17 所示。

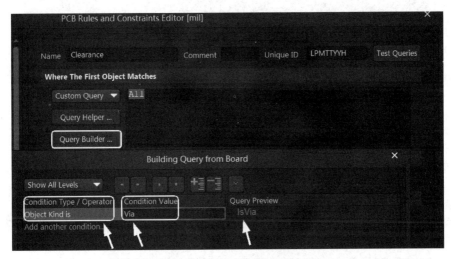

图 12-17 自定义选择对象

（3）在 "Where The Second Object Matches" 栏中进行同样的操作，选择规则对象 "IsTrack"。

（4）在 "Constraint" 选项区域中的 "Minimum Clearance" 文本框里输入需要设置的参数值，如 6mil, 如图 12-18 所示。

常用的规则代码如图 12-19 所示。

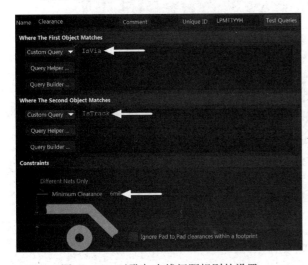

图 12-18 过孔与走线间距规则的设置

关键字	含义
IsArc	圆弧
IsNet	网络
IsPad	贴片焊盘
IsPadHoleValid	插料焊盘
IsPoly（IsPolygon）	覆铜（动态）
IsTrack	走线
IsVia	过孔
IsText	字符
IsComponentVia	元件上的过孔
IsBoardCutoutRegion	锣板区域

图 12-19 常用的规则代码

12.3.2 规则使能和优先级的设置

1. 规则使能的设置

设置好规则之后，需要使能规则，否则设置好的规则不会起作用。勾选 "Enable" 选项可以让设置好的规则起作用，如图 12-20 所示。

图 12-20　规则使能的设置

2. 规则优先级的设置

单击规则设置界面中的"Priorities…"按钮，进入规则优先级设置窗口，如图 12-21 所示。在该窗口中，通过"Increase Priority"和"Decrease Priority"按钮进行优先级的调整。

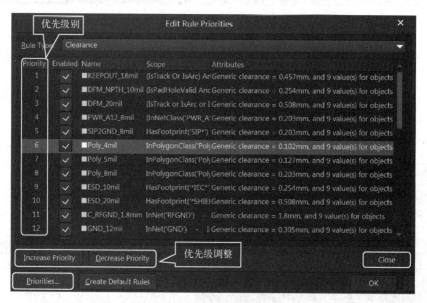

图 12-21　规则优先级设置窗口

12.3.3　短路规则的设置

在电路的设计中，不允许出现 PCB 短路的情况，一定不要勾选规则设置界面右侧窗口中的"Allow Short Circuit"，如图 12-22 所示。

12.3.4　开路规则的设置

PCB 设计不允许开路的存在。对于开路规则的选项，适配对象要选"All"，并勾选"Check for incomplete connections"选项，对连接不良的线段进行开路检查，如图 12-23 所示。

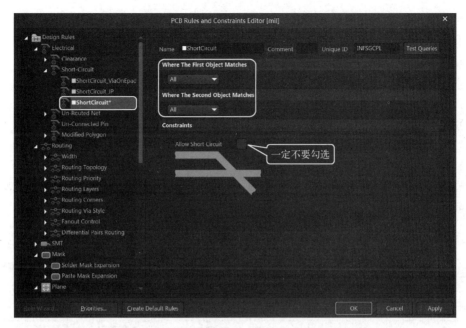

图 12-22　短路规则的设置界面

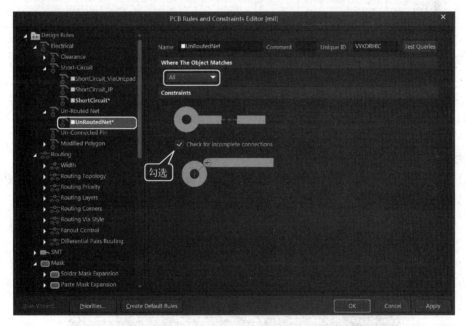

图 12-23　开路规则的设置

12.4　线宽规则的设置

在 PCB 设计中，一个电子产品中通常会有各种不同阻抗的信号线，如 50 欧姆阻抗信号、USB 差分 90 欧姆阻抗信号、其他普通差分线 100 欧姆阻抗信号、电源、模拟信号等。

不同的信号对线宽有不同的要求，因此我们需要设置不同的线宽规则。

对于高速 PCB 设计来讲，线宽规则的设置项目主要有以下几种：

（1）单端 50 欧姆阻抗线（按照阻抗线宽设置）；

（2）USB 差分 90 欧姆阻抗线（按照阻抗线宽设置）；

（3）其他普通差分 100 欧姆阻抗线（按照阻抗线宽设置）；

（4）电源线宽设置（建议 8~200mil）；

（5）特定封装线宽设置（按照实际情况设置）；

（6）模拟信号线宽设置（建议 10mil）。

阻抗的线宽一般会根据层叠阻抗的要求来设置，如图 12-24 所示，我们按照模板设置线宽即可。

Single Impedance	Layer	Trace Width(mil)	Tolerance	Frequncy(MHZ)	Remark
50 ohm	1,12	6.5	±10%	Default	
50 ohm	3,5,8,10	4.5	±10%	Default	
50 ohm	1	15.1	±10%	Default	REF ART03
75 ohm	1	6.2	±10%	Default	REF ART03

Diff Impedance	Layer	Trace W/S(mil)	Tolerance	Frequncy(MHZ)	Remark
100 ohm	1,12	5.2/8.0	±10%	Default	
100 ohm	3,5,8,10	4.01/9.0	±10%	Default	
85 ohm	1,12	6.7/6.0	±10%	Default	
85 ohm	3,5,8,10	5.1/7.0	±10%	Default	

图 12-24　阻抗线宽模板

下面讲解一下线宽规则的设置方法。

（1）在规则管理器中，在"Width"上单击鼠标右键，从弹出的菜单中选择"New Rule…"，新建一个线宽规则，如图 12-25 所示。

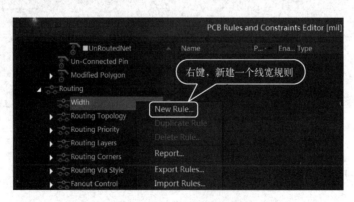

图 12-25　新建一个线宽规则

（2）系统将自动以当前设计规则为准，生成一个名为"Width_1"的设计规则，如

图 12-26 所示, 我们也可以对新的设计规则重命名。

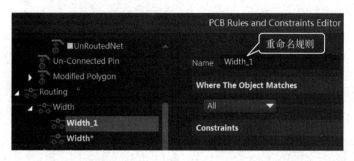

图 12-26　生成一个名为 "Width_1" 的设计规则

（3）对导线的宽度（线宽）进行设置。对于有阻抗要求的信号线的线宽, 建议将最大线宽（Max Width）、最小线宽（Min Width）、优先线宽（Preferred Width）全部设置为一样的值, 如 5mil。

（4）在 "Where The Object Matches" 栏中选择适配对象为 "ALL", 如图 12-27 所示。

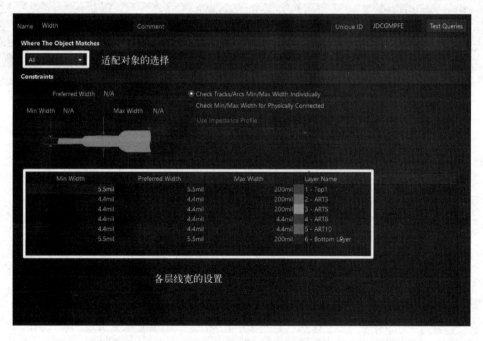

图 12-27　选择适配对象

（5）如果需要对电源网络类单独设置线宽, 则在 "Width" 上单击鼠标右键, 新建一个规则, 将其命名为 "PWR"。在 "Where The Object Matches" 栏中, 选择前面创建好的 PWR 网络类。对于电源线, 一般将最大、最小、优选线宽进行单独设置, 一般设置最小线宽为 8mil、优选线宽为 10mil、最大线宽为 100mil, 如图 12-28 所示。

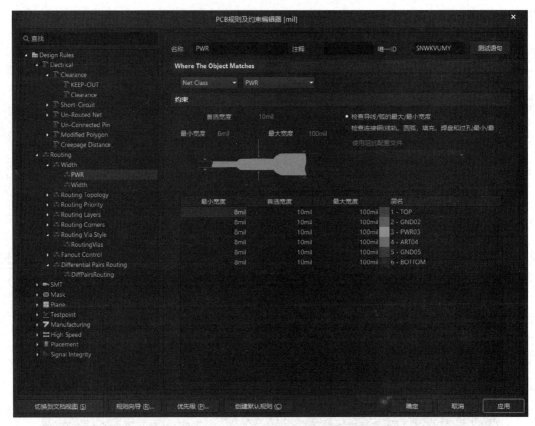

图 12-28　电源网络类线宽的设置

12.5　过孔的设置

从工艺的角度，过孔的参数必须满足以下几个工艺要求。

（1）板厚孔径比：一般板厂的这个参数会控制在 8:1 内，即对于 1.6mm 的板厚来说，最小可以用 0.2mm 的孔径。如果板厚为 2mm，又必须采用 0.2mm 孔径的过孔时，这时这个板厚孔径比参数则变成 10:1，这时可供选择的 PCB 加工厂就越少。虽然一些 PCB 加工厂可以控制在 12:1 内，但是孔越小，加工难度越大，加工成本也就越高。我们趋向于使用较大孔径的孔。常用的过孔内径大小推荐采用 12mil、10mil、8mil。

（2）过孔环宽：过孔环宽 = 过孔外径 - 过孔孔径，一般大于或者等于 6mil，在满足走线需求的前提下，要选择稍大环宽的过孔。常规的设计，可以选用 12mil、10mil、8mil 的环宽。

因此，可以选用的过孔种类很多，如 24/16、22/12、18/10、16/8 等，只要满足上述要求基本上都可以。电源过孔因为要有一定的载流能力，所以要选择稍大的过孔。

选择 "Routing Via Style"，在其上单击鼠标右键，新建过孔类型。选中其中一个过孔类型，在右侧窗口中即可设置该过孔的相关参数，如图 12-29 所示。

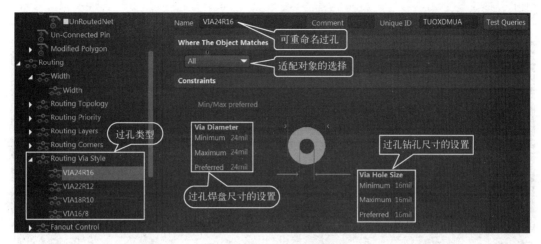

图 12-29 过孔尺寸的设置

12.6 阻焊开窗的设置

阻焊层（SolderMask）指印刷电路板子要上绿油的部分。阻焊开窗的设置如图 12-30 所示，建议设置为单边 2.5mil，适配对象选择 "ALL"。

图 12-30 阻焊开窗的设置

12.7 铜皮规则的设置

铜皮规则的设置主要是设置铜皮与过孔或者通孔焊盘的连接方式，主要包含：
（1）负片铜皮的连接方式；
（2）反焊盘隔离环的宽度；
（3）正片铜皮的连接方式。

12.7.1 负片铜皮连接规则的设置

（1）在 "Power Plane Connect Style" 上单击鼠标右键，创建一个名为 "PlaneConnect*"

的负片连接规则，其设置如图 12-31 所示。

图 12-31　负片连接规则的设置

① Where The Object Matches：选择"All"。

② Connect Style：用于设置负片层与孔的连接方式。推荐插件器件的焊盘采用热焊盘连接（Relief Connect）方式、过孔采用全连接（Direct Connect）方式，如图 12-32 所示为负片层与孔的连接方式。

③ Conductors：用于选择热焊盘导线的连接条数，可以选择 2 条或者 4 条。如图 12-33 所示，一般选择 4 条。

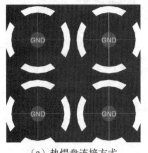
（a）热焊盘连接方式

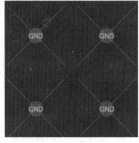
（b）全连接方式

图 12-32　负片层与孔的连接方式

图 12-33　热焊盘导线的连接条数

④ Conductor Width：用于设置导通的导线宽度。

⑤ Air-Gap：用于设置空隙的间隔宽度。

⑥ Expansion：用于设置从过孔到空隙的间隔距离。

热焊盘连接方式下推荐的参数设置如图 12-34 所示。

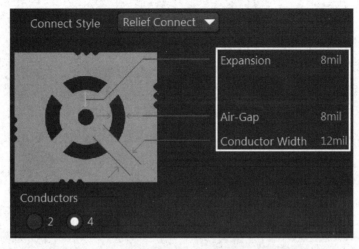

图 12-34 热焊盘连接方式下推荐的参数设置

（2）如图 12-35 所示，选择"Advanced"选项。一般情况下，焊盘选择热焊盘连接方式，过孔选择全连接方式。

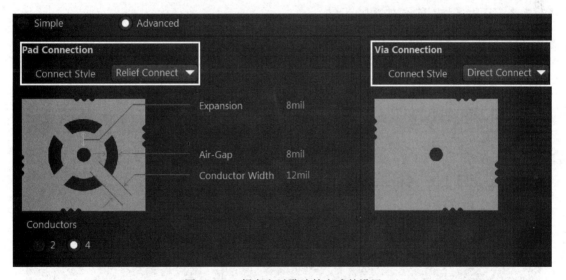

图 12-35 焊盘和过孔连接方式的设置

12. 7. 2 通孔焊盘隔离环宽度的设置

通孔焊盘隔离环宽度，即我们通常所说的反焊盘（Anti-pad），它是指负片中铜皮与焊盘的距离。合适的反焊盘大小可有效地防止因为间距过小造成生成困难或引起电气不良。反焊盘规则的设置如图 12-36 所示，一般对其应用范围选择"All"，反焊盘的大小推荐设置为 9~12mil。

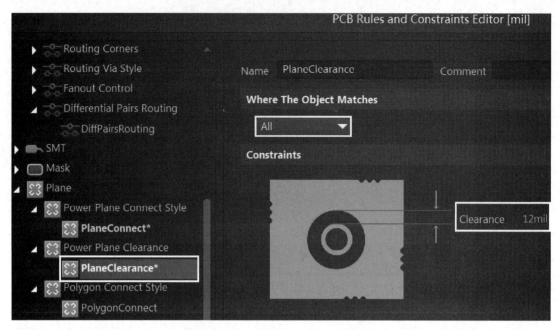

图 12-36　反焊盘规则的设置

12.7.3　正片铜皮连接方式的设置

正片铜皮连接方式的设置推荐按照图 12-37 所示的进行设置，该规则设置界面中的"Connect Style"、"Conductors"和"Conductor Width"的设置方法与负片连接的规则相同，在此不再赘述。

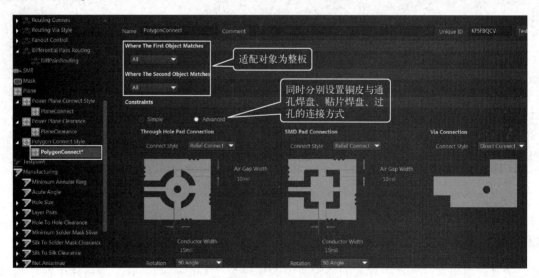

图 12-37　正片铜皮连接方式的设置

"Advance"设置中，焊盘的连接方式提供 3 种设置。

（1）Through Hole Pad Connection：通孔焊盘的连接，默认热焊盘连接。

（2）SMD Pad Connection：表贴焊盘的连接，默认热焊盘连接。

（3）Via Connection：过孔一般默认设置为全连接。

12.8 DFM 可制造性规则的设置

可制造性规则的设置主要包含：
（1）孔壁与孔壁之间的距离设置；
（2）阻焊桥的宽度设置；
（3）丝印与阻焊之间的距离设置；
（4）丝印与丝印之间的距离设置。
现在分别介绍以上的设置方法。

12.8.1 孔壁与孔壁之间的距离设置

两个钻孔之间的距离不要离得太近，否则会出现崩孔、破孔等现象，同网络建议 9mil
以上，不同网络建议 12mil 以上，如图 12-38 所示。

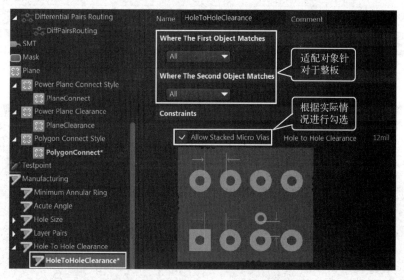

图 12-38　孔壁与孔壁之间的距离设置

若勾选 "Allow Stacked Micro Vias" 选项，则允许微过孔堆叠，这个选项适用于 HDI 盲
埋孔的设计。对于通孔板的 PCB 设计来说，这项没有影响。

12.8.2 阻焊桥的宽度设置

焊接时，绿油桥可以防止焊盘与焊盘连锡而引起短路。如果使用绿色油墨，建议阻焊之
间的距离在 4mil 以上，其他颜色推荐 5mil 以上。阻焊桥宽度的设置如图 12-39 所示。

12.8.3 丝印与阻焊之间的距离设置

建议丝印与阻焊之间的距离在 3.5mil 以上，否则丝印上阻焊或者丝印离阻焊太近，会
导致生产出来的丝印无法显示或者模糊不清。丝印与阻焊之间的距离设置如图 12-40 所示。

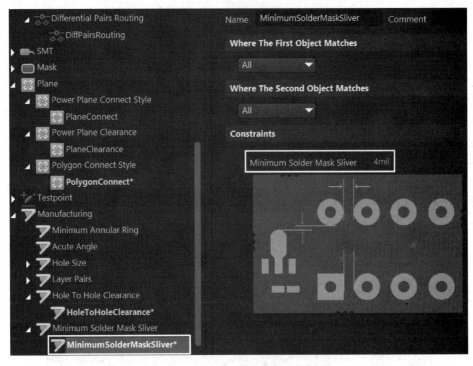

图 12-39 阻焊桥的宽度设置

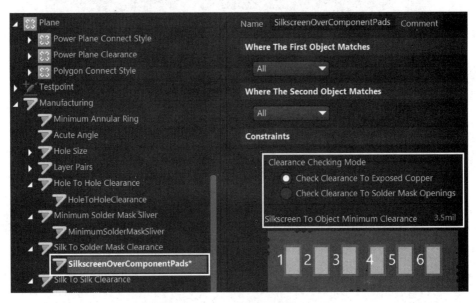

图 12-40 丝印与阻焊之间的距离设置

12.8.4 丝印与丝印之间的距离设置

丝印距离太近会导致丝印模糊，建议间距设置在 4mil 以上。丝印与丝印之间的距离设置如图 12-41 所示。

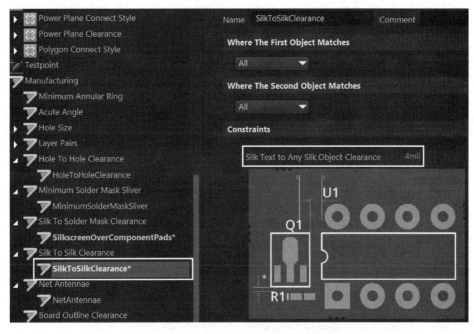

图 12-41　丝印与丝印之间的距离设置

12.9　区域规则的设置

区域规则是针对某个特殊区域来设置的规则，如 BGA 区域需要较小的过孔、线宽、线距。区域规则设置的操作步骤如下所述。

（1）执行"Design"→"Rooms"→"Place Rectangular Room"操作，如图 12-42 所示。放置后的区域（Room）如图 12-43 所示。

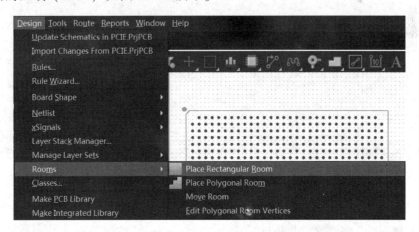

图 12-42　执行"Design"→"Rooms"→"Place Rectangular Room"操作

（2）放置区域的同时按"Tab"键，对区域的名称和参数进行设置。如图 12-44 所示，放置一个名为"RoomBGA"的区域，并选择好放置的层。

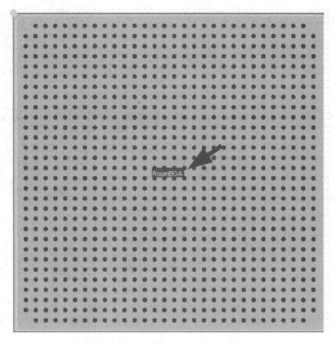

图 12-43　放置后的区域（Room）

图 12-44　区域的设置

（3）执行 "Design" → "Rules..." 操作，或者按快捷键 "D+R"，进入规则约束管理器。在 "Where The First Object Matches" 栏中，单击 "Custom Query"，并输入 "WithinRoom（'RoomBGA'）"，表示第一个适配对象为名为 "RoomBGA" 的区域；在 "Where The Second Object Matches" 栏中选择适配 "All"。这里以间距为 4mil、线宽为 5mil、过孔为 16/8 为例说明区域规则的设置方法。区域间距、线宽、过孔的设置分别如图 12-45 ~ 图 12-47 所示。

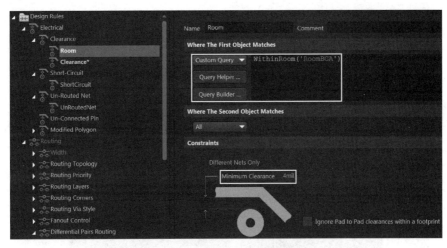

图 12-45 区域间距的设置

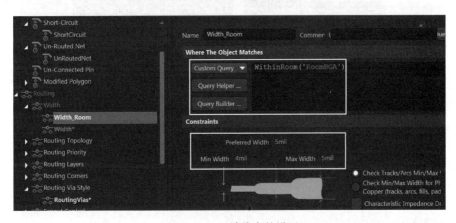

图 12-46 区域线宽的设置

图 12-47 区域过孔的设置

12.10　差分规则的设置

差分对线宽、线距的设置通常有两种方法：向导创建和手工创建。

1. 向导创建

（1）单击"Panels"按钮，选择"PCB"，在调出的"PCB"面板中选择"Differential Pairs Editor"，进入差分对编辑器，如图 12-48 所示。

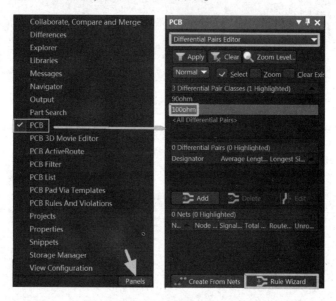

图 12-48　差分对编辑器的调用

（2）单击需要创建规则的差分类，如 100ohm。

（3）单击"Rule Wizard"按钮，进入规则向导，根据向导提示填写相关参数。

① Prefix：可以设置差分规则的前缀名，下面会自动根据这个前缀名适配差分规则的名称，如图 12-49 所示。

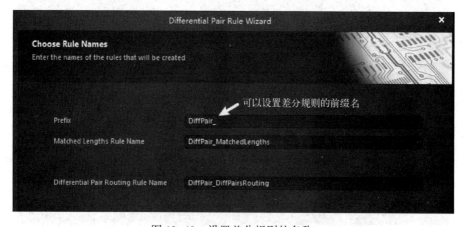

图 12-49　设置差分规则的名称

② Group Matched Lengths：差分线的等长误差。如果差分组内没有误差要求，可以采取默认的 1000mil，如图 12-50 所示。

图 12-50 设置差分组内的误差

③ Rules Properties/Attributes on Layer：差分对的线宽和线距。建议最大、最小、优选的线宽值和间距值都填写成一样的数值，如图 12-51 所示。

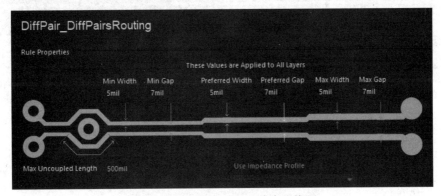

图 12-51 设置差分对的线宽、线距

④ Rule Creation Completed：规则创建完成。单击"Finish"按钮，差分规则创建完毕，如图 12-52 所示。

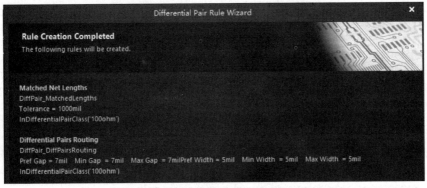

图 12-52 差分规则创建完毕

2. 手工创建

（1）执行"Design"→"Rules…"操作，或者按快捷键"D+R"，进入规则约束管理器。

（2）在"Differential Pairs Routing"上单击鼠标右键，从弹出的菜单中选择"New Rule…"，这里以创建 100ohm 的差分规则为例进行说明，如图 12-53 所示。

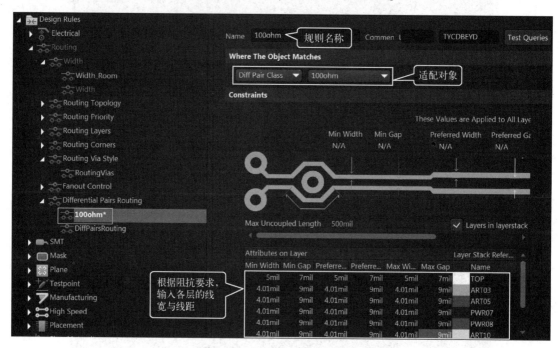

图 12-53　手工创建差分规则

① Name：填写差分规则的名称，如 100ohm。

② Where The Object Matches：选择规则的应用范围，选择"Diff Pair Class"，然后选择创建好的"100ohm"。

③ Rule Properties/Attributes on layer：根据阻抗要求填入各层的线宽值和间距值。

12.11　规则模板

规则设置完成后，可以将其导出为模板，方便应用在后续的 PCB 设计中，从而节省其他 PCB 规则的设置时间。下面介绍下规则的导入与导出操作。

（1）在规则约束管理器中，单击鼠标右键，选择"Export Rules…"，如图 12-54 所示。

（2）在弹出的窗口中按住"Ctrl"键，然后单击需要导出的规则项，这样可以多选，也可以全选，单击"OK"按钮，即可将选择的规则导出，如图 12-55 所示。

（3）导出之后会生成一个后缀为".RUL"的规则文件。

（4）在需要导入规则的其他 PCB 文件中，进入规则约束管理器，选择"Import Rules…"，如图 12-56 所示。在弹出的窗口中选择导入之前保存的后缀为".RUL"的规则文件，即可导入成功。

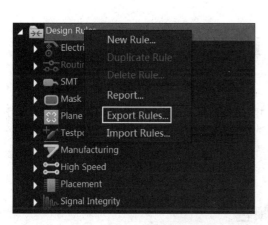

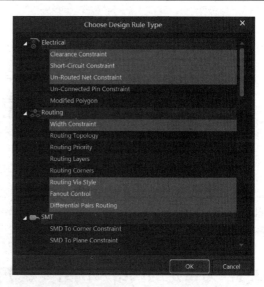

图 12-54　规则的导出　　　　　　　　　　图 12-55　选择需要导出的规则项

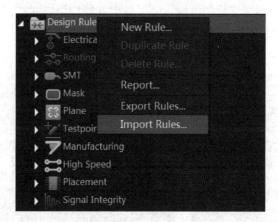

图 12-56　规则的导入

12.12　本章小结

本章介绍了 Altium Designer 常见设计规则的设置知识。

第 13 章　高速 PCB 布线设计

布线是整个 PCB 设计中最重要的工序，其将直接影响 PCB 性能的好坏。在 PCB 的设计过程中，常规 PCB 的布线设计流程是：为特定的网络及网络类赋予颜色→设置 Class 规则→规则约束设置→Fanout（扇出）→联通性设计→等长设计→平面灌铜→设计验证→设计优化→设计评审。

13.1　为特定的网络及网络类赋予颜色

对网络类或者某单个网络进行颜色设置，可以很方便地识别网络，其操作步骤如下所述。

（1）在 PCB 界面中单击右下角的"Panels"按钮，选择"PCB"，在"PCB"面板最上方的下拉框中选择"Nets"并进入 Nets 编辑窗口，如图 13-1 所示。

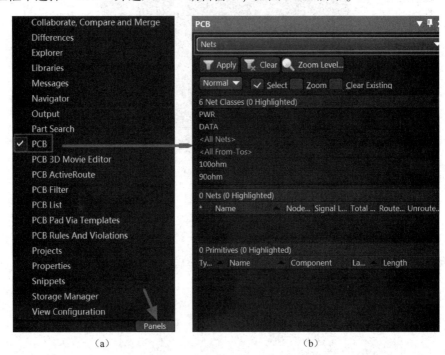

（a）　　　　　　　　　　　　（b）

图 13-1　进入 Nets 编辑窗口

（2）选择"〈All Nets〉"，在网络显示框中选中需要设置颜色的网络，按住"Ctrl"键可以多选。选完之后，单击鼠标右键，在弹出的快捷菜单中选择"Change Net Color"。在弹出的"Choose Color"对话框中选择相应的颜色，单击"OK"按钮即可设置颜色，如图 13-2 所示。

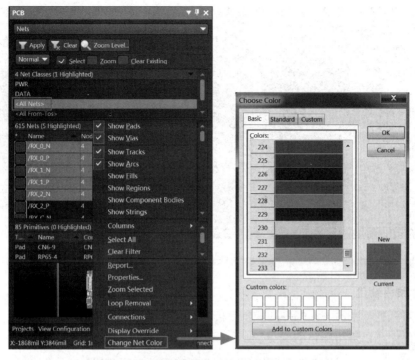

图 13-2　网络颜色的设置

（3）如果想快速地设置某一网络的颜色，可以直接在"Nets"编辑窗口中选中已经设置好的网络类，单击鼠标右键，在右键菜单中选择"Change Net Color"。在弹出的"Choose Color"对话框中选择想要的颜色即可。

（4）颜色设置好后，再次单击鼠标右键，执行"Display Override"→"Selected On"操作，对设置的颜色进行使能，否则有可能不会显示刚刚设置的颜色，如图 13-3 所示。也可按键盘中的"F5"键，进行总体颜色显示的开关切换。

图 13-3　网络颜色的使能

13.2　层的管理

1.　层的打开与关闭

在做多层板设计时，用户通常需要关闭其他层，只打开当前布线的层，避免其他层的视图干扰，这样可以提高布线效率。按快捷键"L"会弹出"View Configuration"面板，在这个面板中可以对单个层或者多个层进行显示与关闭操作，使能即显示，不使能即关闭，如图 13-4 所示。

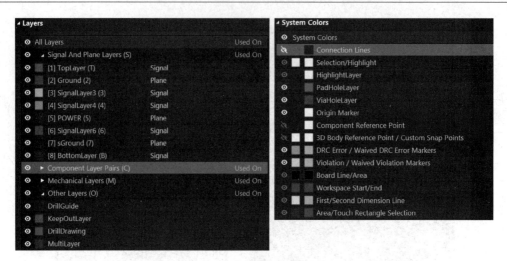

图 13-4　层的显示与关闭

2. 层的颜色设置

在刚刚打开的"View Configuration"面板中，层的颜色设置如图 13-5 所示，在颜色栏单击相应颜色，可以进行颜色的变更。

图 13-5　层的颜色设置

13.3　元素的显示与隐藏

Altium Designer 还提供了对某一类元素进行显示与隐藏的操作，如关闭所有过孔的显示或者只显示走线和铜皮等。按快捷键"L"可弹出"View Configuration"面板，该面板有两个可供选择的标签页，即"Layers & Colors"标签页和"View Options"标签页，如图 13-6 所示。

在"View Options"标签页中可以设置元素的显示与隐藏。也可以直接按快捷键"Ctrl+D"快速进入"View Options"标签页，如图 13-7 所示。

图 13-6　"View Configuration"面板

图 13-7　"View Options"标签页

（1）元素前面的 ◉ 图标是切换元素显示与隐藏的图标，使能即显示，不使能即隐藏。

（2）使能"Draft"选项，元素会呈半透明显示状态。

（3）"Transparency"选项是控制元素显示的明暗程度，从左往右拖动，元素的显示会是从明到暗的状态，读者可以根据自己的习惯进行调整。

13.4　布线设计

13.4.1　走线操作

执行"Route"→"Interactive Routing"操作，或者按快捷键"Ctrl+W"，即可对布线进行操作。在布线过程中，按"Tab"键，在"Properties"面板中可进行布线相关参数的查看和设置，如更改线宽、过孔等，如图 13-8 所示。

13.4.2　打孔与换层操作

（1）在布线过程中，按数字键盘中的"＊"键可进行打孔操作。打完孔之后，孔上不会有线出来，按下鼠标左键就结束操作了。这项操作在进行 Fanout 的时候会经常用到，特别是滤波电容扇孔、信号扇孔等，如图 13-9 所示。

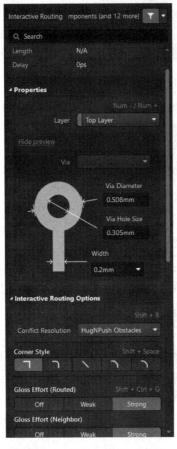

图 13-8　"Properties"面板

图 13-9　按"＊"键进行扇孔

（2）在布线过程中，按键盘中的"＋"键或"－"键，即可进行打孔换层布线操作。以一个八层板为例，现有 4 个走线层，如图 13-10 所示。

图 13-10　4 个布线层

从 Top 层走线打孔换层到 Mid-4：从顶层拉一段线，在需要打孔的地方单击鼠标左键，连续按两次键盘中的"＋"键，然后单击鼠标左键添加过孔，从过孔拉出来的走线就是 Mid-4 层的走线。

注意：第一次按键盘中的"＋"键是切换到 Mid-2 层，以此类推，第三次按键盘中的"＋"键是切换到 Bottom 层。"＋"是从左往右依次切换的，"－"是从右往左依次切换的。

13.4.3　布线过程中改变线宽

在布线的过程中按"Tab"键，在"Properties"面板中，在"Width"对应的文本框中输入新线宽，按"Enter"键即可实现线宽的改变，如图 13-11 所示。

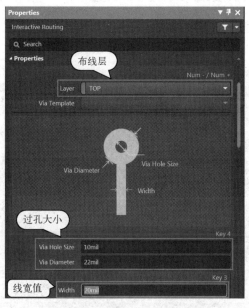

图 13-11　"Properties"面板

同时，在"Properties"面板中的"Properties"下拉选项中还可以设置过孔的大小和布线层。

13.4.4　走线角度的切换

在某些布线场合需要用圆弧走线、任意角度走线、90°走线等，要实现走线角度的切换，可在走线过程中按"Tab"键，在"Properties"面板的"Corner Style"选项中进行设置，如图 13-12 所示。最直接快捷的方法是在走线的过程中按"Shift+空格"组合键进行切换。

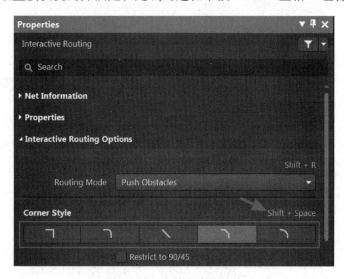

图 13-12　走线角度的切换

13.4.5　实时跟踪布线长度及布线保护带的显示

实时跟踪布线长度及布线保护带的显示，可在布线过程中按"Tab"键，在"Properties"面板的"Visualization"选项中进行设置，如图 13-13 所示。

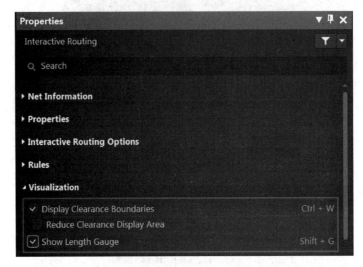

图 13-13　"Visualization"选项的设置

（1）勾选"Show Length Gauge"，即可在布线过程中实时显示布线长度，如图 13-14 所示。

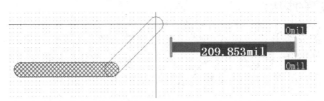

图 13-14　显示布线长度

（2）勾选"Display Clearance Boundaries"，即可在布线过程中显示布线保护带，如图 13-15 所示。保护带的宽度跟规则管理器的间距规则一致。保护带的显示有助于我们在布线过程中即使没有规则的限制也能不违反间距规则。

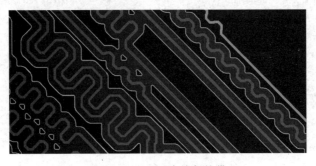

图 13-15　显示布线保护带

上述两个操作最直接快捷的方法就是：在布线过程中，按快捷键"Shift+G"，即可打开或者关闭实时布线长度；同样，按快捷键"Ctrl+W"，即可显示或者关闭布线的保护带。

13.4.6　布线模式的选择

布线的过程中有多种布线模式可供选择。在布线过程中，按"Tab"键，在"Properties"面板的"Routing Mode"中可进行布线模式的选择，如图 13-16 所示。

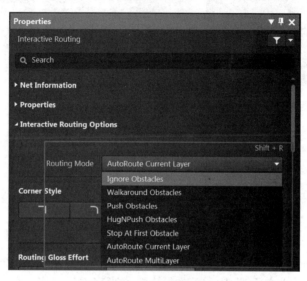

图 13-16　布线模式的选择

下面对几个常用的布线模式进行讲解。

（1）Ignore Obstacles：忽略障碍物布线，即在布线时不用考虑规则。

（2）Walkaround Obstacles：智能环绕布线，在布线过程中，该模式会在不违反间距规则的前提下自动描绘出布线路径，如果不按照自动描绘的布线路径进行布线，也可手动拖动鼠标按照自己的方式布线。

（3）Push Obstacles：推挤式布线，在布线过程中可以推挤相邻的走线或过孔。

（4）HugNPush Obstacles：智能循边布线，此功能在走一些圆形或弧形板或 FPC 的布线时非常好用，可以实现走线的紧密、整齐和美观。

以上布线模式可以在布线过程中按快捷键"Shift+R"进行切换。

13.4.7　总线布线

总线布线，即多根信号线同时布线，可以提高布线效率，其操作方法如下所述。

（1）选中需要布线的多根走线，选中任意走线的顶点，拖动鼠标，即可多根走线一起拉线，如图 13-17 所示。

注意：这种方式的总线布线无法更改布线的属性。

（2）选中需要布线的多根走线，执行"Route"→"Interactive Multiple Traces"操作，或按快捷键"U+M"，选中任意走线的顶点，移动鼠标，即可多跟走线一起拉线。在布线过程中，按"Tab"键，可在"Properties"面板中设置总线布线的相关参数，如图 13-18 所示。

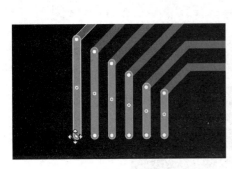

图 13-17　多根走线直拉　　　　　　　图 13-18　总线布线的参数设置

13.5　Fanout

在高速 PCB 设计中，过孔的 Fanout（扇出）非常重要，扇孔的方式会影响信号的完整性、平面的完整性、布线的难度，以及生产的成本。

Fanout 的作用如下所述。

（1）缩短回流路径，如 GND 孔，就近扇孔可以达到缩短路径的目的。

（2）打孔占位，预先打孔是为了防止在整板布线完成后，当前位置没有空间打孔而绕出去很远的位置进行打孔，这样就形成很长的回流路径，影响信号质量。

下面我们以 BGA 为例讲解一下扇孔的操作。

（1）对 BGA 扇出前，需要提前设置线宽、类规则（如电源、地网络）的线宽及过孔的类型。

（2）在布线规则中找到"Fanout Control"（扇出控制规则），对其进行如图 13-19 所示的设置。

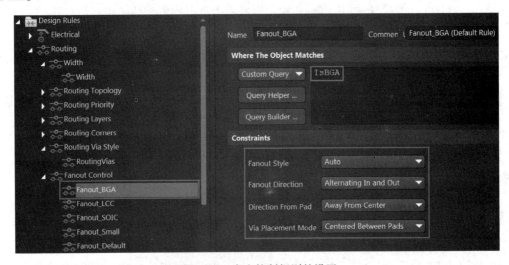

图 13-19　扇出控制规则的设置

① Fanout Style：扇出形状。

② Fanout Direction：扇出方向。

③ Direction From Pad：从焊盘出线方向。

④ Via Placement Mode：过孔放置模式。

（3）执行"Route"→"Fanout"→"Component"操作，进入"Fanout Options"对话框，如图 13-20 所示。选择好需要配置的选项，每个选项的释义如下所述。

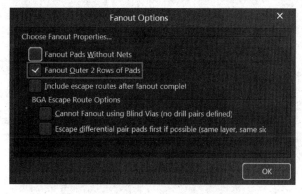

图 13-20　"Fanout Options"对话框

① Fanout Pads Without Nets：没有网络的焊盘也进行扇出。

② Fanout Outer 2 Rows of Pads：前两排的焊盘也进行扇出。

③ Include escape routes after fanout completion：扇出后进行引线。

④ Cannot Fanout using Blind Vias（no drill pairs defined）：无盲埋孔扇出。

⑤ Escape differential pair pads first if possible（same layer，same side）：在同层、同边对差分进行扇出。

（4）设置完成之后，单击需要进行 Fanout 的 BGA 元件，软件会自动完成扇出，BGA 的 Fanout 效果如图 13-21 所示。

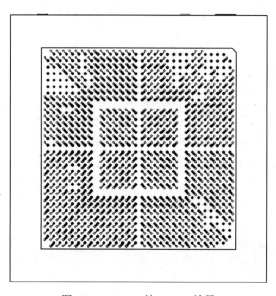

图 13-21　BGA 的 Fanout 效果

13.6 添加泪滴

执行"Tools"→"Teardrops"操作，或者按快捷键"T+E"，进入如图 13-22 所示的泪滴属性设置对话框，在该对话框中的参数设置如下所述。

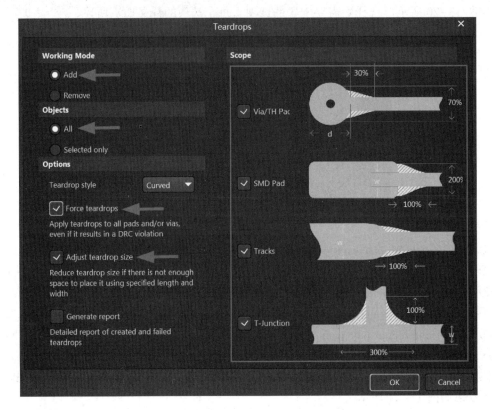

图 13-22 泪滴属性设置对话框

（1）Working Mode→Add：添加泪滴。

（2）Objects：选择匹配对象，一般选择"All"，也可以选择某些对象单独添加。图 13-22 右边的选项中会适配相应的对象，包括"Via/TH Pad"（过孔/通孔焊盘）、"SMD Pad"（贴片焊盘）、"Tracks"（导线）及"T-Junction"（T 型节点）。

（3）Teardrop style→Curved：泪滴形状选择弯曲的补充形状。

（4）Force teardrops：对于添加泪滴的操作，即使存在 DRC 报错，也要强制执行。一般来说，为了保证泪滴添加的完整性，对此项进行勾选，后期再来解决 DRC 报错。

（5）Adjust teardrop size：当空间不足以添加泪滴时，变更泪滴的大小，智能地完成泪滴的添加操作。

泪滴添加效果如图 13-23 所示。

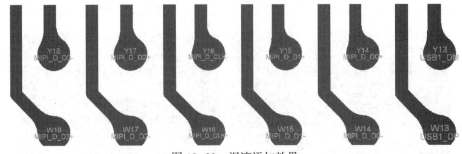

图 13-23　泪滴添加效果

13.7　蛇形走线

蛇形线是布线过程中常用的一种走线方式，其主要目的是调节延时，满足系统的时序设计要求。在实际设计中，为了保证信号有足够的保持时间，或减小同组信号之间的时间偏移，往往不得不故意进行绕线，如 DDR * （DDR2/DDR3/DDR4）中的 DQS 与 DQ 信号组要求严格等长以降低 PCB 倾斜（Skew），这时就要用到蛇形线。蛇形线模型如图 13-24 所示，其中最关键的两个参数就是平行耦合长度（L_p）和耦合距离（S）。

但是，设计者应该有这样的认识：信号在蛇形走线上传输时，相互平行的线段之间会发生耦合，呈差模形式，S 越小，L_p 越大，耦合程度也就越大，甚至可能会破坏信号的质量，改变传输延时。

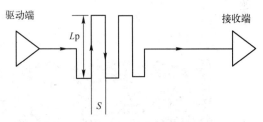

图 13-24　蛇形线模型

下面是给 PCB 设计师处理蛇形线的两点建议。

（1）尽量增加平行线段的距离（S），至少大于 $3H$。其中，H 指信号走线到参考平面的距离。通俗地说，就是绕大弯走线，只要 S 足够大，就几乎能完全避免相互的耦合效应。

（2）减小耦合长度（L_p），当两倍的 L_p 延时接近或超过信号上升时间时，产生的串扰将达到饱和。

13.7.1　单端蛇形线

在 Altium Designer 中，等长绕线之前建议完成 PCB 的联通性，并且建立好相对应的总线网络类。因为等长是在既有的走线上进行绕线的，不是一开始就走蛇形线的，等长的时候也是基于一个总线里面以最长的那条线为目标线进行长度的等长的。下面介绍等长绕线的相关设置和操作。

执行"Route" → "Interactive Length Tuning"操作，也可以按快捷键"U+R"，单击需要等长绕线的布线，按"Tab"键，即可在"Properties"面板中进行等长参数的设置，如图 13-25 所示。

（1）Target Length：提供 3 种目标线长的设置。

① Manual：手工直接设置等长的目标长度。

② From Net：依据创建的网络类选择目标长度。

③ From Rules：依据规则设置目标长度，可以设置具体网络的最长和最短长度。

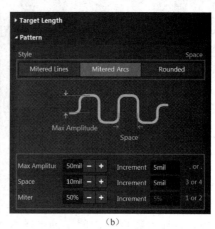

（a）　　　　　　　　　　（b）

图 13-25　单端蛇形线参数的设置

（2）Pattern：提供 3 种可选的绕线模式（见图 13-26）。

① Mitered Lines：斜线条。

② Mitered Arcs：斜弧。

③ Rounded：半圆。

以上 3 种模式可在绕线过程中按空格键进行切换。

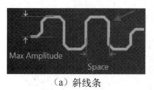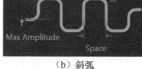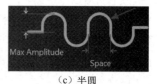

（a）斜线条　　　　　　　（b）斜弧　　　　　　　（c）半圆

图 13-26　3 种绕线模式

（3）Space：蛇形线两条线之间的距离，一般建议满足 $3W$ 间距规则。可以通过字母键盘中的数字键"3"和"4"快速调整"Space"的大小。其中，按数字键"3"可减小"Space"的距离；按数字键"4"可增大"Space"的距离。"Space"对应的"Increment"值为每次按数字键增大或减小的数值，建议设置为"2mil"。

（4）Max Amplitude：描述的是蛇形线最大的幅度。可以按键盘中的","键或"."键快速调整蛇形线的幅度。其中，按","键可减小蛇形线的幅度；按"."键可增大蛇形线的幅度。"Max Amplitude"对应的"Increment"值为每次增大或减小的数值，建议设置为"2mil"。

（5）Miter：描述的是走线拐角处的大小，可以通过字母键盘中的数字键"1"和"2"进行快速调整。其中，按数字键"1"可减小 Miter；按数字键"2"可增大 Miter。"Miter"对应的"Increment"值为每次按数字键增大或减小的数值，软件默认设置为"5%"

设置好以上参数后，即可进行等长绕线。在绕线过程中，可根据布线空间、走线长度等实际情况快速调整 Space、Max Amplitude、Miter 的值，从而满足最终的等长要求。绕线的时候，光标附近会出现 3 个数值，如图 13-27 所示。

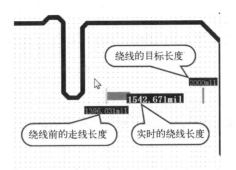

图 13-27　3 个数值

13.7.2　差分蛇形线

对于 USB\SATA\PCIE 等串行信号，其并没有并行总线的时钟概念，它们的时钟是隐含在串行数据中的。数据发送端将时钟包含在数据中发出，数据接收端通过接收到的数据恢复出时钟信号，因此很少会对这类信号进行等长处理。但因为这些串行信号都采用差分信号，为了保证差分信号的信号质量，对差分信号对的布线一般会要求等长且按总线规范的要求进行阻抗匹配。

执行"Route"→"Interactive Diff Pair Length Tuning"操作，或按快捷键"U+P"，单击需要等长的差分走线，按"Tab"键，即可在"Properties"面板中设置差分等长的相关参数，如图 13-28 所示。

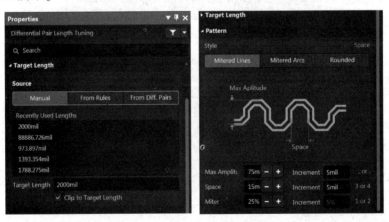

图 13-28　差分等长参数的设置

由于差分蛇形线的设置和单端几乎一样，这里不再赘述。同样，在差分绕线的时候，光标附近会出现 3 个数值，如图 13-29 所示。

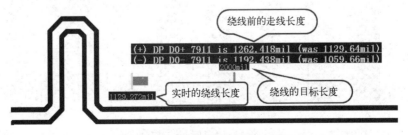

图 13-29　差分绕线时的 3 个数值

13.8　多种拓扑结构的等长处理

13.8.1　点到点的绕线

点到点的绕线比较简单，可以在类别中调用长度表格进行参照，一条一条绕到目标长度即可，如图 13-30 所示。

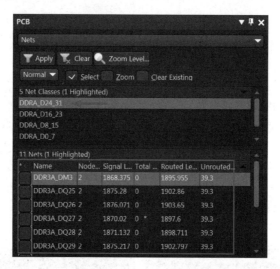

图 13-30　点到点的绕线

13.8.2　Flyby 结构的等长处理

在 PCB 设计中，信号走线为 U1→U2→U3→U4 的信号结构称为 Flyby 结构，如图 13-31 所示。在这种连接方法中，不会形成网状的拓扑结构，只有相邻的元件之间才能直接通信。

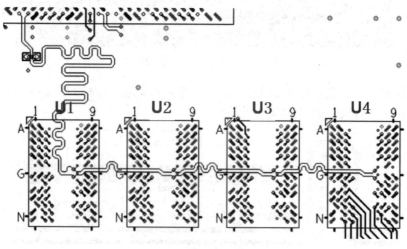

图 13-31　Flyby 结构

（1）执行"Tools"→"Preferences"→"PCB Editor"→"General＊"操作，在弹出的对话框中勾选"Protect Locked Objects"选项，保护锁定对象，如图 13-32 所示。

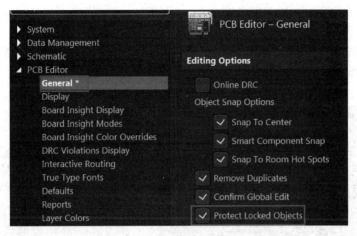

图 13-32　勾选"Protect Locked Objects"

（2）找到 Flyby 结构中连接的节点（常见为过孔），如图 13-33 所示，对其进行锁定操作。

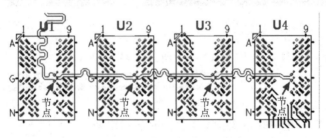

图 13-33　Flyby 结构中的节点

（3）复制 3 个版本的 PCB，绕线前端时，可以框选后端走线进行删除，这样就转换为点到点的绕线，然后在另外一个备份 PCB 中反向操作，直到完成整个等长工作，最后综合到完成版本上即可。

13.8.3　T 型结构的等长处理

T 型结构运用于没有延时补偿技术的 DDR2 和部分 DDR3，其拓扑分支要尽量短，长度相等，如图 13-34 所示。

T 型结构的等长处理类似于 Flyby 结构的操作方法，主要是利用节点和多版本的操作，将等长转换为点对点的等长，实现 $L+L_1=L+L_2$，即 CPU 焊盘到每一片 DDR 焊盘的走线长度等长。

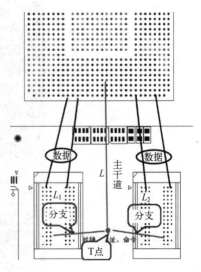

图 13-34　T 型结构

13.8.4　From To 等长法

（1）调出 "PCB" 面板，在该面板最上方的下拉框中选择 "From-To Editor"，如图 13-35 所示，调出 From To 编辑器。

（2）选中需要远端分支等长的网络，下框中将会出现该网络中的所有节点，如图 13-36 所示。

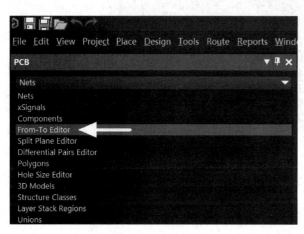

图 13-35　调出 From To 编辑器

图 13-36　"From-To Editor" 设置界面（1）

（3）设置 From-To 规则。如图 13-37 所示，在 "From-To Editor" 设置界面中选中 "U1-T29" 和 "U10-J3" 后，单击   Add From To DDR3B_RASN (U1-T29 : U10-J3)   按钮，即可完成 CPU 到 U10 链路的设置。同理，继续创建 "U1-T29" 和 "U11-J3" 的链路设置。设置完成后，CPU 到 U11 相应的布线长度也会同时显示出来。

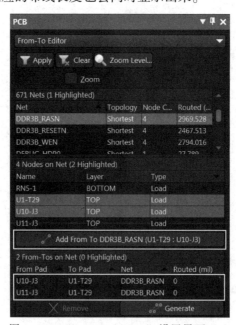

图 13-37　"From-To Editor" 设置界面（2）

按照长度显示的指引进行绕线，完成绕线的等长工作。

13. 8. 5　xSignals 等长法

利用 xSignals 向导可自动进行高速 PCB 设计的长度匹配，它可以自动分析 T 型分支、元件、信号对和信号组数据，大大减少了高速 PCB 设计配置的时间消耗。

调出"PCB"面板，在该面板最上方的下拉框中选择"xSignals"，此时有默认的"〈All xSignals〉"，可以在这里创建 xSignal 类。以两片 DDRT 型结构的地址线为例，介绍下 xSignals 的用法。

（1）如图 13-38 所示，选中"〈All xSignals〉"，单击鼠标右键，在弹出的快捷菜单中选择"Add Class"，新建一个名为"DDR_ADDR"的 xSignal 类。

（2）选中新建的名为"DDR_ADDR"的 xSignal 类，执行"Design"→"xSignals"→"Create xSignals"操作，如图 13-39 所示。

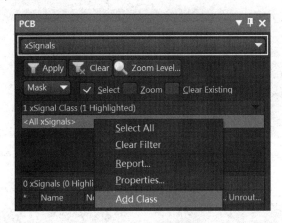

图 13-38　"PCB"面板

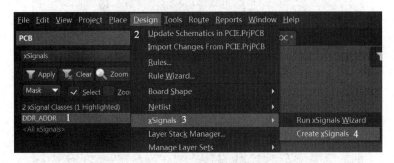

图 13-39　执行"Design"→"xSignals"→"Create xSignals"操作

（3）进入"Greate xSignals Between Components"对话框，如图 13-40 所示。分别输入第一匹配的元件位号和第二匹配的元件位号，这里选择"U1"和"U10"，即 CPU 和第一片 DDR。如果之前创建了网络类，则可以通过这里滤除一些网络，从而精准地选出需要添加到 xSignals 中的网络。

（4）单击"Analyze"按钮，系统即可自动分析出哪些网络需要添加到 xSignals 中。

（5）单击"OK"按钮，完成添加，如图 13-41 所示。

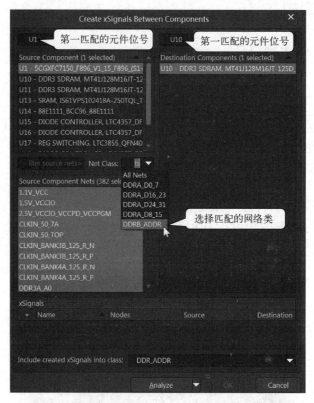

图 13-40　"Create xSignals Between Components" 对话框

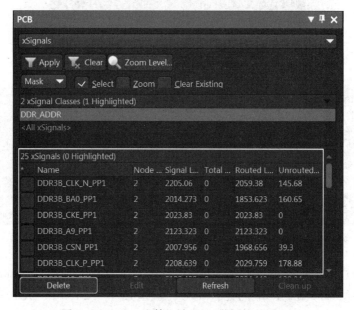

图 13-41　CPU 和第一片 DDR 之间的 xSignals

（6）使用同样的操作，选择 "U1" 和 "U11"，创建 CPU 和第二片 DDR 之间的 xSignals，如图 13-42 所示。

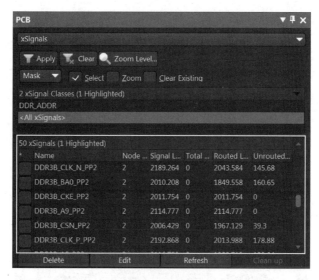

图 13-42　CPU 和第二片 DDR 之间的 xSignals

CPU 和第一片 DDR 之间的 xSignals 的信号后面会多个_pp1，CPU 和第二片 DDR 之间的 xSignals 的信号后面会多个_pp2。接下来左右两边各 25 根信号，加起来共 50 根信号，根据信号长度表，将线长绕到误差范围之类，即可完成 DDR 的 T 型等长工作。

同样，Flyby 型的拓扑结构也可以使用 xSignals 的方法，不用再利用节点和多版本的烦琐操作了。

13.9　常见器件的 Fanout 处理

在布线阶段，进行模块之间的互连之前，我们需要对模块的内部进行 Fanout 处理。Fanout 的主要工作是连接模块内部的短线和将需要连接长线到别的模块的信号提前将孔打出来，包括电源、地孔，如图 13-43 所示为模块内部的 Fanout。Fanout 的好坏直接影响后期布线的质量、效率和美观，所以也有很多需要注意的地方。下面介绍下常见器件的 Fanout 处理。

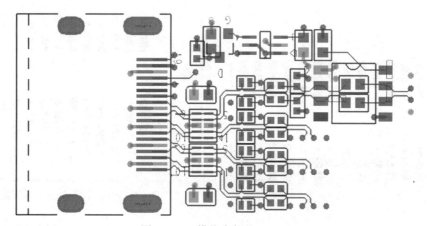

图 13-43　模块内部的 Fanout

1. SOP/QFP 等密间距器件的 Fanout

在对器件进行 Fanout 处理时，要设好格点，打孔要整齐，过孔与过孔之间的距离不能太近，两过孔间要能过线。图 13-44 所示为 QFP 芯片的 Fanout 处理（注意：电源、地线要加粗，孔要就近打）。

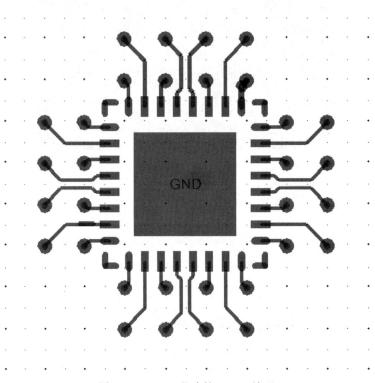

图 13-44　QFP 芯片的 Fanout 处理

对于密间距器件，同一网络且相邻的两个焊盘，不能在焊盘中间连接后再出线。对于密间距器件 Fanout 的错误做法和正确做法，如图 13-45 和图 13-46 所示。

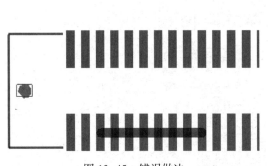

图 13-45　错误做法

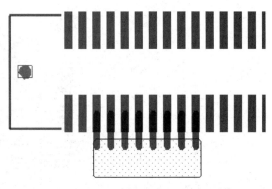

图 13-46　正确做法

Fanout 时，要注意焊盘出线的规范性，如图 13-47 所示。

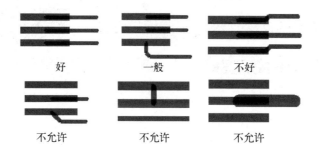

图 13-47　焊盘出线规范

2. 分离器件（小电容）的 Fanout

　　小电容的 Fanout 最常见的就是非 BGA 器件的 IC 电源引脚的滤波电容设计，我们在实际布线 Fanout 时，必须满足电气性能和美观性。小电容正确的几种 Fanout 样式如图 13-48~图 13-50 所示。

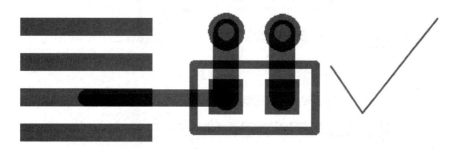

图 13-48　小电容正确的 Fanout 样式（1）

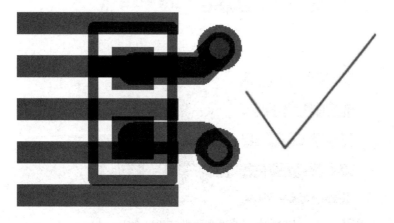

图 13-49　小电容正确的 Fanout 样式（2）

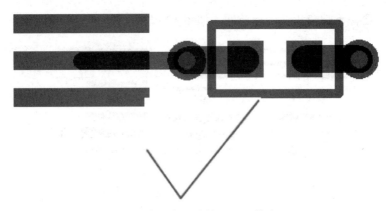

图 13-50　小电容正确的 Fanout 样式（3）

小电容错误的几种 Fanout 样式如图 13-51~图 13-53 所示。

图 13-51　小电容错误的 Fanout 样式（1）

图 13-52　小电容错误的 Fanout 样式（2）

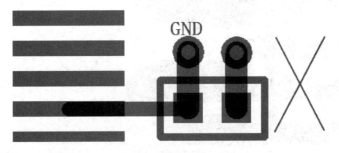

图 13-53　小电容错误的 Fanout 样式（3）

3. 分离器件（排阻）的 Fanout

排阻常见的 Fanout 样式如图 13-54 所示。

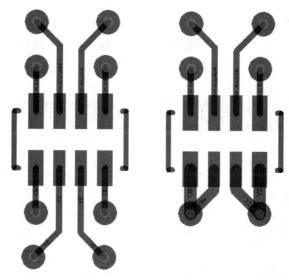

图 13-54 排阻常见的 Fanout 样式

4. 分离器件（BGA 下小电容）的 Fanout

BGA 下小电容的 Fanout 样式如图 13-55 所示。

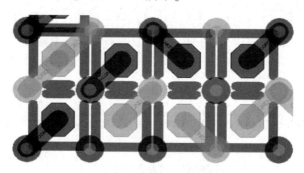

图 13-55 BGA 下小电容的 Fanout 样式

5. 分离器件（Bulk 电容）的 Fanout

Bulk 电容一般用得都是比较大的封装。0805 以上的电容的 Fanout，为了保证其电容性能，电源、地线至少都要打两个孔。Bulk 电容正确的 Fanout 样式如图 13-56 所示。

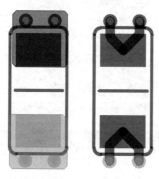

图 13-56 Bulk 电容正确的 Fanout 样式

6. BGA 的 Fanout

（1）在 BGA Fanout 时，最好将外面两排焊盘的线引出来，如图 13-57 所示。

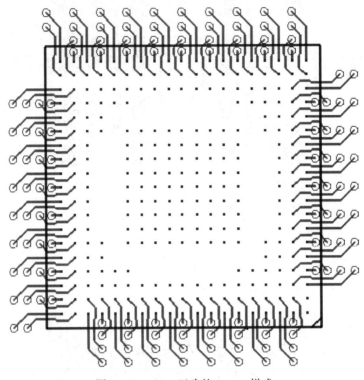

图 13-57 BGA 正确的 Fanout 样式

（2）顶层和底层能与 BGA 外围电路连起来就直接连起来，连不起来拉到外面打孔，如图 13-58 所示。

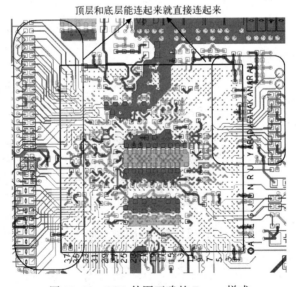

图 13-58 BGA 外围正确的 Fanout 样式

（3）如图 13-59 所示，中间的十字通道为电源通道和布线通道，该十字通道内不能有过孔。

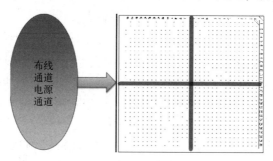

图 13-59　BGA 预留的十字通道

13.10　常见 BGA 布线方法和技巧

1. 1.0mm pitch BGA 的布线方法和技巧

1）孔间过一根线

如果两个过孔间只需要过一根线，可以用外径为 22mil、内径为 12mil 的过孔。过孔到过孔的空气间隙为 17.37mil。

当内层走线为 5mil 时，除去走线的宽度，剩下的距离为 12.37mil，所以设置区域规则的时候，线到过孔的距离余量还是很足的，可以直接按常规来设，如 5mil，甚至 6mil 都可以。

2）孔间过两根线

1.0mm 的 BGA 如果有需要，两过孔间可以过两根线，这个时候需要用尺寸较小的过孔，可以使用外径为 18mil、内径为 10mil 的过孔。过孔与过孔的空气间隙为 21.37mil。

如果过两根线，线宽只能为 4mil，线到线的距离为 4mil，线到过孔的距离为 4mil，如图 13-60 所示。

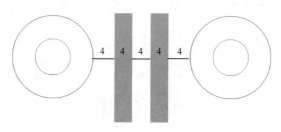

图 13-60　孔间过两根线

2. 0.8mm pitch BGA 的布线方法和技巧

0.8mm 的 BGA 需要用尺寸较小的过孔，可以使用外径为 18mil、内径为 10mil 的过孔，并且两个过孔间只能过一根线。当使用 VIA18R10 的过孔时，两个过孔之间的空气间距为 13.5mil。

当内层走线为 5mil 的时候，除去走线的宽度，两过孔间剩余的距离为 8.5mil，所以设置区域规则时候，线到过孔的距离可以设为 4.25mil。

3. 0.65mm pitch BGA 的布线方法和技巧

0.65mm 的 BGA 比较小，需要使用更小尺寸的过孔。

（1）当使用外径为 16mil、内径为 8mil 的过孔时，两过孔间的空气间隙为 9.6mil。

如果使用常规工艺的最小线宽 4mil，除去走线的宽度，两过孔间剩余的距离为 5.6mil，线到过孔的距离才 2.8mil，不满足常规工艺。所以在这种布线环境下，两过孔间是不能过线的。

所以使用 VIA16R8 的过孔适用于 BGA 不深、出线较少的时候，可以通过调整 Fanout 来出线（避免两过孔直接相邻）。这种情况可以设常规线宽为 5mil，线到线的距离为 5mil，线到过孔的距离为 5mil。规则可以根据 Fanout 和出线方式做适当调整，但是要能满足常规工艺。避免两过孔直接相邻的 Fanout 样式如图 13-61 所示。

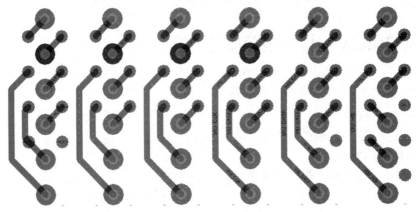

图 13-61　避免两过孔直接相邻的 Fanout 样式

图 13-61 中，两过孔（VIA16R8）间能过三根 5mil 的线，如图 13-62 所示。

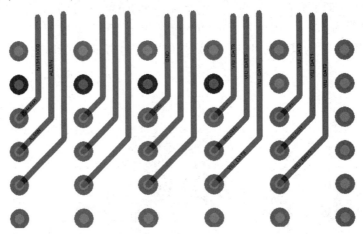

图 13-62　两过孔间过三根线

（2）如果需要将该类型的 BGA 按照常规 BGA 处理（两过孔间能过线），可以使用外径为 14mil、内径为 8mil 的过孔。但需要注意的是，因为常规过孔的环宽（外径−内径）一定要在 6mil 及以上，而 VIA14R8 这种过孔的环宽刚好为 6mil，在工艺极限上，加工难度大，生产成本高。在常规设计时，我们一般不轻易走工艺极限，如果有需要，就要承担一定的风险。

当使用外径为 14mil、内径为 8mil 的过孔时，两过孔间的空气间隙为 11.5mil。内层走线为

3.5mil，除去走线的宽度，两过孔间剩余的距离为 8mil．线到过孔的距离可以设为 4mil。

4. 0.5mm pitch BGA 的布线方法和技巧

0.5mm pitch 及以下的 BGA 需要考虑盲埋孔的设计了。常规激光盲孔一般使用外径为 10mil、内径为 4mil 的过孔，埋孔按照机械钻孔来处理。

内层最小线宽/线距要保证 3/3mil 以上；外层最小线宽为 3mil；过孔焊盘到线或者到过孔焊盘的间距为 3.5mil 以上；线到线的间距为 4mil 以上。

如果没有特殊要求，尽量不要设计盘中孔工艺，0.5mm pitch 及以上的 BGA 都可以不用设计盘中孔，如图 13-63 和图 13-64 所示的两种 Fanout 样式，其孔间距都是一样的。

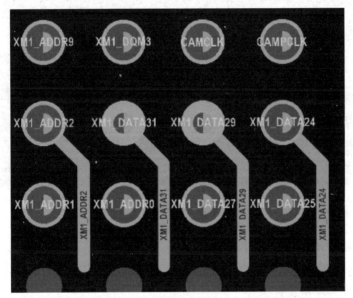

图 13-63　不推荐的 Fanout 样式

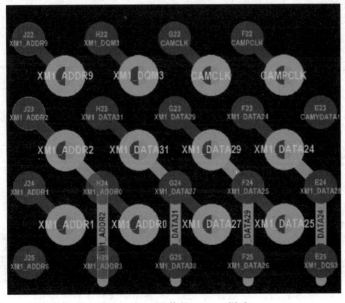

图 13-64　推荐的 Fanout 样式

0.5mm pitch BGA 的一阶 HDI Fanout 样式如图 13-65 所示。

图 13-65　0.5mm pitch BGA 的一阶 HDI Fanout 样式

5. 0.4mm pitch BGA 的布线方法和技巧

（1）盲孔设计在盘外，过孔到其他焊盘的距离只有 1.6~2mil，如图 13-66 所示，这种设计大多不能满足工艺要求。

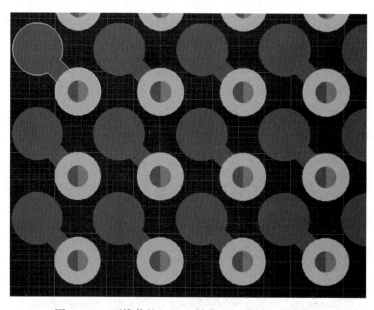

图 13-66　不推荐的 Fanout 样式（不满足工艺要求）

（2）采用 VIA IN PAD 的设计工艺，与上一种样式相比，过孔与焊盘之间的距离是满足工艺要求的，但是盲孔之间不能穿线。如果过孔之间不设计走线，可以使用这种样式，如图 13-67 所示。

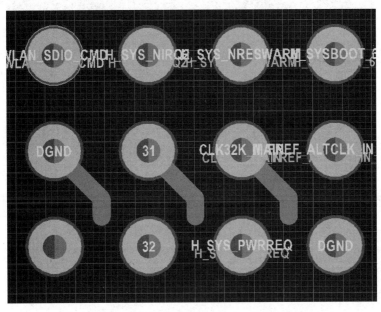

图 13-67 推荐的 Fanout 样式（1）

（3）过孔打在焊盘的边缘与焊盘相切，在出线较密集的情况下建议使用，与上述两种样式相比，这种样式的可行性较高，如图 13-68 所示。

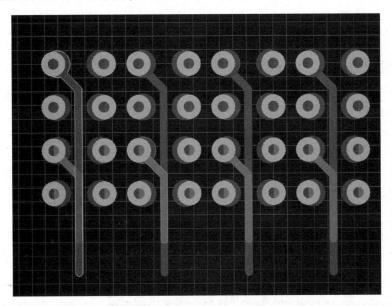

图 13-68 推荐的 Fanout 样式（2）

0.4mm pitch BGA 的一阶 HDI Fanout 样式如图 13-69 所示。

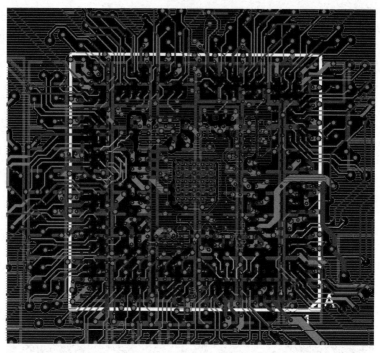

图 13-69   0.4mm pitch BGA 的一阶 HDI Fanout 样式

13.11   布线的基本原则及思路

13.11.1   布线的基本原则

（1）固定的（Fixed）定位器件不能移动。

（2）布线时，信号线尽量远离板边，至少 20mil。

（3）线尽量短、直，少过孔，不跨分割线。

（4）层面规划合理，横平竖直，相邻层的走线要错开。

（5）必须优先处理电源和重要信号。

（6）同组线一起引出，最好是同组、同层完成布线。

（7）布线分区明确，区内信号不跨区处理，强干扰与敏感信号分开。

（8）走线无多余线头，无多余过孔，不闭环，尽量扩大间距。

13.11.2   布线的基本顺序

（1）对于复杂的单板，应对其整体布线进行规划。布线规划时主要考虑以下几点。

① 关键器件的布线通道，包括连接器和 BGA 封装器件。

② 整板电源、地、芯片 Core 电源的分割，保证电源通道。其他电源、输入和输出，以及电源和对应的地也要同样处理。

③ 整板关键信号的布线通道、布线层面，多节点总线在布线时如何满足拓扑要求。

④ 确认禁布区对附近布线通道的影响。

（2）在全面布线前，需要对 BGA 封装的器件进行 Fanout，其他封装形式的器件的 Fanout 在具体布线过程中处理。

（3）电源/地的引脚应在布线前做好 Fanout 以留出空间。

（4）关键信号的处理，如时钟、差分对等应按指定层面处理的信号。

（5）总线（BUS 线）的布线。

（6）控制信号线及其他走线，在不干扰重要信号的情况下完成连接即可。

13. 11. 3　布线层面的规划

1. 什么布线层是优选的布线层

总原则：靠近地平面的布线层是优选的布线层。

（1）相邻两层都是地平面的，是最好的。

（2）相邻一层是电源，另一层是地，是次好的。

（3）相邻一层是地，另一层是布线，但最外两层都是地，次之。

（4）相邻一层是地，另一层是布线，但最外两层一层是电源，另一层是地，再次之。

（5）相邻一层是布线，最外两层都是电源，再次之。

（6）一般情况下，不允许出现连续三层都是布线的。

2. 重要的信号在优选的布线层，次要的信号在次要的布线层

1）什么信号是重要的信号呢？

时钟（CLK）、复位（RST）、差分（DIFFPAIR）、总线（BUS）、电源（POWER）、模拟信号、接口信号，以及在布线要求上提到的其他信号。

2）重要信号的布线原则

布线尽量短、直，减少换层次数（有些特别重要的信号会规定只能有几个孔）。

13. 11. 4　布线的基本思路

1. 高速、关键信号布线通道的规划

布线之前，首先要了解 PCB 的信号类型，如高速、时钟等关键信号，这些信号通常要求只能存在两个过孔或不使用过孔，所以要求优先处理这些信号的布线。根据布局空间，评估信号的参考层是否完整、通道是否足够，不够则调整布局。应该按照以下要求对高速差分线和时钟等关键信号线进行布线通道的规划。

（1）所有信号推荐以 GND 平面为参考平面，尤其是关键信号线，务必保证其至少有一个完整的 GND 平面作为参考平面。如果成本允许，尽量使信号的两面都是 GND 平面。

（2）布线至少满足 $3W$ 甚至 $5W$ 以上，避免信号线间的串扰。

（3）差分信号线回路的地孔距离应该在 50mil 以内。

（4）时钟信号的地孔也需要根据实际情况尽量靠近。

（5）信号线越短越好。

（6）阻抗须保持连续。

（7）采用合适的拓扑结构。

（8）布线通道上不要有开关电源、晶振等干扰源和敏感电路。

2. 电源、地和主要电源流向的规划

在电源处理上，应该采用树形结构，这是比较理想的规划，要避免电源环路。根据电流大小，使用足够宽的铜箔，实现主要电源通道有 2~3 倍的余量。评估主要的电源信号所需的平面层数，通常可以按照以下方法评估电源通道。

（1）整板都用到的电源（如 3.3V 电源），通常使用一个完整平面处理。

（2）类似 DSP 或 CPU 等的核电压，通常电流比较大且要求精度高，必须重点保证载流和压降。

（3）某些局部的电压（如 DDR2 的 1.8V 电源），在局部敷铜即可。

（4）其他电流不大的电源，在层数有限制的情况下，可以用布线层处理。

3. 局部模块电路的 Fanout

对于 SMD 元器件来说，元器件的引脚仅仅在外层，当信号需要连接到内层时，则采用过孔的方式。做好了预布局，评估了层数，并计算好阻抗后，就可以对局部模块进行 Fanout 了。推荐采用以下的建议进行 Fanout。

（1）设置合理的格点，建议合理地采用格点进行 Fanout，以保证后续在布线时能有比较好的通道和电源平面的过流能力。将过孔打在 5mil 的格点上，并使两个过孔之间能通过至少一根走线。不推荐采用一整排距离特别近的过孔，避免信号的完整性不满足或产生 EMC 等问题。

（2）避免信号线和焊盘或者过孔形成锐角。

（3）距离比较短的信号线能直接连接就直接连接。

（4）电源信号线在 Fanout 时就应该加粗，避免遗漏。

（5）滤波电容尽量靠近电源的输入引脚放置，使电流先经过电容再进入电源引脚。

4. 处理模块间的信号

模块间的信号通常采用内层进行处理。对于一组同类型的信号线来说，尽量做到同层处理。同层的好处是整组信号的流向占用其中一层或基层的通道是一样的，且延迟时间相似，这样的规划对于高密度 PCB 的设计更有利。

13.12　本章小结

本章向读者介绍了 Altium Designer PCB 布线设计的实战技巧和布线设计原则。

第 14 章　PCB 设计后处理

14.1　调整丝印位号

丝印是 PCB 表面的文字说明，模糊、混乱、残缺的丝印可能会造成严重的后果：器件焊反，维修找不到相应的器件，调试困难。所以，调整丝印也需要我们认真地去对待。

14.1.1　丝印位号调整的原则及常规推荐尺寸

（1）丝印的摆放方向要保持统一，一般一块 PCB 上丝印的摆放方向不要超过两个，推荐字母在左或在下，如图 14-1 所示。

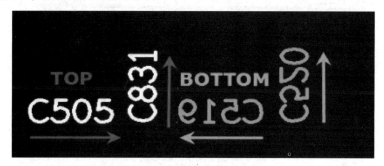

图 14-1　丝印的摆放方向

（2）丝印不能摆放在阻焊或者焊盘上面，而且要保证适当的距离。如图 14-2 所示，位号 R28 摆放在焊盘上了，这是错误的摆放方法，要调开。

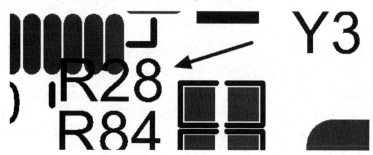

图 14-2　丝印错误的摆放方法

（3）有极性和安装方向要求的器件要在丝印层标明清楚，如二极管的正、负极丝印，如图 14-3 所示。

图 14-3　二极管的正、负极丝印

（4）丝印位号要清晰，字体的字宽/字高推荐为 4/25mil、5/30mil、6/45mil。

（5）对于一些无法摆放在器件旁边的丝印位号，可以在较远的空白地方，用 2D 线和丝印方框加以辅助标记，方便读取，如图 14-4 所示。

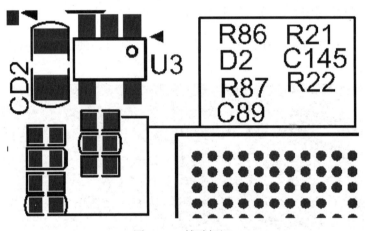

图 14-4　辅助标记

14.1.2　丝印位号的调整方法

在 Altium Designer 软件中将元件的丝印位号放置在元件的四周或元件中心的操作如下所述（以顶层丝印为例）。

（1）在 "View Configuration" 面板中只打开顶层丝印层（TopOverlay）和顶层组焊层（TopSolder），然后在 "Properties" 面板中的 "Selection Filter"（选择过滤器）中只选择 "Components"，框选整板器件，如图 14-5 所示。

（2）按快捷键 "A+P"，进入 "Component Text Position" 对话框，如图 14-6 所示，该对话框中提供了 "Designator" 和 "Comment" 两种摆放方式，这里以 "Designator" 为例进行说明。

（3）"Desinator" 提供向上、向下、向右、向左、左上、左下、右上、右下几种方向，可以与小键盘上的数字进行对应。通过对 "Component Text Position" 命令设置快捷键的方法，想让其快速地将选中元件的丝印位号放置到元件的上方时，在小键盘上按数字键 "2" 就可以完成此操作，其他方向的摆放类似，如按数字键 "6" 将元件的丝印位号放置在元件的右方、按数字键"8"将元件的丝印位号放置到元件的下方。

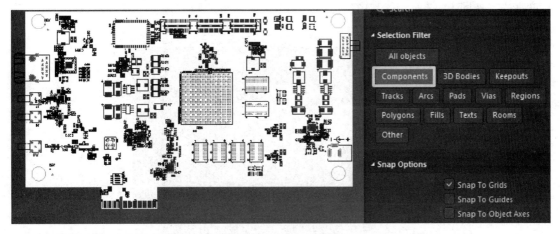

图 14-5　框选整板器件

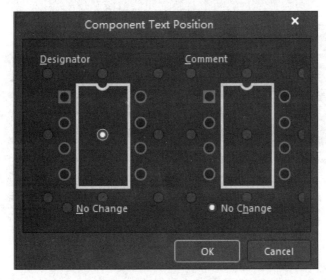

图 14-6　"Component Text Position"对话框

14.2　距离测量

在 Altium Designer 软件中，距离的测量有两种运用场合：

（1）点到点距离的测量；

（2）边缘到边缘距离的测量。

下面分别介绍这两种运用场合中测量距离的操作方法。

14.2.1　点到点距离的测量

点到点距离的测量主要用于测量任意两点之间的距离。执行"Reports"→"Measure Distance"操作，或者按快捷键"Ctrl+M"或者"R+M"，激活点到点的距离测量命令，再单击起点和终点的位置，系统测量之后会弹出一个两点之间的直线距离，以及 X 轴、Y 轴的长度报告，如图 14-7 所示。其中，"Distance"表示两点之间的直线距离；"X Distance"表示两点之间的水平距离；"Y Distance"表示两点之间的垂直距离。

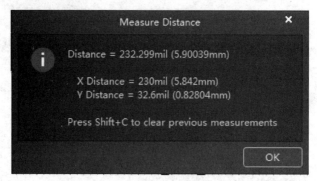

图 14-7　点到点测量数据报告（1）

关闭图 14-7 后，会在被测量的两个对象之间保留所测量的数据，如图 14-8 所示。

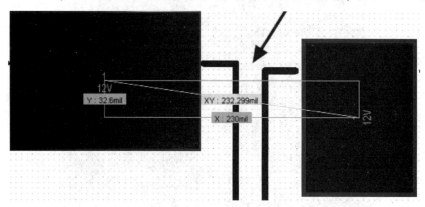

图 14-8　点到点测量数据报告（2）

如果不想将图 14-8 显示出来，按"Shift+C"组合键即可清除。

注意：点到点距离测量数据的精确性依赖于捕捉。例如，我们要测量两个焊盘之间的中心距离，通过捕捉很容易拾取到焊盘的正中心；如果测量两根走线的边缘距离时，软件无法捕捉到走线的边缘，这时候就需要用另外一种测量方式，即边缘到边缘距离的测量。

14.2.2　边缘到边缘距离的测量

边缘到边缘距离的测量主要用于测量任意两个对象之间边缘到边缘的最小距离。执行"Reports"→"Measure Primitives"操作，或者按快捷键"R+P"，激活边缘间距测量命令，再分别单击需要测量边缘间距的两个对象，系统测量之后会弹出两对象的最小间距数据和这两个对象的坐标报告，如图 14-9 所示。其中，"Clearance between * and *"表示两对象的边缘间距，即两对象边缘到边缘的最小直线距离。在图 14-9 中，表示 Via 与 Track 的间距为 57.655mil；"Via（15053mil，13631.1mil）from TOP to BOTTOM"表示其中一个对象为从 TOP 层到 BOTTOM 层的 Via，其位置坐标（X，Y）为（15053mil，13631.1mil）；"Track（14991.2mil，13585.2mil）（15031.2mil，13545.2mil）on TOP"表示另一个对象为坐标

（14991.2mil，13585.2mil）（15031.2mil，13545.2mil）的位于 TOP 层的 Track。

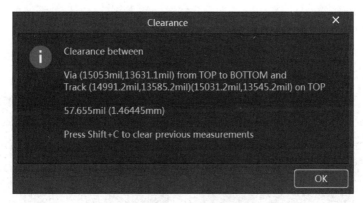

图 14-9　边缘间距测量数据报告（1）

关闭图 14-9 之后，会在被测量的两个对象之间保留所测量的数据，如图 14-10 所示。其中，"XY"表示两对象的边缘间距，即两对象边缘到边缘的最小直线距离；"X"表示两对象边缘间距的水平距离；"Y"表示两对象边缘间距的垂直距离。

如果不想将图 14-10 显示出来，同样是按"Shift+C"组合键即可清除。

注意：在进行边缘间距测量之前，要在"Properties"面板中的"Selection Filter"过滤器下将所需要测量对象的类别选中。例如，需要测量边缘间距中的对象包括过孔，则需要将"Selection Filter"下的"Vias"选中，这样在测量时才能选中过孔，如图 14-11 所示。

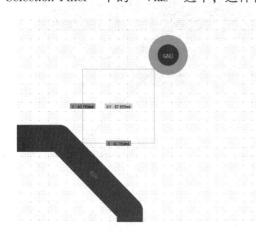

图 14-10　边缘间距测量数据报告（2）　　　　图 14-11　筛选对象属性

14.3　尺寸标注

尺寸的标注形式有线性、圆弧半径、角度等形式。因为各标注形式在操作上都大同小异，所以下面就只对设计中比较常用的线性标注及圆弧半径标注形式进行讲解。

14.3.1　线性标注

（1）尺寸标注可以放置在机械层，选择一个相对干净的机械层执行，将其命名为"DI-

MENSION"，这个层可以专门用来标注或者做某些注释，或者有关项目文件的一些说明等。

（2）执行"Place"→"Dimension"→"Linear"操作，单击需要被标注的线段的两个端点，即可放置线性标注。在执行线性标注操作的过程中，按"Tab"键，可在"Properties"面板中设置线性标注的相关参数，如显示格式、所在层、字体、单位、精确度、前缀、后缀等，如图 14-12 所示。

（a）

（b）

图 14-12　线性标注参数的设置

线性标注形式的显示效果如图 14-13 所示。图 14-13 中数字的显示方向可以按空格键进行切换。

图 14-13　线性标注形式的显示效果

14.3.2　圆弧半径标注

（1）放置圆弧半径标注的方法类似于线性标注，执行"Place"→"Dimension"→"Radial"操作，单击需要标注的圆弧，选择合适的位置即可放置圆弧半径标注。

（2）在执行圆弧半径标注操作的过程中，按"Tab"键，可在"Properties"面板中设置圆弧半径标注的相关参数，如显示格式、所在层、字体、单位、精确度、前缀、后缀等，如图 14-14 所示。

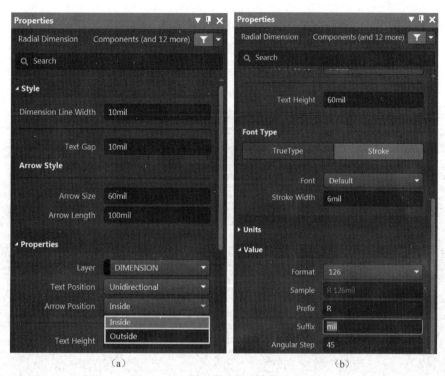

（a）　　　　　　　　　　　　　（b）

图 14-14　圆弧半径标注参数的设置

"Properties"面板中的"Arrow Position"分别选择"Inside"和"Outside"时，其显示格式的差别如图 14-15 所示。

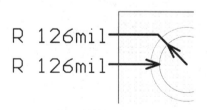

图 14-15　圆弧半径标注显示格式的差别

14.4　输出光绘前需要检查的项目和流程

PCB 布局、布线完成并不代表着一块 PCB 设计的最终完成，设计师还需要根据公司内部的设计规范、Check List 等做检查。另外，前期为了满足各项设计的要求，通常会设置很多约束规则，后期需要对这些规则进行验证，即 DRC（Design Rule Check）处理。DRC，就是检查设计是否满足所设置的规则，如电气规则、开短路规则、间距规则等。

1. 基于 Check List 的检查

出光绘文件之前一般要经过严格的检查流程，每个公司都有自己的 Check List，包括原理图、元件封装、结构、布局、布线、生产工艺等，都要一一检查到位。任何一个环节出问题，都有可能导致产品最后的研发失败。

2. DRC 的设置

在对设计规则进行验证前，必须先在设计规则检查界面内勾选相应的检查选项，使所有需要检查的规则有效。在对规则进行验证的时候，一定要检查所要验证的项目对应的规则是否打开。

（1）执行 "Tools" → "Design Rule Check" 操作，或者按快捷键 "T+D"，打开 DRC 设置对话框。在该对话框中，一般保持软件默认的设置即可，如图 14-16 所示。

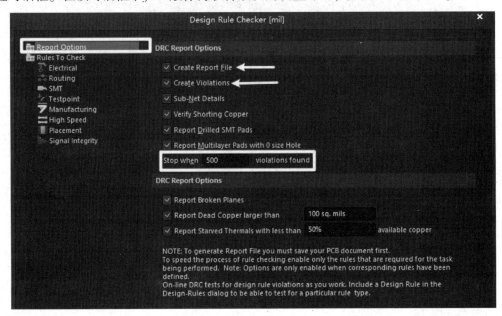

图 14-16　DRC 设置对话框

① Create Report File：执行完 DRC 之后，Altium Designer 会创建一个关于 DRC 的报告，该报告会详细描述报错的类型、内容及位置信息，如图 14-17 所示，方便读者对报错信息进行解读，从而快速解决报错问题。

图 14-17　DRC 详细报告

② Create Violations：在报错的地方产生错误标记，方便设计者查看，如图 14-18 所示。

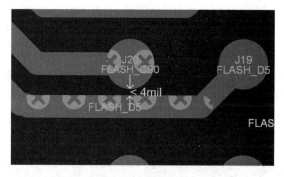

图 14-18 错误标记

③ Stop when 500 violations found：表示当前系统检测到 500 个 DRC 报错的时候直接停止再检查。

（2）设置 DRC 检查选项。如图 14-19 所示，选择需要检查的规则项，在"Online"和"Batch"栏中勾选使能检查。

图 14-19 设置 DRC 检查选项

① Online：当 PCB 设计当中存在 DRC 报错时可以实时地显示出来。

② Batch：只有手工执行 DRC 时，存在问题的报错才会显示出来。

建议对两者都进行勾选，实时检查方便随时解决 DRC 报错，手动检查方便最后验证整板 DRC 是否通过。

3. 电气性能检查的设置

单击"Rules To Check"下方的子规则"Electrical"，进入电气间距规则检查界面，如图 14-20 所示。

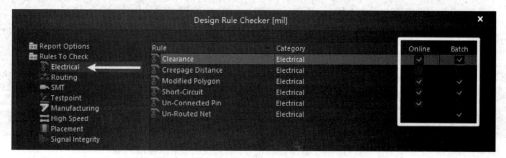

图 14-20 电气间距规则检查界面

"Electrical"子规则中有 6 个检查内容。其中,"Clearance"表示电气间距检查,主要检查设计师设置的具有电气特性的对象的间距;"Short-Circuit"表示短路检查,不同网络的电气线路有接触,会被视为短路;"Un-Routed Net"和"Un-Connected Pin"分别表示网络开路检查和引脚开路检查,同网络但未连接在一起的电气线路被视为开路。

间距规则检查是 PCB 最基本的规则检查项目,一般都需要勾选上述几项。

4. 布线检查的设置

单击"Rules To Check"下方的子规则"Routing",进入布线规则检查界面,如图 14-21 所示。

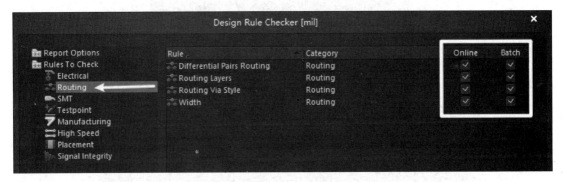

图 14-21　布线规则检查界面

"Routing"子规则中有 4 个检查内容。其中,"Differential Pairs Routing"表示差分线规则检查,检查差分线的宽度和间距是否符合设计师设置的差分规则;"Routing Layers"表示布线层检查,检查走线是否布设在被允许布线的层;"Routing Via Style"表示过孔类型检查,检查板上的过孔是否符合设计师设置的过孔类型;"Width"表示线宽规则检查,检查板上走线的宽度是否符合设计师设置的线宽规则。一般都需要勾选以上几项。

5. Stub 线头检查的设置

单击"Rules To Check"下方的子规则"Manufacturing",进入可制造性规则检查界面,勾选"Net Antennae"右边的"Online"和"Batch",则设置好 Stub 线头的检查,如图 14-22 所示。

图 14-22　可制造性规则检查界面(Stub 线头检查的设置)

虽然我们会对走线进行一些优化，但考虑到还要人工进行布线处理，走线时难免会出现一些线头，这种线头简称 Stub 线头，如图 14-23 所示。由于 Stub 线头在信号传输过程中相当于一根"天线"，不断地接收或发射电磁信号，特别是信号速率比较高的时候，容易给走线引入串扰，因此有必要对 Stub 线头进行检查和处理。

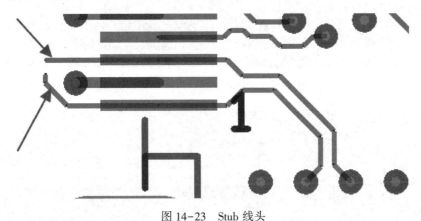

图 14-23　Stub 线头

6. 丝印上阻焊检查的设置

单击"Rules To Check"下方的子规则"Manufacturing"，进入可制造性规则检查界面，勾选"Silk To Solder Mask Clearance"右边的"Batch"，则设置好丝印上阻焊的检查，如图 14-24 所示。

图 14-24　可制造性规则检查界面（丝印上阻焊检查的设置）

阻焊是放置绿油覆盖的区域，会出现漏铜或者漏基材的情况，当丝印标识放置到这个区域时，会出现缺失或模糊不清的情况，需要对丝印和阻焊之间的距离进行检查。

7. 丝印与丝印交叉或重叠检查的设置

丝印与丝印交叉或者重叠同样会导致丝印缺失或模糊不清，单击"Rules To Check"下方的子规则"Manufacturing"，进入可制造性规则检查界面，对"Silk To Silk Clearance"右边的"Batch"进行勾选，则设置好丝印上阻焊的检查，如图 14-25 所示。

8. 元件高度检查的设置

单击"Rules To Check"下方的子规则"Placement"，进入放置规则检查界面，勾选"Height"右边的"Online"和"Batch"，则设置好元件高度的检查，如图 14-26 所示。

图 14-25　可制造性规则检查界面（丝印与丝印交叉或重叠检查的设置）

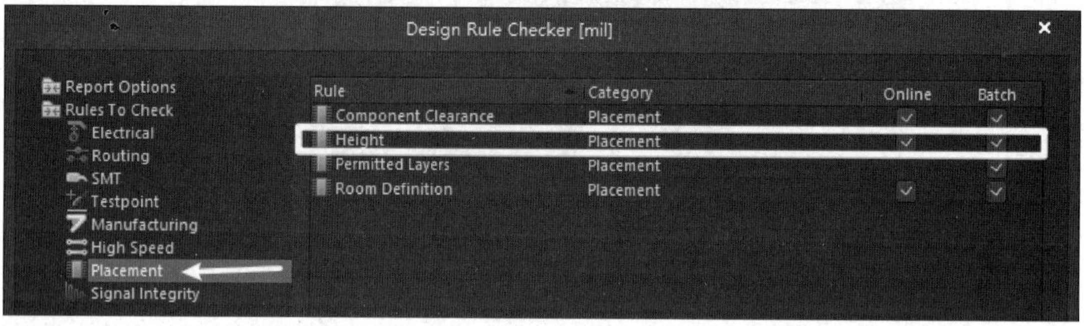

图 14-26　放置规则检查界面（元件高度检查的设置）

因为考虑到 PCB 的布局存在限高要求，所以必须对高度进行检查。元件高度的检查需要元件封装设置好高度信息、高度检查规则及适配范围（全部还是局部），并勾选高度检查。

9. 元件间距检查的设置

单击"Rules To Check"下方的子规则"Placement"，进入放置规则检查界面，勾选"Component Clearance"右边的"Online"和"Batch"，则设置好元件间距的检查，如图 14-27 所示。

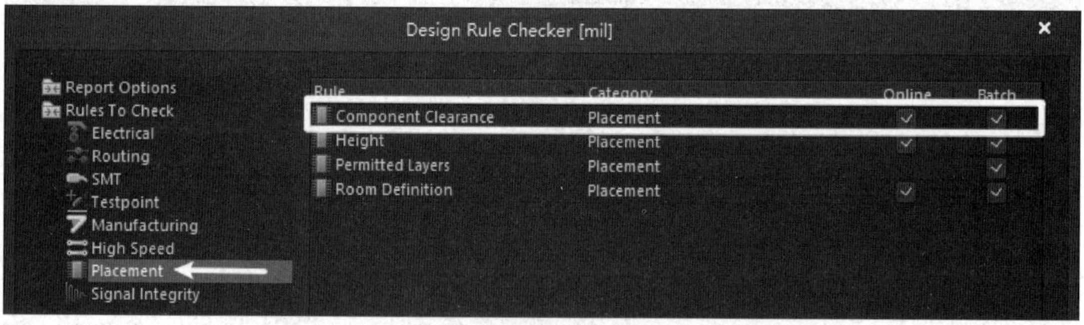

图 14-27　放置规则检查界面（元件间距检查的设置）

大部分 PCB 的设计都是手工布局的，难免存在元件重叠的情况，因此需要对元件的间距进行检查，防止后期元件装配时出现干涉的情况。

对上述常见的 DRC 检查选项进行勾选之后，单击"Run Design Rule Check…"按钮，运行 DRC，如图 14-28 所示。等待几分钟之后，系统会生成一个 DRC 报告，详细列出错误内容及位置信息。

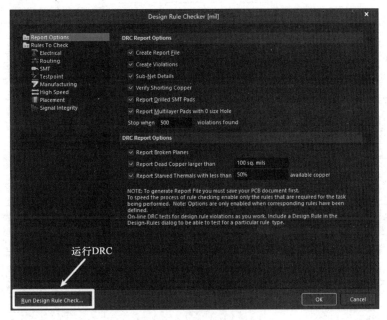

图 14-28　运行 DRC

根据错误报告解决 DRC 报错后，继续运行 DRC，重复以上步骤直到没有 DRC 报错或者所有 DRC 报错可以忽略为止，即完成 DRC 的验证。

14.5　PCB 生产工艺技术文件说明

项目经过各项检查和所有 DRC 验证完成之后，就要进入出生产资料的阶段了。在出生产资料之前，我们需要填写 PCB 生产工艺技术的相关说明，将制板所需要的工艺参数、制板说明提供给板厂，推荐将说明文字写在 pcb.doc 文件中，包括项目所用的板材、板厚、表面处理方式，阻焊、丝印颜色，叠层和阻抗说明等，如图 14-29~图 14-31 所示。

Board Name: PCIE	Layers: 12	SPELL Mode: 1x1	Board Thickness: 1.6 mm+/-10%			
Silkscreen Color:	☑White	☐Yellow	☐Black	☐Other		
Soldermask Color:	☑Green	☐Blue	☐Red	☐Other		
Surface Finished	☐HASL(Sn/Pb)	☐HASL(Pb-Free)	☑Immersion Gold(ENIG)			
	☐OSP	☐ImAg	☐ImSn	☐Other		
Dielectric Material:	S1000-2					
Tg:	☐Default	☑Hi-Tg 170°C	☐Hi-Tg 180°C	☐Other		
Compare With IPC File:	☑Yes	☐No				
Inspectionstandard:	☑IPCII	☐IPCIII	☐GJB362B	☐QJ831B		
Via Technic:	All via (<=0.5mm) must be filled(except open soldermask via)					

图 14-29　PCB 生产工艺说明

	Silk Top	Default
	Solder Top	
TOP		1.8(0.5oz+plating)
PREPREG	1*2313(RC58%)	4.1
GND02		1.2(1.0oz)
CORE		5.12
ART03		1.2(1.0oz)
PREPREG	1*7628(RC46%)	8.1
GND04		1.2(1.0oz)
CORE		5.12
ART05		1.2(1.0oz)
PREPREG	1*7628(RC46%)	8.1
GND06		1.2(1.0oz)
CORE		5.12
PWR07		1.2(1.0oz)
PREPREG	1*7628(RC46%)	8.1
ART08		1.2(1.0oz)
CORE		5.12
GND09		1.2(1.0oz)
PREPREG	1*7628(RC46%)	8.1
ART10		1.2(1.0oz)
CORE		5.12
GND11		1.2(1.0oz)
PREPREG	1*2313(RC58%)	4.1
BOTTOM		1.8(0.5oz+plating)
	Solder Bot	Default
	Silk Bot	

图 14-30　PCB 层叠说明

Single Impedance	Layer	Trace Width(mil)	Tolerance	Frequncy(MHZ)	Remark
50 ohm	1,12	5	±10%	Default	
50 ohm	3,5,8,10	5	±10%	Default	
50 ohm	1	15.7	±10%	Default	REF ART03
75 ohm	1	6.1	±10%	Default	REF ART03

Diff Impedance	Layer	Trace W/S(mil)	Tolerance	Frequncy(MHZ)	Remark
100 ohm	1,12	4.8/8.0	±10%	Default	
100 ohm	3,5,8,10	4.01/9.0	±10%	Default	

图 14-31　阻抗线宽说明

14.6　本章小结

本章向读者介绍了 Altium Designer PCB 设计后处理的知识。

第 15 章 生产文件输出

整个 PCB 设计工作完成之后，接下来就要进行相关生产文件的输出了，这些文件包括光绘（Gerber）文件、钻孔文件、IPC 网表、坐标文件、装配图等，如图 15-1 所示。

下面对这些文件的输出操作进行一一讲解。

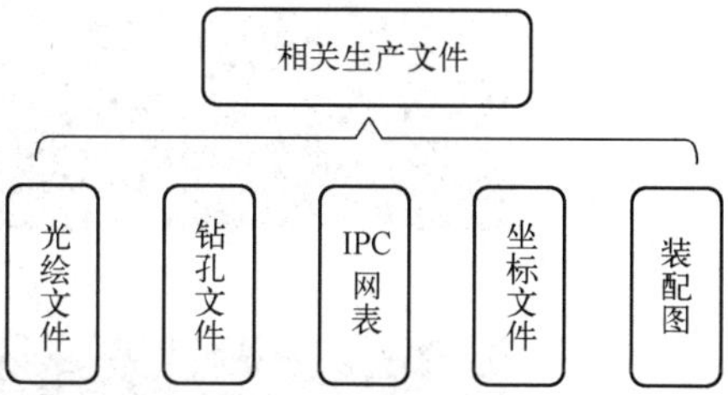

图 15-1 相关生产文件

15.1 装配图 PDF 文件的输出

装配图 PDF 文件输出的操作步骤如下所示所述。

（1）执行 "File" → "Smart PDF" 操作，打开 "Altium Designer Smart PDF" 界面，如图 15-2 所示，在该界面中直接单击 "Next" 按钮。

图 15-2 "Altium Designer Smart PDF" 界面

（2）在弹出的 "Choose Export Target" 界面中设置文件的输出路径，单击 "Next" 按钮，如图 15-3 所示。

（3）在弹出的 "Export Bill of Materials" 界面中，此处不勾选物料清单输出选项，直接单击 "Next" 按钮，如图 15-4 所示。

（4）在弹出的 "PCB Printout Settings" 界面中，在 "Multilayer Composite Print" 上单击鼠标右键，在弹出的快捷菜单中选择 "Great Assembly Drawings"。通常只需要顶层和底层的装配元素，单击 "Next" 按钮，如图 15-5 所示。

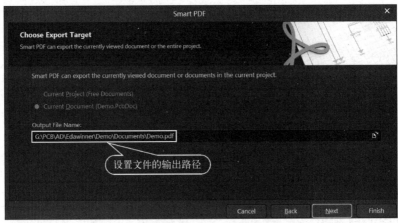

图 15-3　"Choose Export Target" 界面

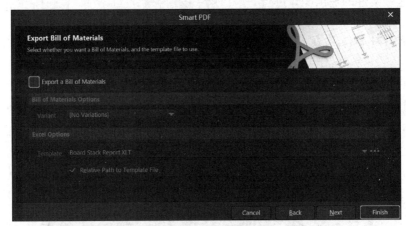

图 15-4　"Export Bill of Materials" 界面

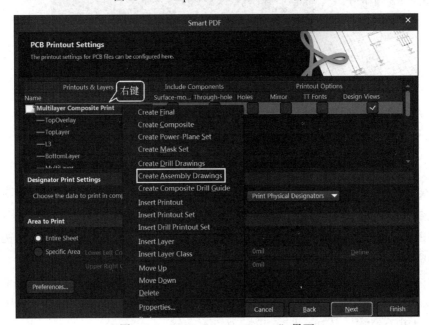

图 15-5　"PCB Printout Settings" 界面

（5）双击"TopLayerAssembly Drawing"，弹出"Layer Properties"对话框，如图 15-6 所示。在该对话框中可以对输出属性进行设置，装配元素一般输出机械层或禁布层、丝印层及阻焊层，右键选择"Delete""Insert Layer"等选项进行相关输出层的添加和删除操作。

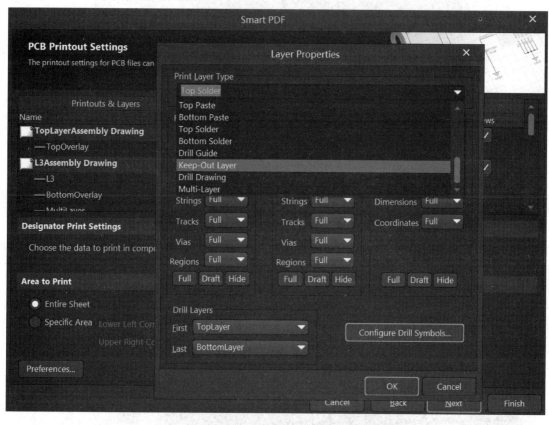

图 15-6　"Layer Properties"对话框

（6）在图 15-7 所示的"PCB Printout Settings"界面中，对于"BottomLayerAssembly Drawing"栏，勾选"Mirror"选项，即可在输出之后观看 PDF 文件时是顶视图，反之是底视图。

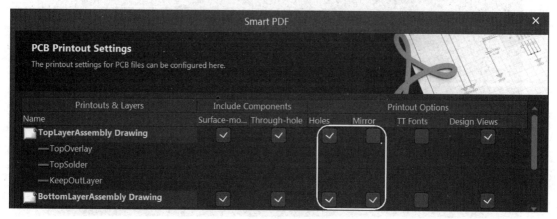

图 15-7　"PCB Printout Settings"界面

（7）在"PCB Printout Settings"界面中选择 PDF 的打印范围，单击"Next"按钮如图 15-8 所示。

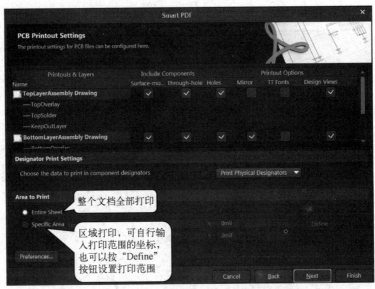

图 15-8 "PCB Printout Settings"界面（设置 PDF 的打印范围）

（8）在弹出的"Additional PDF Settings"界面中设置输出颜色，如图 15-9 所示，可选"Color"（彩色）、"Greyscale"（灰色）、"Monochrome"（黑白），单击"Finish"按钮，完成装配图的 PDF 文件输出。

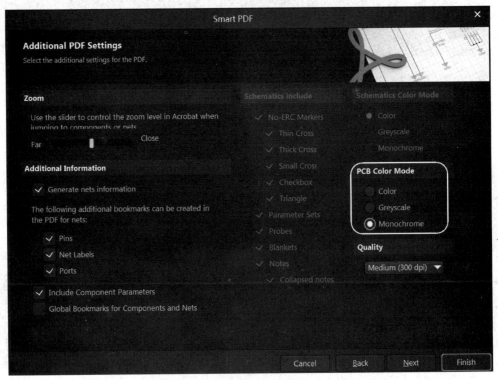

图 15-9 "Additional PDF Settings"界面（设置输出颜色）

15.2　生产文件的输出

PCB 文件设计完成后，并不能直接用于制板，需要将 PCB 文件导出为可用于制板机器识别的信息，即从 PCB 文件输出生产文件。这些生产文件包括 Gerber 文件（光绘文件）、钻孔文件、IPC 网表文件、贴片坐标文件等。在确认 PCB 设计无误后才进行生产文件的输出。

15.2.1　Gerber 文件的输出

执行"File"→"Fabrication Output"→"Gerber Files"操作，进入"Gerber Setup"界面。

（1）"General"标签页中的设置如图 15-10 所示。

① Units：输出单位的选择，通常选择"Inches"。

② Format：输出精度的选择，通常选择"2:5"。

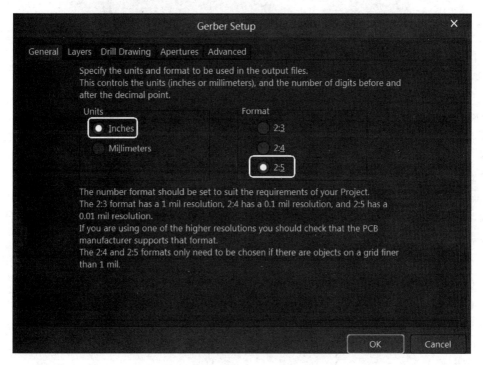

图 15-10　"General"标签页中的设置

（2）"Layers"标签页中的设置如图 15-11 所示。

① 在"Plot Layers"下拉菜单中选择"Used on"选项，意思是在设计过程中用到的层都进行勾选输出，对于不需要输出的层，可以直接在上面的列表框中取消勾选。

② 在"Mirror Layers"下拉菜单中选择"All off"选项，意思是全部关闭，不能镜像输出。

③ 层的输出，注意必选项和可选项。

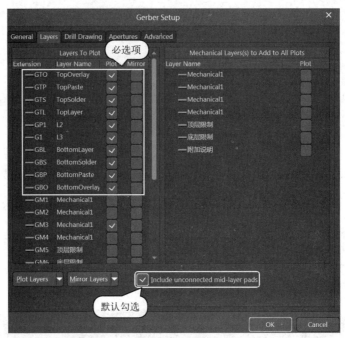

图 15-11 "Layers" 标签页中的设置

④ "Layers" 对应的 "Extension" 释义如下。

- GTP (Gerber Top Paste) 表示顶层钢网层。
- GTS (Gerber Top Solder) 表示顶层阻焊层。
- GTO (Gerber Top Overlayer) 表示顶层丝印层。
- GTL (Gerber Top Layer) 表示顶层线路层。
- GP1 (Gerber Plane 1) 表示第 1 个负片内层。
- G1 (Gerber Layer 1) 表示第 1 个正片内层。
- GBP (Gerber Bottom Paste) 表示顶层钢网层。
- GBS (Gerber Bottom Solder) 表示顶层阻焊层。
- GBO (Gerber Bottom Overlayer) 表示顶层丝印层。
- GBL (Gerber Bottom Layer) 表示顶层线路层。
- GM1 (Gerber Mechanical 1) 表示机械标注 1 层。
- GKO (Gerber Keep-Out Layer) 表示禁止布线层。

(3) "Drill Drawing" 标签页中的设置如图 15-12 所示。

Drill Drawing Plots 和 Drill Guide Plots：勾选两处的 "Plot all used drill pairs"，表示对用到的钻孔类型都输出。

(4) "Apertures" 标签页中的设置如图 15-13 所示。

默认勾选 "Embedded apertures (RS274X)"，选择 "RS274X" 格式进行输出。

(5) "Advanced" 标签页中的设置如图 15-14 所示。

在 "Film Size" 栏中，3 项数值都在后面增加一个 "0"，增大了数值，这是防止出现输出面积过小的情况，其他选项采取默认的设置即可。

以上设置好后，单击 "OK" 按钮，即可输出 Gerber 文件。

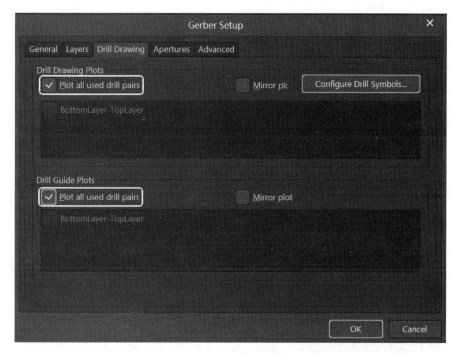

图 15-12 "Drill Drawing"标签页中的设置

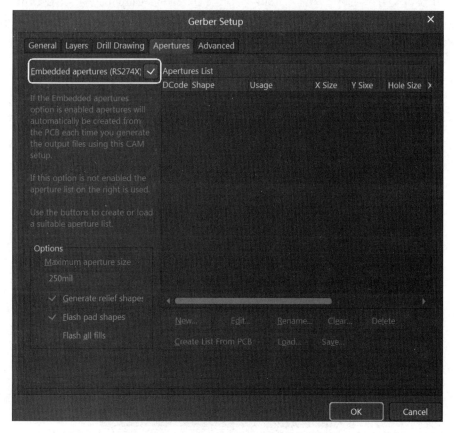

图 15-13 "Apertures"标签页中的设置

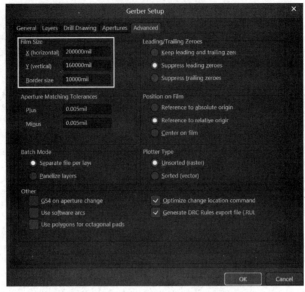

图 15-14 "Advanced" 标签页中的设置

15.2.2　钻孔文件的输出

在 PCB 设计交互界面中，执行 "File" → "Fabrication Output" → "NC Drill Files" 操作，进入 "NC Prill Setup" 对话框，一般按照默认的设置即可，如图 15-15 所示，单击 "OK" 按钮，即可输出钻孔文件。

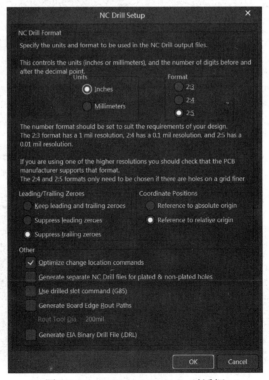

图 15-15 "NC Drill Setup" 对话框

15.2.3　IPC 网表的输出

如果在提交 Gerber 文件给生产厂家时，同时生成 IPC 网表给 PCB 厂家核对，那么在制板时就可以检查出一些常规的开路、短路问题，避免一些损失。

执行"File"→"Fabrication Output"→"Test Point Report"操作，进入"Assembly Testpoint Setup"对话框。在该对话框中，勾选"Report Formats"栏下的"IPC-D-356A"，其他设置保持默认即可，如图 15-16 所示。

图 15-16　"Assembly Testpoint Setup"对话框

15.2.4　贴片坐标文件的输出

制板生产完成之后，后期需要对各个元件进行贴片，这需要用到各元件的坐标图。Altium Designer 通常输出 txt 文档类型的坐标文件。

执行"File"→"Assembly Outputs"→"Generates pick places files"操作，进入"Pick and Place Setup"对话框。在该对话框中，选择输出的坐标格式和单位即可，如图 15-17 所示。单击"OK"按钮，即可输出坐标文件。

至此，所有 Gerber 文件都输出完毕，将当前工程目录下输出文件夹中的所有文件进行打包，如图 15-18 所示。文件可用来规范存档，将相关生产文件发送到 PCB 加工厂进行加工。

Pick and Place Setup

All Columns	Show	Designator	Comment	Layer	Footprint	Center-X(mm)	Center-Y(mm)	Rotation	Description
Center-X(mm)	✓	R40	NC/0ohm-0402-	BottomLayer	R0402	6.4262	18.2626	360	
Center-Y(mm)	✓	R36	NC/0ohm-0402-	BottomLayer	R0402	6.4262	19.1770	360	
Comment	✓	R35	47Kohm-0402-±	TopLayer	R0402	12.0650	22.9616	90	
ComponentKind		R34	0ohm-0402-±5%	BottomLayer	R0402	6.4262	39.5986	180	
Description	✓	R33	0ohm-0402-±5%	BottomLayer	R0402	17.4640	41.4043	180	
Designator	✓	R29	47Kohm-0402-±	BottomLayer	R0402	21.6916	12.5730	270	
Footprint	✓	R24	NC/0ohm-0402-	BottomLayer	R0402	19.7866	16.9672	90	
Footprint Description		R17	NC/0ohm-0402-	BottomLayer	R0402	20.1794	15.2117	90	
Height(mm)		C33	0.1uF-0402-X7R-	BottomLayer	C0402	35.0742	35.2298	360	
Layer	✓	U9	Nand Flash芯片,I	BottomLayer	TSOP48/0.5-1	14.7317	28.8229	90	Nand Flash芯片
Pad-X(mm)		T9	TEST	BottomLayer	TP	16.6878	14.3256	90	
Pad-Y(mm)		T5	TEST	BottomLayer	TP	18.8214	12.1158	90	
Ref-X(mm)		T4	TEST	BottomLayer	TP	18.7960	14.3002	90	
Ref-Y(mm)		T3	TEST	BottomLayer	TP	31.9532	36.5506	90	
Rotation	✓	T2	TEST	BottomLayer	TP	32.6390	32.3342	180	
Variation		T1	TEST	BottomLayer	TP	32.0838	34.4170	90	
		RP2	4×5R1ohm-0402	BottomLayer	RA0402	28.1432	40.9702	270	
		RP1	4×5R1ohm-0402	BottomLayer	RA0402	22.7584	40.9702	270	
		R14	0ohm-0402-±5%	BottomLayer	R0402	24.5185	6.7758	360	
		L16	GZ1005U121CTF	BottomLayer	L0402	41.5543	24.9681	270	
		L15	HQ1005C2N2CTI	BottomLayer	L0402	25.8683	6.3230	90	
		F1	NSMD110(1206-	TopLayer	R1206	28.3210	43.1038	180	
		D9	TVS管,DIO ESD,C	TopLayer	DIODE-S0402	31.0134	46.6090	180	
		D8	TVS管,DIO ESD,C	TopLayer	DIODE-S0402	21.1206	43.5016	0	
		D7	TVS管,DIO ESD,C	TopLayer	DIODE-S0402	23.0256	43.5016	180	

Output Settings
Units: ○ Imperial ● Metric
☐ Show Units

Formats
☐ CSV
✓ Text

☐ Exclude Filter Parameters
☐ Include Variation Component

图 15-17 "Pick and Place Setup" 对话框

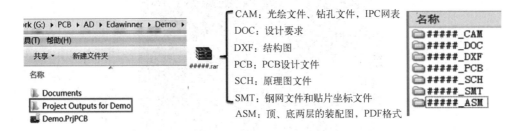

CAM：光绘文件、钻孔文件，IPC网表
DOC：设计要求
DXF：结构图
PCB：PCB设计文件
SCH：原理图文件
SMT：钢网文件和贴片坐标文件
ASM：顶、底两层的装配图，PDF格式

名称
📁 #####_CAM
📁 #####_DOC
📁 #####_DXF
📁 #####_PCB
📁 #####_SCH
📁 #####_SMT
📁 #####_ASM

图 15-18　文件打包

15.3　利用华秋 DFM 一键输出生产文件

华秋 DFM 是一款专门用于 PCB 可制造性设计分析的软件。华秋 DFM 支持智能导入，对于 Gerber 文件，DFM 分析软件能自动识别层的类型、文件的格式并对齐；对于 PCB 文件，软件能直接解析。文件导入、拖入即可打开，不需要烦琐的文件读取步骤。

打开华秋 DFM 软件后，执行"文件"→"打开"操作，可以在直接打开 PCB 设计文件后自动生成 Gerber 文件，如图 15-19 所示。华秋 DFM 软件支持直接打开 Altium Designer、PADS、Allegro 等格式的 PCB 文件格式。

如图 15-20 所示，执行"文件"→"导出 Gerber"操作，可以一键导出软件自动生成的 Gerber 文件。同样的操作，可以继续"导出 ODB++文件""导出 BOM& 坐标""输出装配图""导出 PDF"等操作，有效节省 PCB 工程师输出文件的时间。

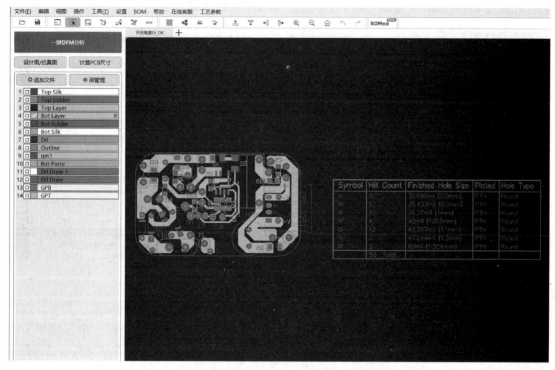

图 15-19　导入文件后自动生成 Gerber 文件

　　如图 15-21 所示，单击"一键 DFM 分析"按钮，可以一键分析常见的工艺设计隐患，精准定位问题的所在，并结合设计端问题、生产端问题、工厂制程能力及价格影响因素等给出各项优化方案。

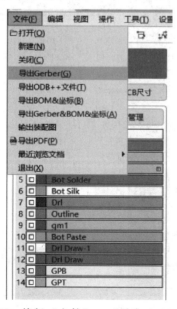

图 15-20　执行"文件"→"导出 Gerber"操作　　　　图 15-21　单击"一键 DFM 分析"按钮

单击"一键 DFM 分析"按钮后,软件会对 21 项 PCB 工艺进行分析,然后会将文件的设计评分及 21 项 PCB 工艺的报表罗列出来,如图 15-22 所示。

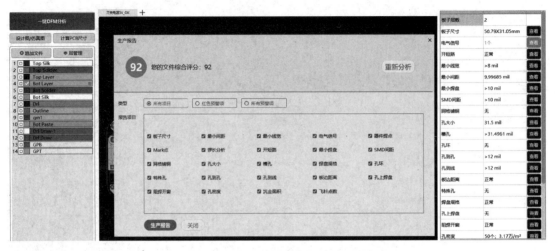

图 15-22　生产报告

如图 15-22 所示,在右侧的报表中会罗列出每一项 PCB 工艺的检查结果。其中,红色标记为错误,黄色标记为警告,绿色标记为正确。从图 15-22 中可以发现,"电气信号"出现 1 个错误,并用黄色标记。如图 15-23 所示,单击"查看"按钮,软件就会提示当前警告的分析结果;单击"分析结果"栏下的数字(1、20.00mil,2 个),可以自动跳转至错误发生的 PCB 版图处。同时,软件还会给出设计优化建议,即"您的设计中布线存在'锐角'连接方式,会影响产品的信号完整性,建议将'锐角'位置调整为圆弧或钝角的连接方式"。

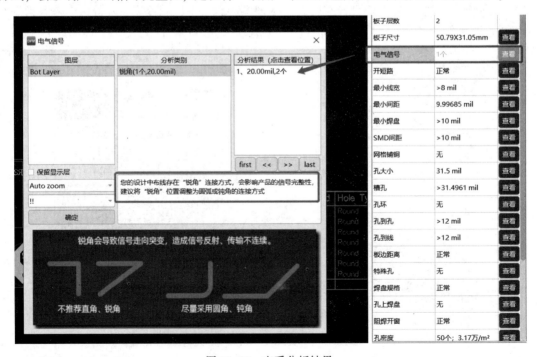

图 15-23　查看分析结果

15.4 本章小结

本章介绍了 Altium Designer 和华秋 DFM 软件进行生产文件输出的相关知识。帮助工程师规范设计，提前发现、修正设计隐患，从而缩短研发周期，提高品质，节约成本。

第 16 章 华秋 DFM 设计

DFM（Design For Manufacturability）的意思是面向制造的设计，是指产品设计需要满足产品制造的工艺要求，具有良好的可制造性，使得产品以最低的成本、最短的时间、最高的质量制造出来。

16.1 为什么要重视 DFM 设计

DFM 是检验工程设计的核心技术，因为设计与制造是产品生命周期中最重要的两个环节，开始设计时就要考虑产品的可制造性和可装配性等，提高生产周期及控制成本。

PCB 设计，作为设计从逻辑到物理实现最重要的过程，DFM 设计是一个不可回避的重要方面。在 PCB 设计上，我们所说的 DFM 主要包括器件的选择、PCB 物理参数的选择，以及从 PCB 生产细节方面考虑设计等。

设计师从产品的概念开始就需要考虑产品的可制造性、可组装性和可测试性，使设计和制造之间紧密联系，这样可缩短产品投放市场的时间，降低成本，提高产量。

16.2 如何导入设计数据

DFM 软件支持导入以下格式的文件。
◇ Altium Designer 软件：. PCBDoC、. PCB。
◇ Protel 软件：. pcb、. DDB。
◇ MentorPADS 软件：. PCB。
◇ CadenceALLEGRO：. brd。
◇ Gerber274-X。

16.2.1 导入 Gerber 数据

正确导入 Gerber 文件的方法有以下两种。

第一种方法是打开软件，执行"文件"→"打开"操作，找到要使用的文件夹后全选。如图 16-1 所示，将整个文件夹里面的文件全部选中，单击"打开"按钮，等软件自动解析完成即可。如果是压缩包文件，则需要先解压再打开文件。

第二种方法是打开软件后将文件拖入软件操作窗口，若文件的数量很多，则可以直接将文件夹拖入软件操作窗口，等软件自动解析完成即可，如图 16-2 所示。

图 16-1　导入 Gerber 文件的方法一

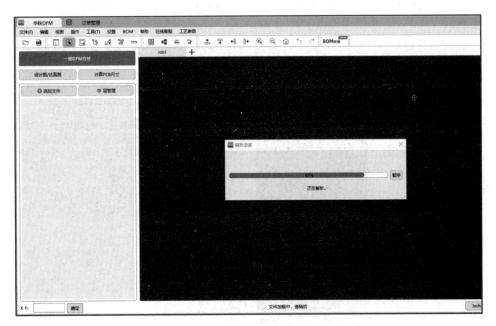

图 16-2　导入 Gerber 文件的方法二

16.2.2　导入原始 PCB 设计数据

原始 PCB 文件的导入方法跟 Gerber 文件的导入方法类似，同样有两种。

第一种方法是打开软件，执行"文件"→"打开"操作，找到要使用的文件后选中文件，单击"打开"按钮，等软件自动解析完成即可，如图 16-3 所示。

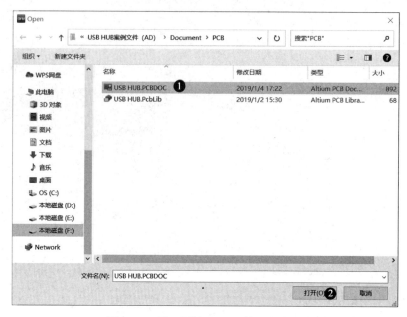

图 16-3　导入原始 PCB 文件的方法一

第二种方法是打开软件后将文件拖入软件操作窗口，等软件自动解析完成即可，如图 16-4 所示。

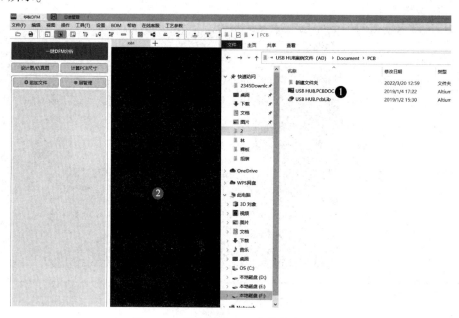

图 16-4　导入原始 PCB 文件的方法二

16.3　一键智能分析

（1）DFM 软件导入文件后，单击"一键 DFM 分析"按钮，即可分析所有设计存在的可制造性异常。在弹出的"生产报告"对话框中可以得到设计的综合评分，如图 16-5 所示。

从图 16-5 中可以看到，分析的类型有所有项目、红色预警项、所有预警项，可按类型分析，方便查看分析检测的异常。选择好类型，单击"重新分析"按钮即可。

图 16-5　"生产报告"对话框

（2）单击"生产报告"按钮，将检测的结果生成 PDF 文档，方便以后查询或者将检测到的问题发给客户确认，如图 16-6 所示。

报告项目	类型	分析结果	描述与建议
电气信号	锐角	1个	锐角会导致信号走向突变，造成信号反射，传输不连续。 不推荐直角、锐角　　尽量采用圆角、钝角 您的设计中布线存在"锐角"连接方式，会影响产品的信号完整性，建议将"锐角"位置调整为圆弧或钝角的连接方式
孔大小	最小孔径	0.254mm	PCB设计的最小机械孔（镭射孔除外），在机械加工过程孔径过小会影响生产良率和时效。 机械通孔孔径：推荐≥0.3mm　最小0.2mm　极限0.15mm（适用于1.2mm以下的板厚） 您的"最小孔径"为0.25mm，会影响生产效率、品质良率，可能会导致费用上涨，建议"最小孔径"≥0.3mm

图 16-6　分析结果报告

（3）查看分析结果。分析的项目基本能够包含所有 PCB 出现过的问题项，"报红"代表高风险异常、"报黄"代表中风险异常、"报绿"代表低风险异常。通过检测，具体的风险程度可以根据工艺的制成能力客观应对，如图 16-7 所示。

（4）单击右侧审核项的"查看"按钮，可以查看该项具体的"分析类别"、"分析结果"及具体位置，并对分析结果有相应的"问题"描述和评论。问题的描述通过图片表示，方便用户理解。审核结果内可按 All（所有项）、!（分析数据）、!!（严重性）常规分析展示对应参数列表。同时，有文字描述和建议设计参数，如图 16-8 所示。

板子尺寸	50.80X50.98mm	查看
电气信号	1个	查看
开短路	正常	查看
最小线宽	6 mil	查看
最小间距	5.9972 mil	查看
最小焊盘	>10 mil	查看
SMD间距	>10 mil	查看
网格铺铜	无	查看
孔大小	10 mil	查看
槽孔	>31.4961 mil	查看
孔环	有	查看

孔到孔	>12 mil	查看
孔到线	11 mil	查看
板边距离	板边异常	查看
特殊孔	无	查看
焊盘规格	有异常	查看
孔上焊盘	无	查看
阻焊开窗	阻焊异常	查看
孔密度	233个；9.00万/m²	查看
Mark点	无	查看
器件焊点	有	查看
沉金面积	24.06%	查看
飞针点数	187	查看
锣长分析	76.8854m/m²	查看

图 16-7　查看分析结果

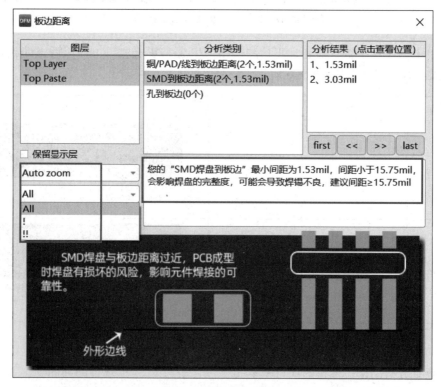

图 16-8　分析问题描述

（5）显示查看分析结果参数的图形，选择"Auto zoom"，单击"分析结果"，此时分析结果显示的图形即可定位到板内所在的位置，并将所在的位置图形放大，方便用户检查异常所在的位置，如图 16-9 所示。

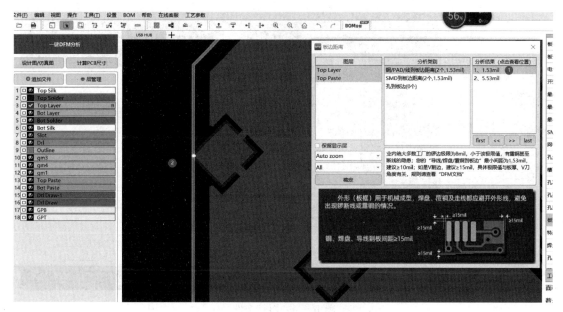

图 16-9　查看参数图形定位

16.4　文件对比

（1）DFM 软件文件对比工具，方便文件改版后对比不一样的位置，从而判断最终文件的正确性。单击"文件对比"按钮，在弹出的"文件对比"对话框中导入要对比的文件。如果 Gerber 文件很多，则需要将所有文件导入 DFM 软件后进行对比，如图 16-10 所示。

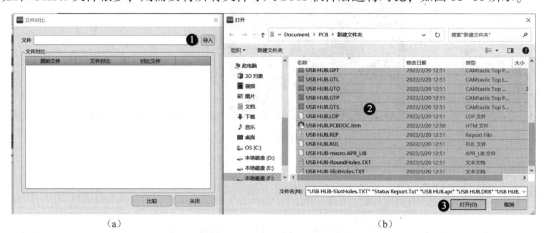

（a）　　　　　　　　　　　　　　　　（b）

图 16-10　导入对比文件

（2）文件导入后，单击"比较"按钮，对比两个文件不一样的地方，如图 16-11 所示。对比文件的前提是两个文件是对齐的，如果原文件与对比的文件没有对齐，则文件对比的结果是不正确的。

（3）在文件对齐的情况下，可通过单击"查看"按钮查看文件不同的位置，不一样的位置高亮显示。如图 16-12 所示。

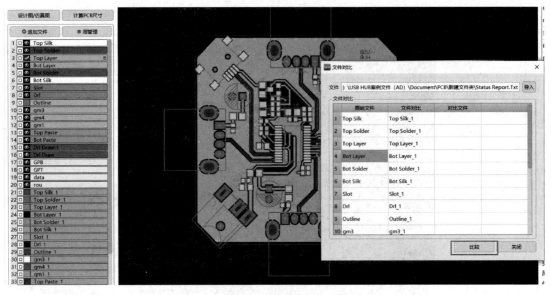

图 16-11　对比文件

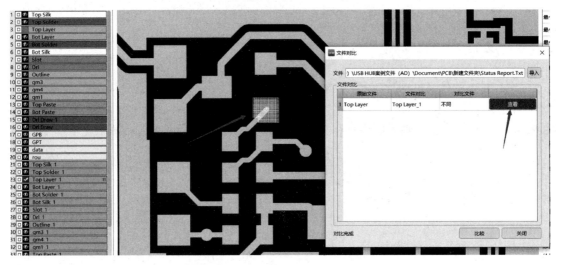

图 16-12　查看文件不同的位置

16.5　连片拼版

（1）DFM 软件的拼版工具可按照需求自行拼出各种拼版方式。其中，X 方向的个数与 Y 方向的个数可以根据拼版需要自行填写；工艺边可以根据拼版需求，上、下、左、右自行添加；Mark 点、定位孔的大小根据需求自行添加。此拼版工具还提供了倒扣、阴阳的特殊拼版模式，如图 16-13 所示。

（2）连片拼版的留间距大于 3mm 以上，拼版工具的间距下面会出现中间加线的功能，目的是判断大于 3mm 的间距是否需要留为工艺边。勾选"X 中间添加线"为留工艺边，不勾选则为锣空留间距，如图 16-14 所示。

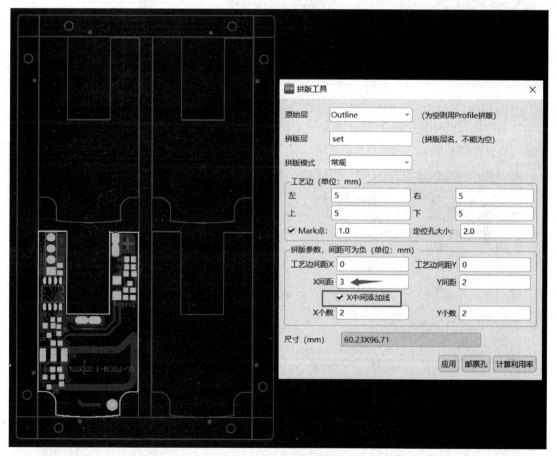

图 16-13 连片拼版工具

图 16-14 连片拼版的留间距与留工艺边

（3）倒扣拼版。若有凹槽，为了节省成本，即可采用倒扣的拼版方法，将板子扣在凹槽内。在拼版工具里面选择好倒扣的位置，计算好倒扣进凹槽的尺寸，在拼版间距栏输入负数的参数，即可实现需要的拼版图，如图 16-15 所示。

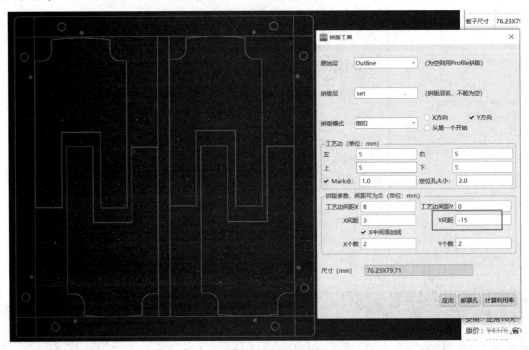

图 16-15　倒扣拼版

（4）拼版添加邮票孔桥连。可根据需求添加邮票孔的数量、大小及邮票孔的间距。将光标移动到对应的位置，单击即可添加放置邮票孔，如图 16-16 所示。此功能还提供了阵列添加放置邮票孔。

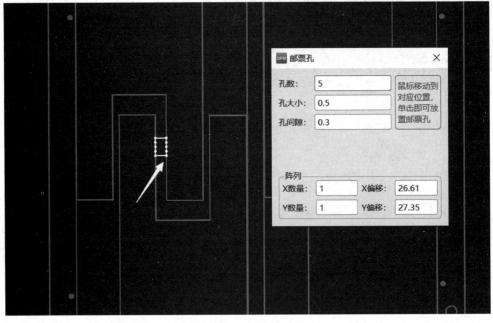

图 16-16　邮票孔工具

16.6　锣程计算

DFM 软件的锣程计算工具可根据锣刀的大小计算出板子锣程的长度、每平米锣程的长度,方便核算 PCB 的生产成本。单击"分析"按钮,再单击"生成"按钮即可得出锣程的数据,如图 16-17 所示。

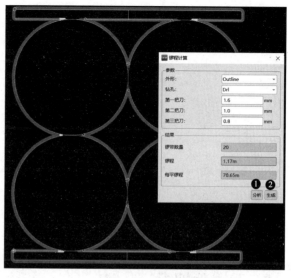

图 16-17　锣程计算

16.7　计算利用率

DFM 软件的利用率计算工具根据大料尺寸,可计算出 PCB 尺寸最优的生产利用率。如图 16-18 所示,PCB 的长、宽参数,拼版间隙,以及 panel 尺寸限制,可根据工艺需求自行输入参数。原始板料提供 1245(mm)×1041(mm)、1245(mm)×1092(mm)两种尺寸选择。

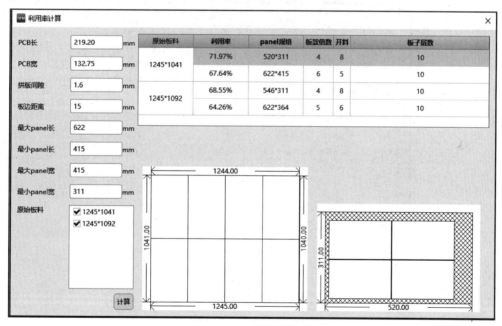

图 16-18　计算利用率

16.8　焊点统计

DFM 软件的焊点统计工具可计算出拼版后要贴片的焊接点,将计算出的焊接点提供给 PCB 测试工具计算要测试的点数。单击"计算"按钮可计算出贴片的焊接点和插件焊盘的数量,如图 16-19 所示。单击"查看"按钮可高亮显示出计算的物体。

图 16-19　焊点统计

16.9　元器件搜索

DFM 软件的元器件搜索工具可以很方便地搜索到器件在板内的位置、查看器件的位号及封装名称。如图 16-20 所示，在"位号"栏输入位号，单击"搜索"按钮即可。

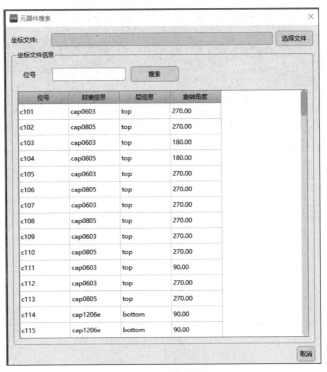

图 16-20　元器件搜索

16.10　开短路分析

设计文件在 EDA 软件里面误操作，或者输出 Gerber 文件导致连接性问题时有发生，使用 DFM 软件的开短路分析工具，可避免连接性导致产品无法使用的问题。

如图 16-21 和图 16-22 所示，调出"开短路分析"对话框，单击"分析"按钮，即可得出开短路的分析结果。其中，IPC 网络是设计的文件网络，DFM 网络是根据实际导入DFM 软件里面的文件生成的网络，将 IPC 网络和 DFM 网络进行对比，即可分析出开短路的结果。单击"详情"，即可参考开短路在板内的位置。

在查看网络时，如果不容易找到开短路的位置，可在软件下方调整"标记大小"和"标记类型"，可选择"字符"方式标识，也可以选择"网络名称"（见图 16-21）。

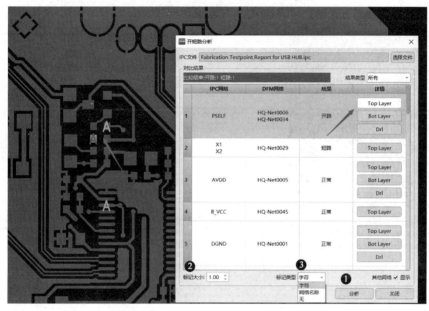

图 16-21　"开短路分析"对话框（开路）

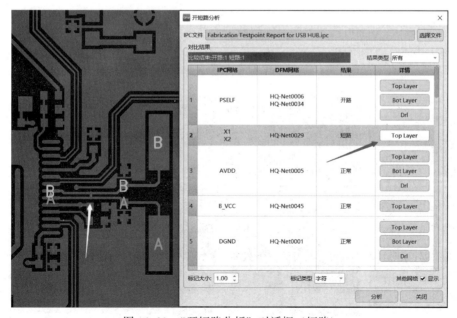

图 16-22　"开短路分析"对话框（短路）

16.11　字符上焊盘检测

由于焊盘上的字符会影响焊接，或者焊接导致虚焊，所以需要对焊盘上的字符进行检测。检测焊盘上面的字符，需要将影响焊接的字符移开。如图 16-23 所示，先单击"分析"按钮，再单击层，最后单击字符在焊盘上的位置，即可查看哪些位置上有字符。

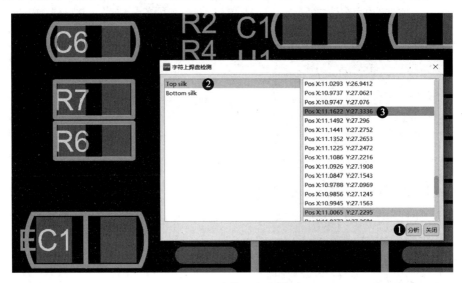

图 16-23　字符上焊盘检测

16.12　铜面积计算

在设计过程中，双面板顶层与底层的铜面积相差很大会造成板翘，因此需要计算出板内的铜面积。多层板内层的铜面积不足时，基材位太多有可能导致半固化片填胶不够，层与层之间无胶压穿短路爆板。如图 16-24 所示，单击"计算"按钮，即可得出每层存在的铜面积。

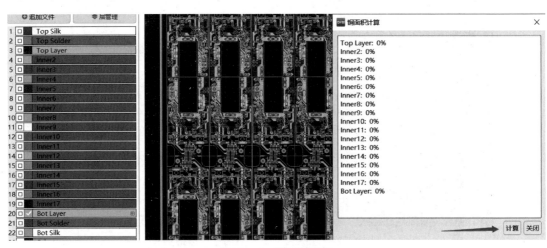

图 16-24　铜面积计算

16.13　BOM 分析

运行"BOM 分析",在弹出的窗口中将 BOM 表拖入窗口内,加载导入的 BOM 表。如图 16-25 所示,也可以通过单击"BOM 文件加载"按钮,在弹出的窗口找到并打开要导入的 BOM 表。

BOM 表支持的文件类型有 xls、xlsx、csv 格式。如果 BOM 表的格式不标准,也可以下载标准格式的模板。导入 BOM 表以后,可根据 BOM 表自动在线配单,如图 16-26 所示。

图 16-25　加载 BOM 表

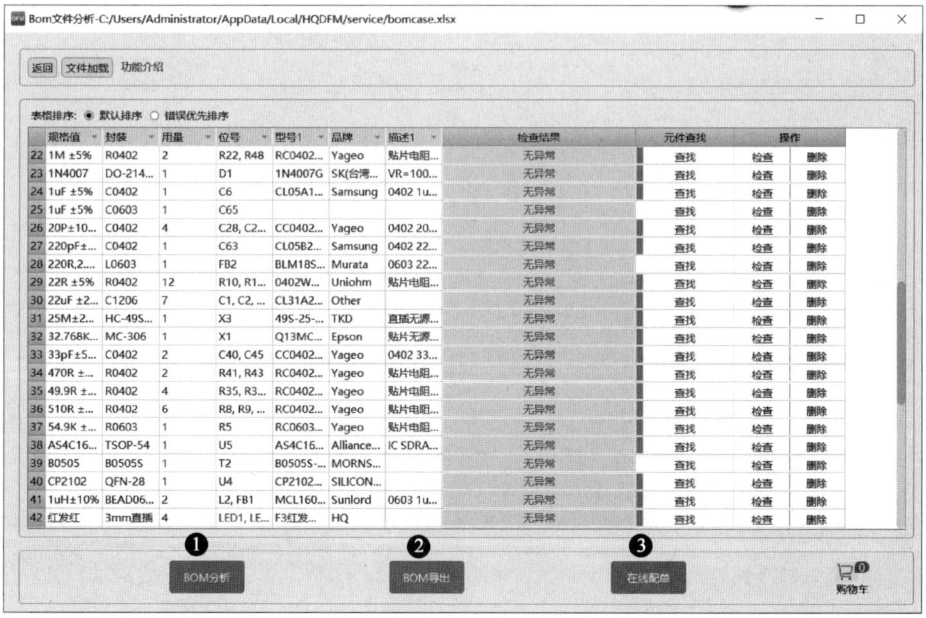

图 16-26　BOM 表自动配单功能

BOM 表自动配单功能的介绍如下所述。

① 检查使用数量与位号是否一致。

② 检查位号的使用是否重复。

③ 检查规格参数值是否相互矛盾。

④ 检查封装信息是否相互矛盾。

⑤ 检查电阻、电容参数是否完整。

⑥ 在线查找器件。

⑦ 可自定义添加或排序列，并输出 BOM 文件。

16. 14　本章小结

本章介绍了华秋 DFM 软件分析检测的项目，帮助工程师了解设计的异常缺陷。同时，还讲解了华秋 DFM 软件里面主要工具的操作技巧，帮助工程师了解可制造性的工艺常识，避免在设计过程中的失误与不了解生产工艺带来的研发成本。

第17章 Altium Designer 高级设计技巧应用

17.1 FPGA 引脚的调整

随着 FPGA 的不断发展，其功能越来越强大，但也越来越复杂，给布局带来更大的挑战性。虽然这样，但 FPGA 引脚的可调性给其布局带来了很大的便捷性，特别是在密集的板卡中，可以根据走线的顺序进行引脚信号的调整而不必绕来绕去。

1. FPGA 引脚调整的注意事项（见图 17-1）

（1）一般情况下，相同电压的组（Bank）之间是可以互调的，但有些时候会要求 Bank 之间不要互调，而在 Bank 内进行调整，所以在调整前要先确认 Bank 之间是否可以互调。

（2）对于差分对，"P"和"N"分别对应正、负，不可以互换。

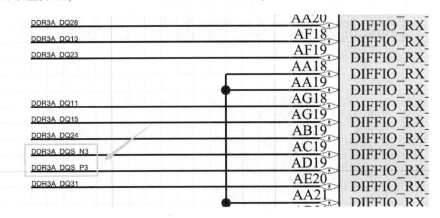

图 17-1　FPGA 引脚调整的注意事项

2. FPGA 引脚的调整技巧

（1）为了方便 Bank 的调整，通常先对 FPGA 的 Bank 进行区分。在原理图界面中执行"Tools"→"Cross Prode"操作，选择 FPGA 的某个 Bank，直接跳转到 PCB 中对应的 Bank 引脚高亮显示。这时，可以在某一机械层添加 Bank 标记，如图 17-2 所示。

（2）进行相同的操作，对需要调整的 Bank 在 PCB 中进行标记，如图 17-3 所示。

（3）标记完 Bank 后，按通常的 BGA 出线方式将所有信号引出并对接排列，但不连接上，如图 17-4 所示。

（4）执行"Project"→"Component Links"操作，弹出器件匹配界面。如图 17-5 所示，在该界面中，将左边的器件全部匹配到右边窗口，然后单击"Perform Update"按钮进行更新。

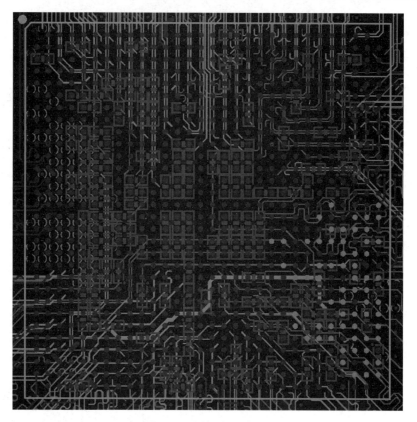

图 17-2　添加 Bank 标记

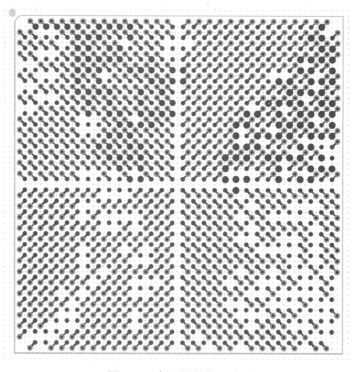

图 17-3　标记调整的 Bank

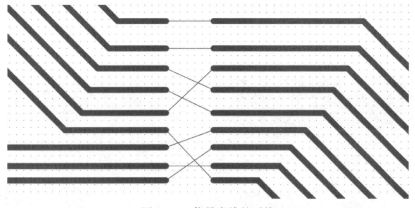

图 17-4　信号走线的对接

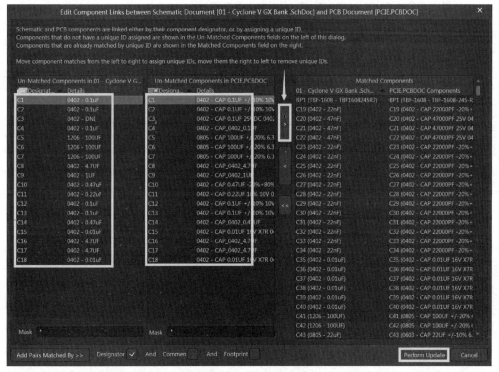

图 17-5　器件匹配界面

（5）执行"Tools"→"Pin/Part Swapping-Configure"操作，定义和使能可更换引脚的器件。如果弹出如图 17-6 所示的警告，则需要返回第（4）步进行操作，或者执行从原理图导入 PCB 的操作，使原理图和 PCB 完全对应上之后再按照此步骤进行操作。

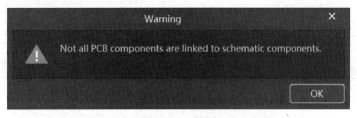

图 17-6　警告

（6）找到并双击 FPGA 对应的器件位号，对器件可以调换的"I/O"属性引脚执行"Add To Pin-Swap Group"→"New"操作，在出现框中勾选使能状态，如图 17-7~图 17-9所示。

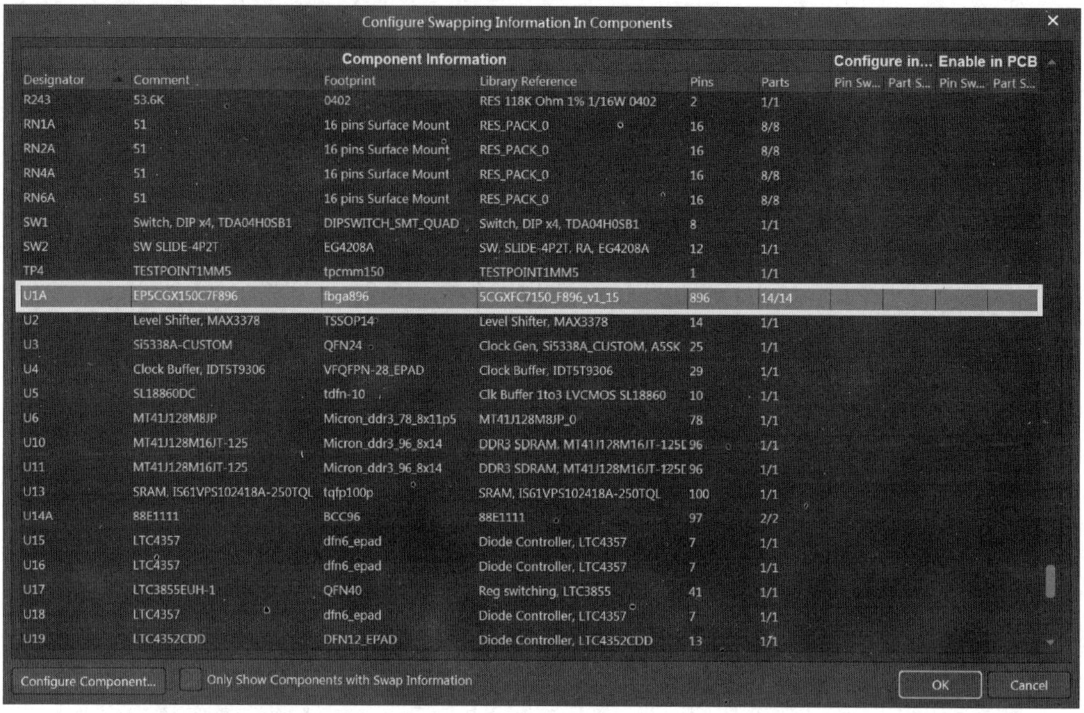

图 17-7   可调换的 FPGA

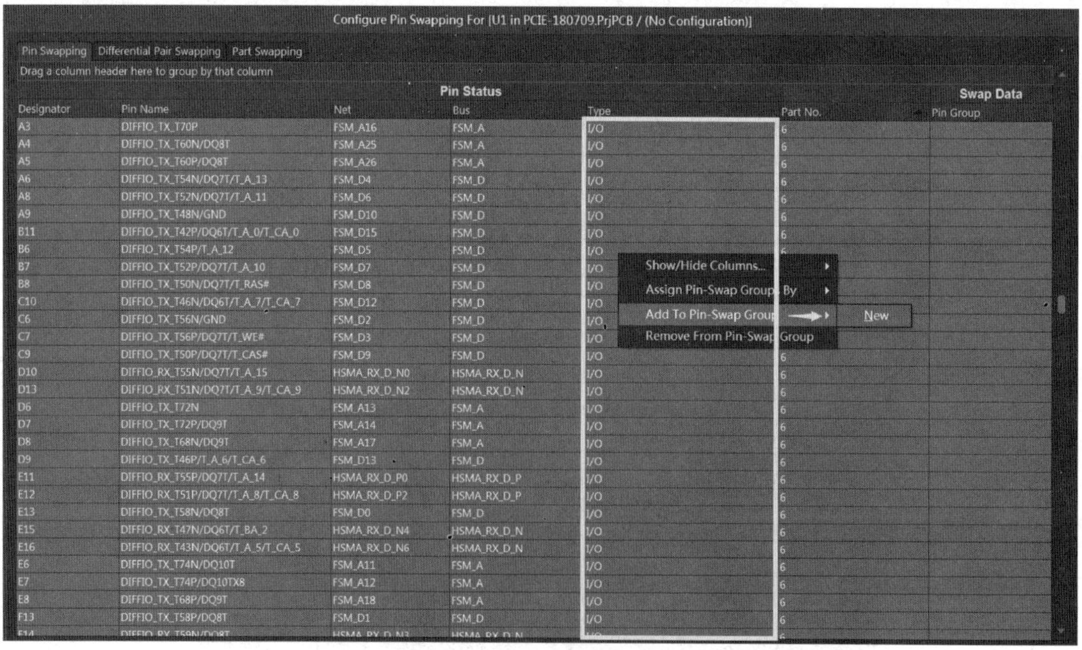

图 17-8   执行"Add To Pin-Swap Group"→"New"操作

Configure Swapping Information In Components										
Component Information							Configure in...		Enable in PCB	
Designator	Comment	Footprint	Library Reference	Pins	Parts		Pin Sw...	Part S...	Pin Sw...	Part S...
R243	53.6K	0402	RES 118K Ohm 1% 1/16W 0402	2	1/1					
RN1A	51	16 pins Surface Mount	RES_PACK_0	16	8/8					
RN2A	51	16 pins Surface Mount	RES_PACK_0	16	8/8					
RN4A	51	16 pins Surface Mount	RES_PACK_0	16	8/8					
RN6A	51	16 pins Surface Mount	RES_PACK_0	16	8/8					
SW1	Switch, DIP x4, TDA04H0SB1	DIPSWITCH_SMT_QUAD	Switch, DIP x4, TDA04H0SB1	8	1/1					
SW2	SW SLIDE-4P2T	EG4208A	SW, SLIDE-4P2T, RA, EG4208A	12	1/1					
TP4	TESTPOINT1MM5	tpcmm150	TESTPOINT1MM5	1	1/1					
U1A	EP5CGX150C7F896	fbga896	5CGXFC7150_F896_v1_15	896	14/14		(74/85.)		✓	
U2	Level Shifter, MAX3378	TSSOP14	Level Shifter, MAX3378	14	1/1					
U3	Si5338A-CUSTOM	QFN24	Clock Gen, Si5338A_CUSTOM, A5SK	25	1/1					
U4	Clock Buffer, IDT5T9306	VFQFPN-28_EPAD	Clock Buffer, IDT5T9306	29	1/1					
U5	SL18860DC	tdfn-10	Clk Buffer 1to3 LVCMOS SL18860	10	1/1					
U6	MT41J128M8JP	Micron_ddr3_78_8x11p5	MT41J128M8JP_0	78	1/1					
U10	MT41J128M16JT-125	Micron_ddr3_96_8x14	DDR3 SDRAM, MT41J128M16JT-125L	96	1/1					
U11	MT41J128M16JT-125	Micron_ddr3_96_8x14	DDR3 SDRAM, MT41J128M16JT-125L	96	1/1					
U13	SRAM, IS61VPS102418A-250TQL	tqfp100p	SRAM, IS61VPS102418A-250TQL	100	1/1					
U14A	88E1111	BCC96	88E1111	97	2/2					
U15	LTC4357	dfn6_epad	Diode Controller, LTC4357	7	1/1					
U16	LTC4357	dfn6_epad	Diode Controller, LTC4357	7	1/1					
U17	LTC3855EUH-1	QFN40	Reg switching, LTC3855	41	1/1					
U18	LTC4357	dfn6_epad	Diode Controller, LTC4357	7	1/1					
U19	LTC4352CDD	DFN12_EPAD	Diode Controller, LTC4352CDD	13	1/1					

Configure Component...　☐ Only Show Components with Swap Information　　　　OK　Cancel

图 17-9　可调换 FPGA 的使能

（7）执行"Tools"→"Pin/Part Swapping"→"Interactive Pin/Part Swapping"操作，单击第（3）步对接的信号走线进行线序交换，具体效果如图 17-10 所示。

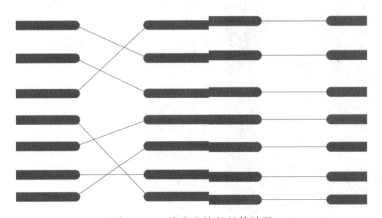

图 17-10　线序交换的具体效果

（8）PCB 执行交换更改之后，需要将网络交互反导入原理图。执行"Project"→"Project Options…"操作，在弹出的反导原理图设置界面中勾选"Changing Schematic Pins"，如图 17-11 所示。设置好后，执行"Design"→"Update Schematic in ＊.Project"操作，利用导向功能完成反导。

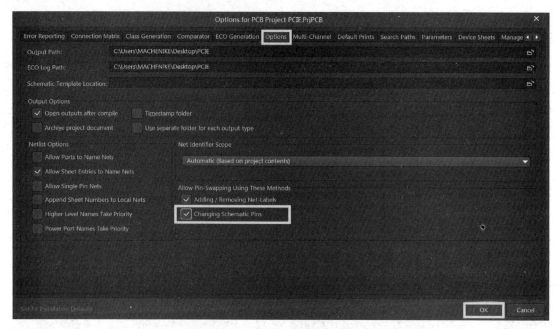

图 17-11 反导原理图设置界面

17.2 相同模块布局、布线的方法

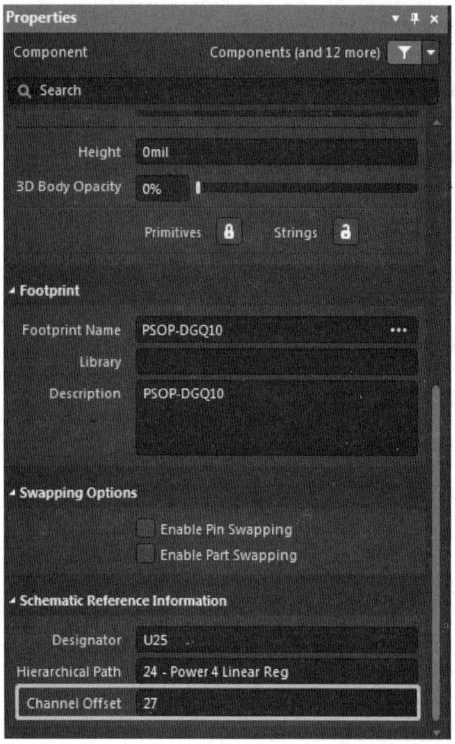

很多 PCB 设计板中存在相同的模块。若其采用同样的布局和布线，则会看起来整齐且美观。从设计的角度看，整齐划一，可以减少设计的工作量，还保证了系统性能的一致性，便于检查与维护。

进行相同模块的布局、布线时，相同模块中对应器件的"Channel Offset"值要相同。在 PCB 中选中器件，即可在"Properties"面板中查看和修改器件的"Channel Offset"值，如图 17-12 所示。

相同模块布局、布线的操作步骤如下所述。

（1）相同的模块需要放置在不同页的原理图中。

（2）在原理图中直接更新至 PCB。注意，器件的 CLASS 规则必须同时导入，否则，会不成功。

（3）和 FPGA 引脚调整一样，在执行更新操作之后必须对器件进行匹配。在 PCB 界面中，执行"Project"→"Component Links"操作，进行器件匹配。

图 17-12 "Properties"面板

（4）对其中一个模块进行布局、布线，并用更新的 ROOM 对模块进行覆盖，如图 17-13 所示。

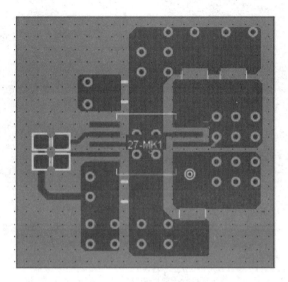

图 17-13　模块的布局、布线

（5）执行"Design"→"Rooms"→"Copy Room Formats"操作，在弹出的界面中单击"Copy"按钮，复制已布局、布线好的"27-MK1"模块，单击尚未布好的"28-MK2"模块。在弹出的"Confirm Channel Format Copy"对话框中进行如图 17-14 所示的设置。设置好后，单击"OK"按钮，即可完成相同模块的布局、布线，如图 17-15 所示。

图 17-14　"Confirm Channel Format Copy"对话框

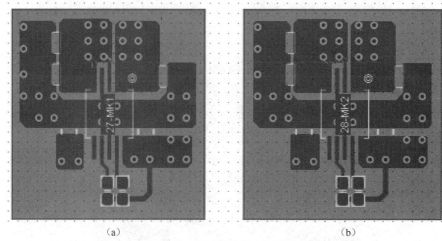

（a）　　　　　　　　　　　　　　（b）

图 17-15　相同模块的布局、布线

17.3　孤铜移除的方法

孤铜是指 PCB 中孤立、无连接的铜箔（见图 17-16），一般在覆铜时产生，不利于生产。可以将孤铜与同网络的铜箔相连，或者通过打孔与同网络的铜箔相连。无法连接的孤铜，则要删除。

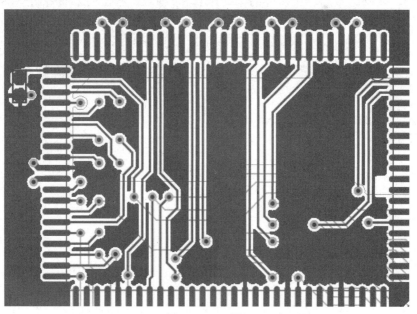

图 17-16　孤铜

17.3.1　正片去孤铜

（1）进行覆铜操作时，按键盘上的"Tab"键，在"Properties"面板的"Hatched（Tracks/Arcs）"标签页中选择图 17-17 中所示的选项，勾选"Remove Dead Copper"，即可移除孤铜。

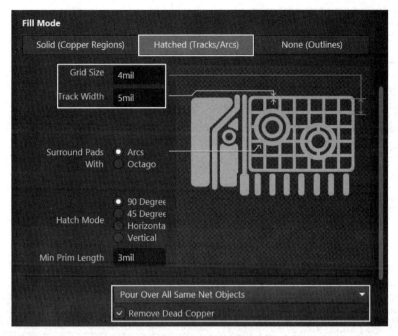

图 17-17　"Hatched（Tracks/Arcs）"标签页

（2）放置 Cutout 进行割铜，通过放置 Cutout 的方式将孤铜删除。执行"Place"→"Polygon Pour Cutout"操作，放置 Cutout。重新覆铜时，即可将 Cutout 范围内的孤铜移除，如图 17-18 所示。

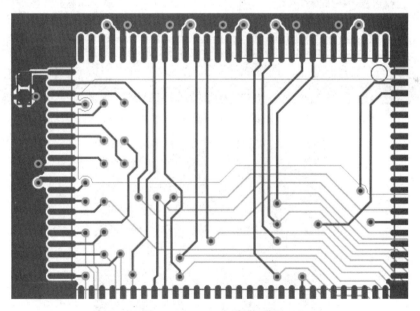

图 17-18　Cutout 移除孤铜

17.3.2　负片去孤铜

当负片反焊盘规则的设置或者打孔方式不合理时，会出现如图 17-19 所示的大面积的

图 17-19　负片孤铜

负片孤铜情况。当发现这种情况时，需要首先检查规则是否恰当，然后调节过孔的位置。通常负片去孤铜有以下两种方式。

（1）可以通过设置合适的反焊盘参数去除负片孤铜。按快捷键"D+R"打开"PCB Rules and Constraints Editor［mil］"对话框。在该对话框中，选中"Plane"下的子规则"PlaneClearance＊"，在对话框的右侧设置反焊盘数值"Clearance"，如图 17-20 所示。反焊盘数值一般设置为 9～12mil，可以酌情调整。

（2）先弄清楚负片的概念（不可视为铜皮，可视为非铜皮），然后通过放置填充块来实现去除负片孤铜。执行"Place"→"Fill"操作，或者按快捷键"P+F"，放置填充块，如图 17-21 所示。

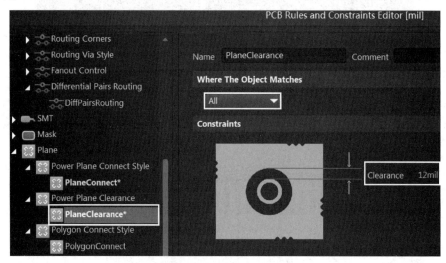

图 17-20　"PCB Rules and Constraints Editor［mil］"对话框

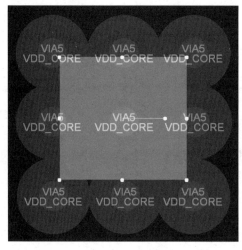

图 17-21　放置填充块去除负片孤铜

17.4　检查线间距时差分间距报错的处理方法

完成 PCB 设计后，一般要对线间距的 3W 规则进行规则检查，一般的处理方法是直接设置线与线之间的间距规则，但是这种方法的弊端是差分线间距（间距大小不满足 3W 的设置）也会 DRC 报错，如图 17-22 所示。

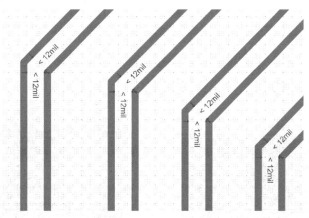

图 17-22　差分线间距 DRC 报错

解决这个问题，可以通过 Altium Designer 的高级规则编辑功能对差分线进行过滤，使差分线间距不报错。

（1）按快捷键"D+R"，进入规则约束管理器，新建一个间距规则，并将其优先级设置到第一位。

（2）如图 17-23 所示，在"Where The First Object Matches"的下拉项中选择"Custom Query"；在自定义代码编辑框中输入" IsTrack > (InDifferentialPairClass ('All Differential pairs'))"，表示不包含差分走线的导线；在"Where The Second Object Matches"处适配"IsTrack"。这样，整个规则可表述为针对除差分线外的导线和导线间距离的规则。

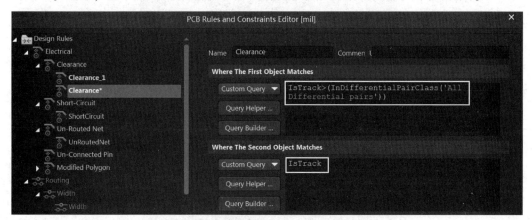

图 17-23　"PCB Rules and Constraints Editor［mil］"对话框

（3）按快捷键"T+D+R"，重新运行 DRC，差分线间距即可不会因为 3W 线间距规则而报错。

17.5　PCB 快速挖槽

由于高压板卡的爬电距离要求，或者板型结构的要求，在 PCB 设计的过程中经常会碰到需要在板子上挖槽的情况，通常有方形、圆形或者异形槽，下面介绍下快速挖槽的方法。

17.5.1　放置钻孔

挖槽的规范做法是放置钻孔，将钻孔的加工信息直接加到制板文件中。这种挖槽方式适用于圆形等比较规则的槽。执行"Place"→"Pad"操作，在放置状态下按"Tab"键，在"Properties"面板中设置钻孔参数。以一个宽 2mm、长 10mm 的椭圆形槽进行说明，具体设置如图 17-24~图 17-26 所示。

图 17-24　钻孔属性设置（1）

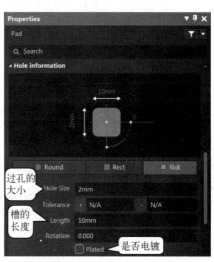

图 17-25　钻孔属性设置（2）

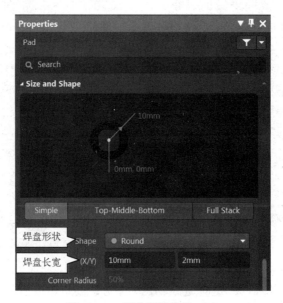

图 17-26　钻孔属性设置（3）

① Hole Size：过孔的大小，设置为"2mm"。

② Length：槽的长度，设置为"10mm"。

③ Rotation：槽的角度调整，这个根据实际情况调整。

④ Size and Shape：焊盘的大小和形状选择。

⑤ Layer：焊盘放置的层属性，如果是通孔，选择"Multi-Layer"。

⑥ Plated：金属化孔要勾选，非金属化孔不需要勾选。

17.5.2　放置板框层 Board Cutout

因为焊盘不能设置异形槽孔，所以异形槽孔不能通过设置焊盘属性进行放置。

对于异形槽孔，可以将槽孔信息放置在板框层。注意，确保选定的层为板框层。执行"Place"→"Line"操作，绘制所需的闭合槽形状；选中此形状，执行"Tools"→"Convert"→"Create Board Cutout From Selected Primitives"操作，创建一个异形挖槽，切换到 3D 状态可以看到效果。

通过合理运用放置钻孔焊盘和放置板框层 Board Cutout 这两种方法，可以实现任意形状槽孔的放置。

17.6　插件的安装方法

Altium Designer 10 及以上版本，很多插件是没有直接安装好的，需要手动安装才能使用。

（1）准备好安装包（一般的软件安装包里面是有这些插件的）。

（2）打开 Alitum Designer，在软件界面的右上角单击"人形"图标，选择"Extensions and Updates…"，如图 17-27 所示。

图 17-27　选择"Extensions and Updates…"

（3）在打开的"Extensions & Updates"界面中单击右上角的"Configure…"按钮，如图 17-28 所示。

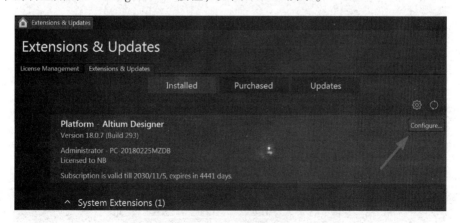

图 17-28　"Extensions & Updates"界面

（4）进入插件选择界面，如图 17-29 所示，其中罗列出了很多相关的插件，如 DXF 导入导出、其他版本软件的转换等，可以在插件名称前面的框中进行勾选。一般默认全部安装，单击右上角的"Apply"按钮，执行安装，等待安装完成并重启软件，即可使用。

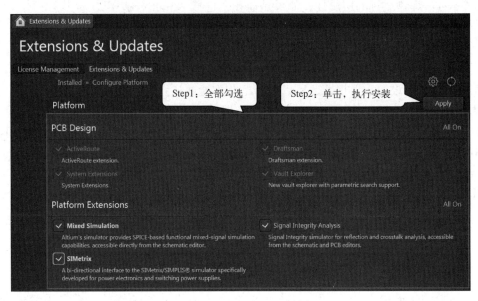

图 17-29　插件选择界面

（5）进入插件选择界面可能会没有上述所描述的插件，出现这种情况时，可以在插件选择界面中单击右上角的设置命令图标，进入图 17-30 所示的"System-Installation"界面，在该界面中设置好安装的离线目录（安装包的路径），如果没有，可以选择在线安装选项。设置完之后，进入插件选择界面就可以安装了。

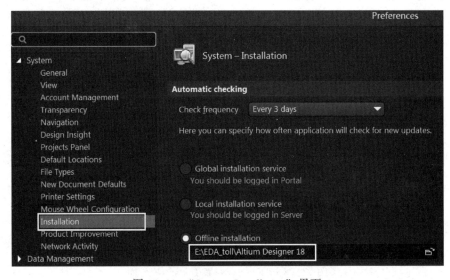

图 17-30　"System-Installation"界面

17.7　PCB 文件中的 Logo 添加

当 Logo 是 CAD 图纸时，可以直接按照 DXF 导入方法进行导入。如果 Logo 是图片文档，则可以按照如下操作进行导入。

（1）进行位图转换。利用 Windows 画图工具，将图片转换成单色的 BMP 位图，如图 17-31 所示。

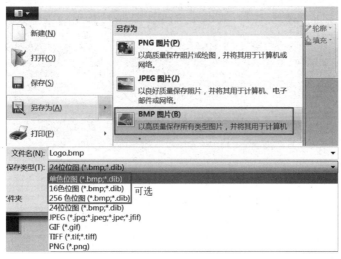

图 17-31　位图转换

（2）开始导入步骤。打开 Alitum Designer 软件，执行"File"→"Run Script…"操作，进入"Select Item To Run"对话框。在该对话框中，选择"From file…"，如图 17-32 所示。

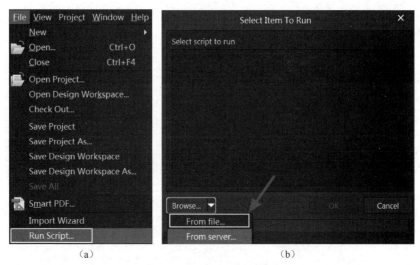

（a）　　　　　　　　　　　　　　　　（b）

图 17-32　加载 Logo 脚本

（3）运行 Logo 转换脚本，在"Select Item To Run"对话框中选择"From file…"后，在安装目录下的"C：\Program Files（x86）\Altium\ AD18\Examples\Scripts\Delphiscript Scripts\Pcb\PCB Logo Creator"中找到 PCB Logo 导入的脚本"PCBLogoCreator. PRJSCR"，单击"打

开"按钮，回到"Select Item To Run"对话框。在该对话框中选中"RunConverterScript"，单击"OK"按钮，即可运行 Logo 转化器，如图 17-33 所示。

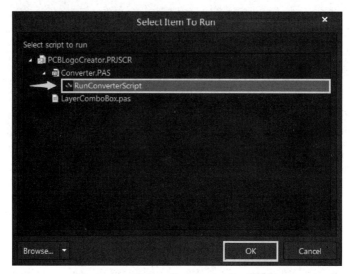

图 17-33　"Select Item To Run"对话框

在以上路径没有 Logo 转换脚本的，可以联系编著者。

（4）导入图片，在 Logo 转换器的"PCB Logo Creator"对话框中，单击"Load"按钮，加载之前转换好的图片并进行设置，如图 17-34 所示。设置完成后，单击"Convert"按钮，实现图片的转换，将 Logo 导入 PCB 中。

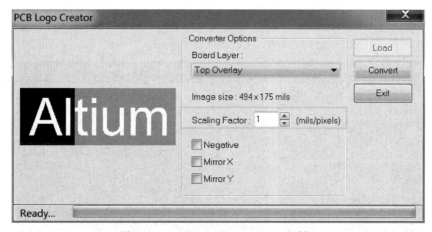

图 17-34　"PCB Logo Creator"对话框

（5）Logo 导入 PCB 中的转换效果如图 17-35 所示。

图 17-35　Logo 导入 PCB 中的转换效果

（6）如果下次需要调用，为了方便下次调用，可以将 Logo 转换成器件，直接复制 Logo 中的所有元素，新建一个器件即可，如图 17-36 所示。

图 17-36 新建 Logo 器件

17.8 3D 模型的导出

3D 视图不仅可以直观地检查我们设计的整体效果，有问题可以及时修正，最主要的是可以利用 3D 模型核对结构和产品的装配效果。通常来说，当专业的工具在核对结构或者直接采用 PDF 的形式进行测绘时，需要导出 PCB 设计的 3D 模型。

导出之前需要检查 3D 模型是否全部做好，包括元件的高度和 PCB 的厚度等信息，这两个信息是核对结构最基本的信息。对于元件的高度信息，可以按照前文元件库章节所介绍的方法进行添加和更新。对于 PCB 的厚度，可以通过 Altium Designer 的叠层管理器（按快捷键"D+K"）检查和优化当前项目的叠层结构，从而满足最终的厚度要求即可。

17.8.1 3D STEP 模型的输出

软件所导出的 .stp 3D 文件一般是提供给结构工程师通过专业的 3D 软件进行结构核对的文件。

（1）执行"File"→"Export"→"STEP 3D"操作，如图 17-37 所示。

（2）在弹出的"Export File"对话框中选择保存路径并命名文件后，单击"OK"按钮。

（3）在弹出的"Export Options"对话框中的设置保持软件默认的设置即可（见图 17-38）。其中，部分设置的说明如下。

（1）Components With 3D Bodies-Export All：导出含有 3D 模型的元件。

（2）3D Bodies Export Options-Export both：导出简单的模型和导入的模型。

（3）Pad Holes-Export All：导出焊盘孔。

（4）Component Suffix-None：不用添加元件的后缀。

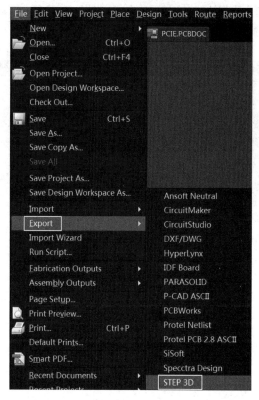

图 17-37　执行 "File" → "Export" →
"STEP 3D" 操作

图 17-38　"Export Options" 对话框

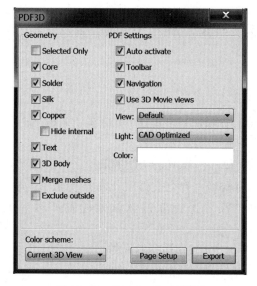

图 17-39　"PDF 3D" 对话框

17.8.2　3D PDF 的输出

（1）和 3D 模型的导出类似，执行 "File" →
"Export" → "PDF3D" 操作。

（2）如图 17-39 所示，在弹出的 "PDF
3D" 对话框中可以采用软件默认的设置，也可
以选择性地进行输出。

（3）设置完成之后，单击 "Export" 按钮
进行输出。

（4）使用 PDF 编辑器工具 Adobe Acrobat
对输出的 PDF 图形进行编辑和测量等操作。

17.9　极坐标的应用

（1）单击 Altium Designer 界面右下角的
"Panels" 按钮，在打开的右键菜单中选择 "Properties"，打开 "Properties" 面板。在
"Properties" 面板的 "Gride Manager" 选项设置中，单击 "Add" 下拉框，选择 "Add Polar
Grid" 添加极坐标，如图 17-40 所示。

（2）在"New Polar Grid"选项的设置中，勾选"Comp"，否则移动元件时，极坐标的栅格会消失不见，如图 17-41 所示。

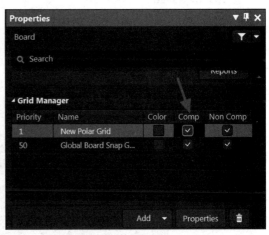

图 17-40　"Properties"面板　　　　　　　图 17-41　勾选"Comp"

（3）双击新增的极坐标，打开"Polar Grid Editor［mil］"对话框，如图 17-42 所示。在该对话框中可以根据设计需要对极坐标进行设置，这里以一个半径为 500mil 的圆弧极坐标为例进行说明。

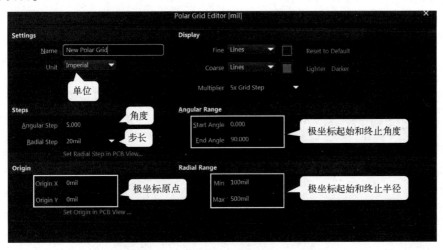

图 17-42　"Polar Grid Editor［mil］"对话框

① Settings。

Name：可以设置极坐标的名称。

Unit：单位的设置。

② Steps。

Angular Step：元件放置的旋转角度的设置。

Radial Step：元件第一圈和第二圈的间隔设置。

③ Origin，极坐标原点的设置。

④ Angular Range。

Start Angle：极坐标的起始角度。

End Angle：极坐标的终止角度。

⑤ Radial Range。

Min：极坐标的起始半径。

Max：极坐标的终止半径。

（4）单击"OK"按钮，完成极坐标参数的设置。

（5）勾选"Snap To Grids"，如图 17-43 所示。

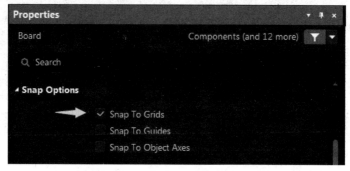

图 17-43　勾选"Snap To Grids"

在极坐标上，可以将元件在移动时捕抓到极坐标的栅格上，即可快速地将元件放置到想要的半径和角度上，如图 17-44 所示。

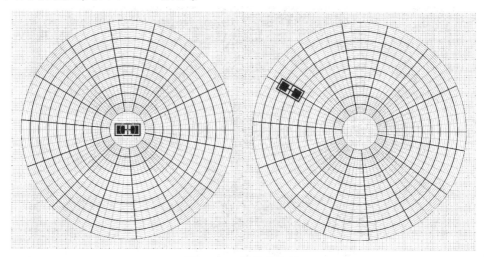

图 17-44　极坐标布局

17.10　本章小结

高速 PCB 设计中大量存在着 BGA 封装形式的集成电路，熟悉应用 Altium Designer 进行多层板设计是 PCB 工程师进阶成长的关键技能之一。本章介绍了 Altium Designer PCB 设计中一些高级应用技巧知识，希望可以帮助用户快速提升 PCB 设计技能。

第 18 章　入门案例：单片机 PCB 设计

18.1　概述

本章将以介绍知识点的方式向读者讲解单片机 PCB 实例的设计，使读者在实战中具备基于 Altium Designer 的电路板设计能力。

18.2　系统设计指导

18.2.1　51 单片机原理图设计

绘制如图 18-1 所示的单片机原理图。

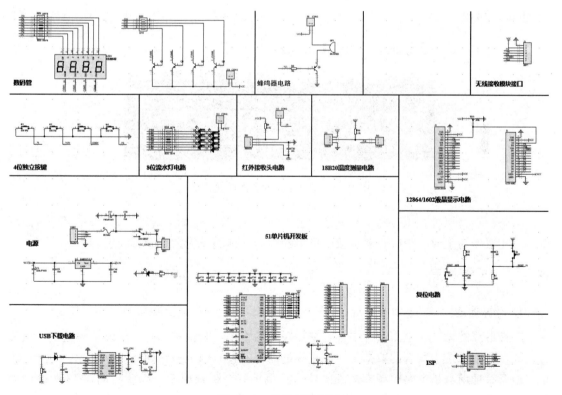

图 18-1　单片机原理图

18.2.2　电源流向图

绘制如图 18-2 所示的单片机电源流向图。

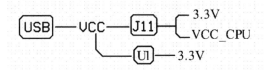

图 18-2　单片机电源流向图

18.2.3　单板工艺

单板布线工艺主要取决于单板高密度芯片的封装工艺（BGA 的间距），以及 PCB 成本和性能的考虑。推荐的单板工艺设计如下所述。

> 建议采用两层板设计：TOP、BOTTOM。
> 过孔规则：孔径 10mil/盘径 20mil（除电源的其他区域外）、孔径 12mil/盘径 24mil（电源模块）。
> 最小线宽规则：10mil。
> 最小线距规则：10mil。

18.2.4　层叠

单板采用两层的层叠设计，如图 18-3 所示。

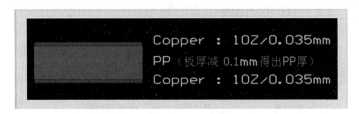

图 18-3　单板采用两层的层叠设计

其中，TOP 层作为主要元器件层，主要摆放芯片、电解电容、插座、电阻、电容；BOTTOM 层作为主要布线层。双层板尽量单面布局，顶层作为微带线布线层。

18.2.5　单板布局

1. 时钟处理

时钟电路的设计在电路设计中起着举足轻重的作用：时钟是所有电子设备的基本构成部分，同步数字系统中所有的数据传输和转换都需要通过时钟进行精确控制。

由于时钟信号是电路中频率最高的信号，也是一个强辐射源，因此我们在 PCB 设计中需要重点考虑如何减少时钟的电磁辐射。

本例涉及的时钟器件是晶体谐振器。

2. 晶体谐振器

晶体谐振器俗称晶体，它所使用的谐振单元是一个石英切片，其频率温度漂移特性由石英的切割角度决定。由于石英具备天然高品质因子"Q"和高稳定性，所以它所产生的谐振信号频率的精确度和稳定性都很好，而且价格低廉。

常见的晶体谐振器是有两个引脚的无极性器件，一般外面包围金属外壳，以跟其他器件或设备隔离。图 18-4 所示是典型的晶体谐振器的实物图。

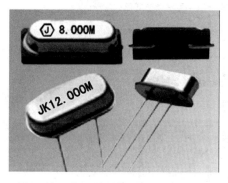

图 18-4　典型的晶体谐振器的实物图

晶体谐振器自身无法振荡起来，需要借助时钟电路才能起振，如图 18-5 和图 18-6 所示为并联谐振电路和并联谐振原理图实例。

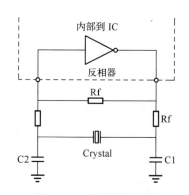

图 18-5　并联谐振电路

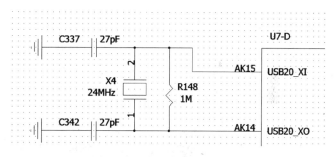

图 18-6　并联谐振原理图实例

晶体谐振器的 PCB 设计要点如下所述。

- 时钟电路要尽量靠近相应的 IC。
- 晶体谐振器的两个信号要适当加宽（通常取 10~12mil）。
- 两个电容要靠近晶体放置，并整体靠近相应的 IC。
- 为了减小寄生电容，电容的地线扇出线宽要加宽。
- 晶体谐振器底下要铺地铜，并打一些地过孔，充分与地平面相连接，以吸收晶体谐振器辐射的噪声，或者立体包地。

图 18-7 所示是实际使用晶体谐振器的 PCB 布局、布线图。

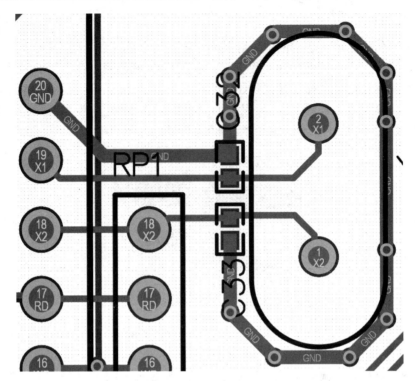

图 18-7　实际使用晶体谐振器的 PCB 布局、布线图

18. 2. 6　电源模块

1. 电源模块的原理图

电源模块采用 USB 接口，用一个 4 针（USB3.0 标准为 9 针）的标准插头，采用菊花链形式将所有的外部设备连接起来，最多可以连接 127 个外部设备，并且不会损失带宽。常见的 USB 接口如图 18-8 所示。

图 18-8　常见的 USB 接口

USB 典型的应用电路如图 18-9 所示。USB 接口设计的要点如下所述。
- TVS 器件必须靠近插座放置，在 PCB 设计时要大面积接地。
- 布局保证信号流经 TVS 后再到共模电源。
- 差分线特性阻抗为 90 欧姆，等长误差为 5mil。

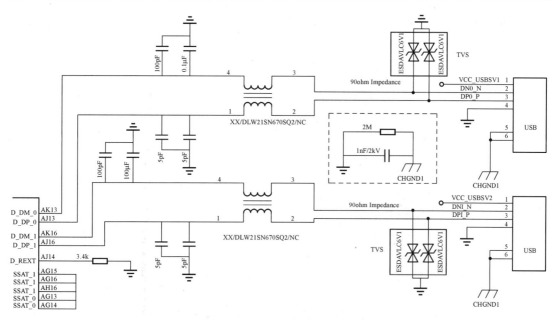

图 18-9　USB 典型的应用电路

◆ 两组差分线之间的间距保持 4W（线宽），并与其他信号或灌铜的间距也要保持 4W（线宽），如图 18-10 所示。

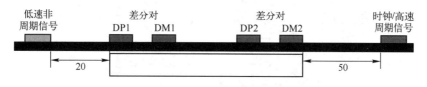

图 18-10　USB 的布线间距

◆ 优先邻近接地平面走线。

USB 的 PCB 设计实例如图 18-11 所示。

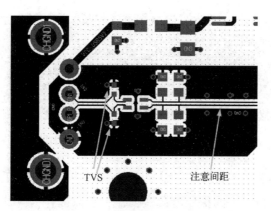

图 18-11　USB 的 PCB 设计实例

本系统采用的电源模块的原理图和电源模块的 PCB 布局、布线图如图 18-12 和图 18-13 所示。

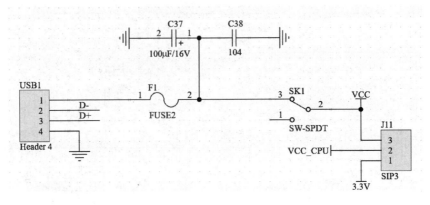

图 18-12　电源模块的原理图

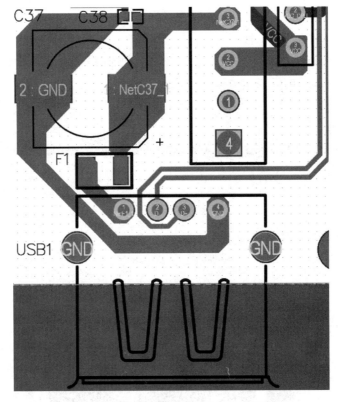

图 18-13　电源模块的 PCB 布局、布线图

2. LDO 线性稳压器

　　LDO 线性稳压器是最基本的稳压电源变换器，它只能作为降压（如 3.3V 降至 1.2V）之用，是一种非常简单的方案。LDO 本身消耗的功率大，效率相对较低。所以，LDO 一般用于电流小于 2A 的电源电路。其优点是，成本低，电路简单、易用，电压纹波小，较稳

定，可靠性可以保证，上电快。

LDO 布局、布线的设计要求如下所述。

- ◆ 输入和输出主回路的处理：滤波电容按先大后小的原则靠近电源芯片的输入、输出引脚放置。
- ◆ GND 主回路的处理：芯片的 GND 引脚应保证足够宽的铜皮和足够数量的过孔（与输入、输出的过孔数量相当）。
- ◆ 输入和输出的地：最好单点汇接在一起。

常见的 LDO 电路原理图和 LDO 的 PCB 处理图如图 18-14 和图 18-15 所示。

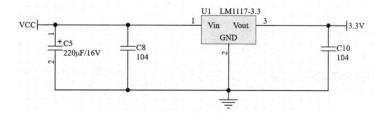

图 18-14　常见的 LDO 电路原理图

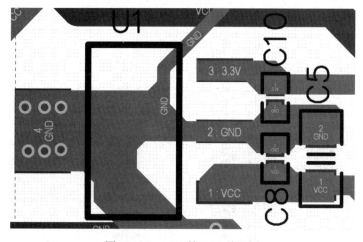

图 18-15　LDO 的 PCB 处理图

18.2.7　芯片模块

本系统采用 AT89C51 单片机，它是一种带 2KB 闪存可编程可擦除只读存储器的单片机。该器件采用 ATMEL 高密度非易失存储器制造技术制造，与工业标准的 MCS-51 指令集和输出引脚相兼容。由于将多功能 8 位 CPU 和闪速存储器组合在单个芯片中，ATMEL 的 AT89C51 是一种高效微控制器。AT89C51 单片机为很多嵌入式控制系统提供了一种灵活性高且价廉的方案。

芯片模块和芯片模块的布局如图 18-16 和图 18-17 所示。

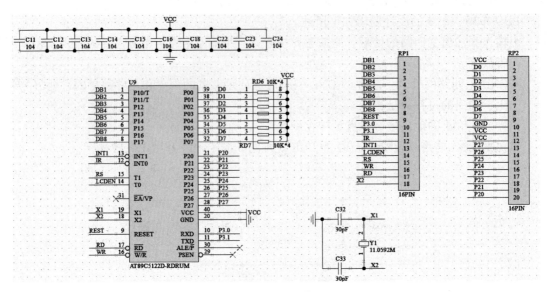

图 18-16　芯片模块

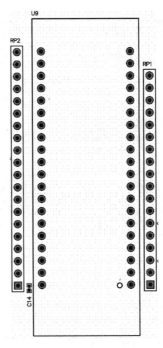

图 18-17　芯片模块的布局

18.2.8　整体规划与布局

单板的分区布局规划如图 18-18 所示。

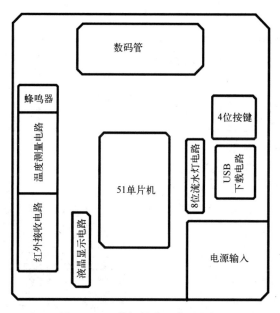

图 18-18　单板的分区布局规划

单板的布局如图 18-19 所示。

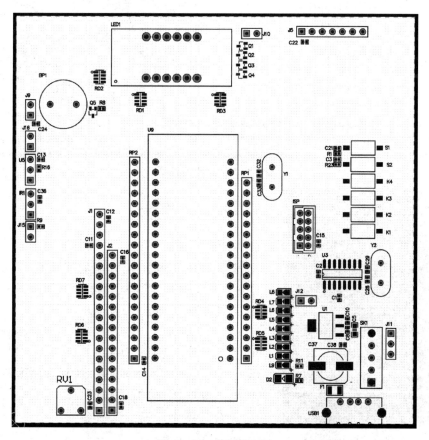

图 18-19　单板的布局

单板的布线如图 18-20 所示。

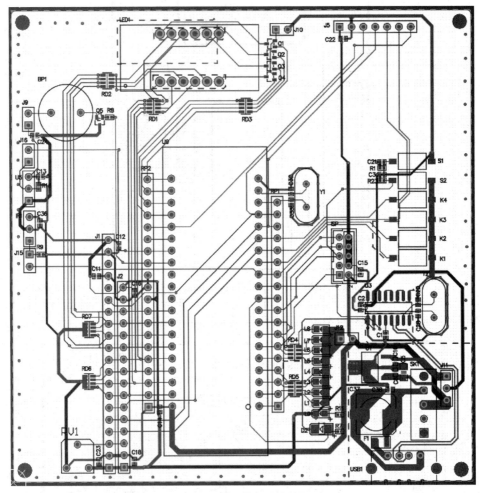

图 18-20　单板的布线

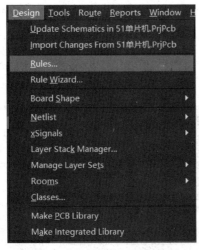

图 18-21　执行"Design"→
"Rules…"操作

18.2.9　设计规则

1. 安全间距

安全间距规则的设计步骤如下所述。

（1）如图 18-21 所示，执行"Design"→"Rules…"操作，或者按快捷键"D+R"。

（2）在弹出的"PCB Rules and Constraints Editor［mil］"对话框中选择"Design Rules"→"Electrical"→"Clearance"→"Clearance"，在其右侧窗口中修改安全间距，如图 18-22 所示。

2. 线宽规则

线宽规则设计的步骤如下所述。

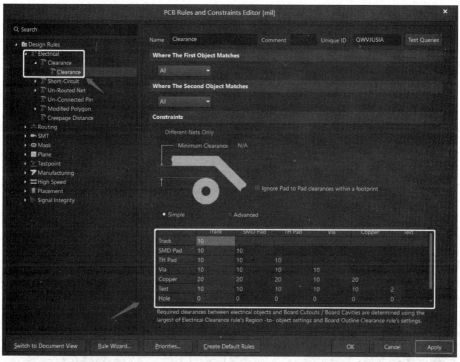

图 18-22　"PCB Rules and Constraints Editor［mil］" 对话框（修改安全间距）

（1）执行 "Design" → "Rules..." 操作，或者按快捷键 "D+R"。

（2）在弹出的 "PCB Rules and Constraints Editor［mil］" 对话框中选择 "Design Rules" → "Routing" → "Width" → "Width"，在其右侧窗口中修改线宽，如图 18-23 所示。

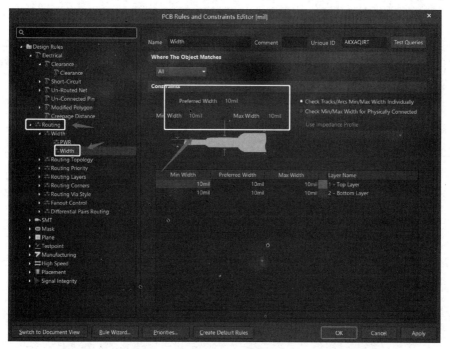

图 18-23　"PCB Rules and Constraints Editor［mil］"（修改线宽）

3. 过孔规则

过孔规则设计的步骤如下所述。

（1）执行"Design"→"Rules…"操作，或者按快捷键"D+R"。

（2）在弹出的"PCB Rules and Constraints Editor［mil］"对话框中选择"Design Rules"→"Routing Via Style"→"Routing Vias"，在其右侧窗口中修改过孔，如图 18-24 所示。

图 18-24　"PCB Rules and Constraints Editor［mil］"对话框（修改过孔）

18.3　本章小结

为了验证读者的学习成果，本章实例读者可以在书籍售后专区（www.dodopcb.com）下载使用。

第 19 章　RTD271 液晶驱动电路板设计

19.1　概述

本章将以介绍知识点的方式向读者讲解 RTD271PCB 实例的设计，使读者在实战中具备基于 Altium Designer 的电路板设计能力。

19.2　基本技能

19.2.1　结构图导入

根据前面章节讲解的结构图导入方法导入结构图，其导入效果如图 19-1 所示。

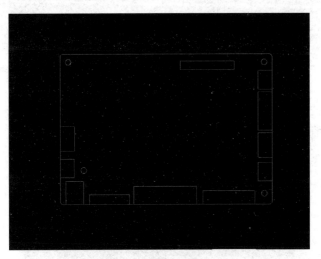

图 19-1　结构图的导入效果

19.2.2　板框的生成

板框的生成方法有以下两种。

（1）选择导入结构的外框，将其复制到机械层。框选外框，如图 19-2 所示。执行 "Design" → "Board Shape" → "Define from selected objects" 操作，即可生成板框，如图 19-3 所示。

（2）直接选择机械层，如 "Mechanical 1"，执行 "Place" → "Line" 操作，画出图形

后定义或单击图标 中的 ，在 PCB 编辑界面中绘制大小为 130mm×90mm 的长方形。完成后需在 Keep-out Layer 层再画一个一样大的板框。

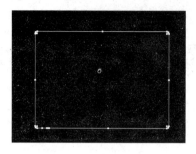

图 19-2   框选外框

图 19-3   生成板框

19.2.3   PCB 层的设置

本案例采用两层板进行设计，执行 "Design" → "Layer Stack Manager…" 操作，弹出层叠设置界面。在该界面中设置层数为两层，如图 19-4 所示。

#	Name	Material	Type	Weight	Thickness	Dk	Df
	Silkscreen Top		Overlay				
	Solder Mask Top	Solder Resist	Solder Mask		0.4mil	3.5	
1	Top		Signal	1oz	1.35mil		
	Dielectric 1	FR-4	Dielectric		10mil	4.3	
2	Bottom		Signal	1oz	1.35mil		
	Solder Mask Bot...	Solder Resist	Solder Mask		0.4mil	3.5	
	Silkscreen Bottom		Overlay				

图 19-4   层叠设置界面

19.2.4   结构限制器件的布局

按照结构图要求，找到相应的器件，通过捕获参考点的方式将结构件放置在结构要求的位置，如图 19-5 所示。

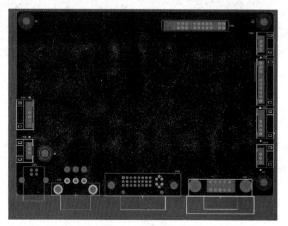

图 19-5   放置结构件

19.2.5 模块化布局

（1）POWER 和 CONNECTOR 模块的原理图如图 19-6 所示。通过抓取器件的方式对 POWER 和 CONNECTOR 模块进行布局，如图 19-7 所示。

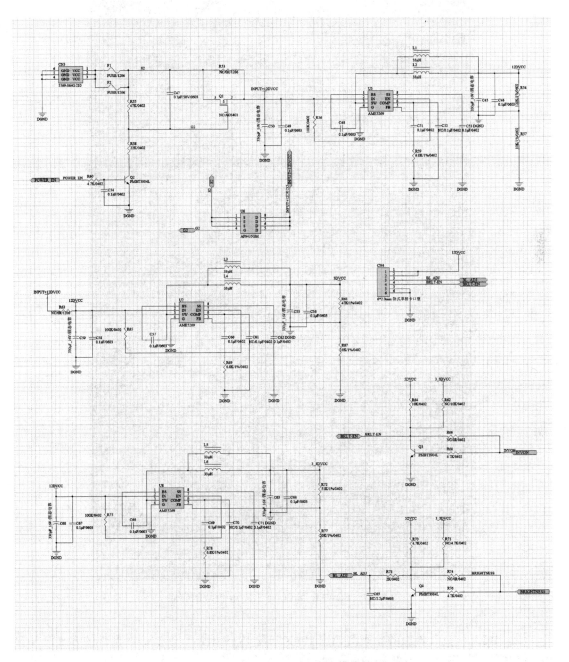

图 19-6 POWER 和 CONNECTOR 模块的原理图

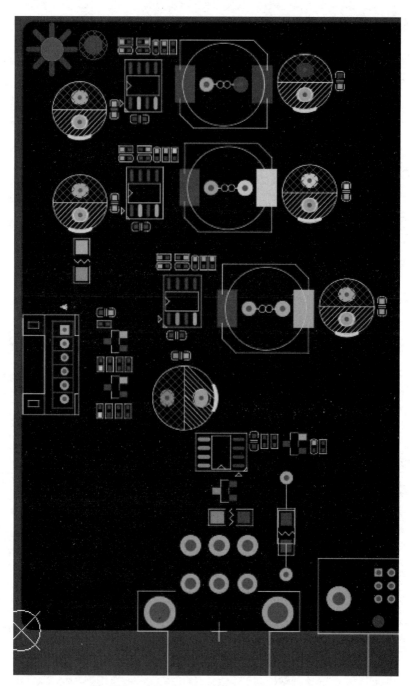

图 19-7　POWER 和 CONNECTOR 模块的布局

（2）VGA 和 DVI 模块的原理图如图 19-8 和图 19-9 所示。通过抓取器件的方式对 VGA 和 DVI 模块进行布局，如图 19-10 所示。

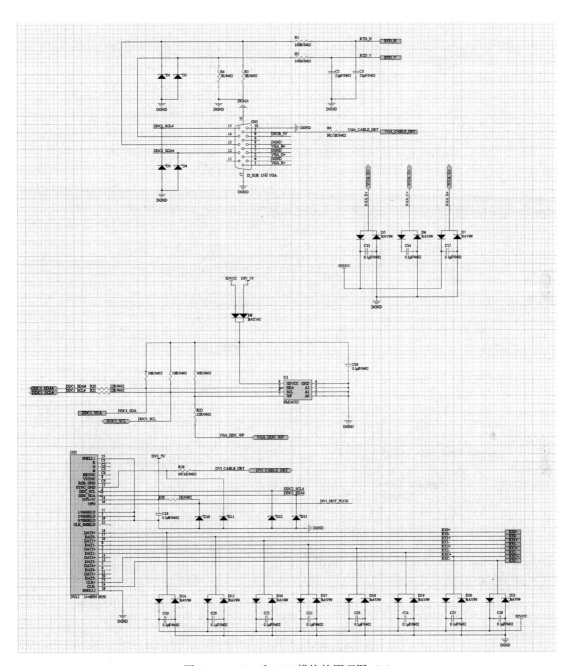

图 19-8　VGA 和 DVI 模块的原理图（1）

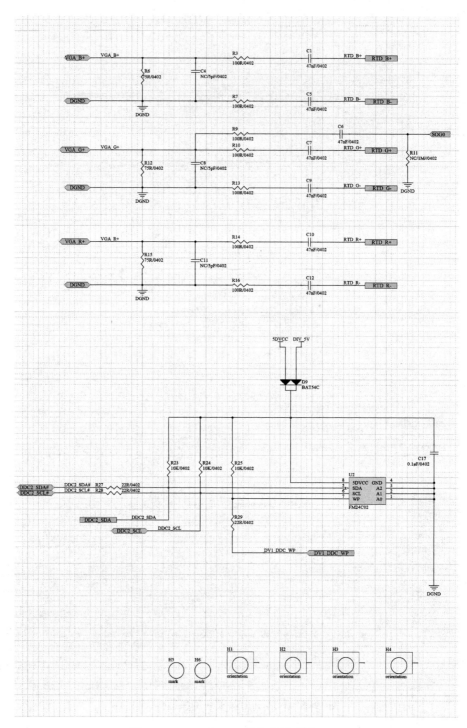

图 19-9　VGA 和 DVI 模块的原理图 (2)

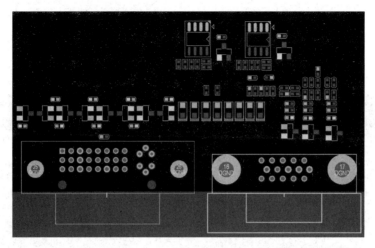

图 19-10　VGA 和 DVI 模块的布局

（3）KEY 模块的原理图如图 19-11 所示。通过抓取器件的方式对 KEY 模块进行布局，如图 19-12 所示。

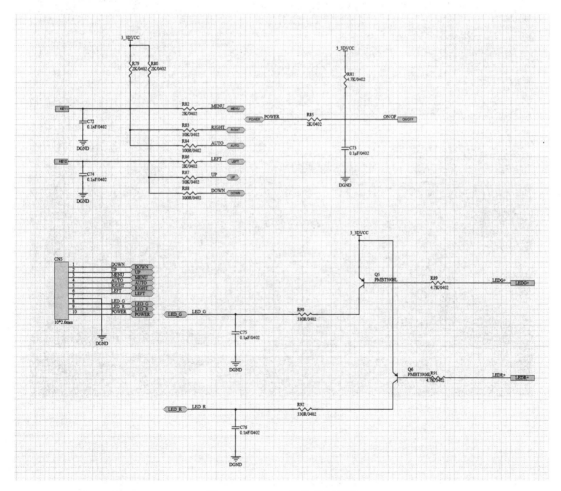

图 19-11　KEY 模块的原理图

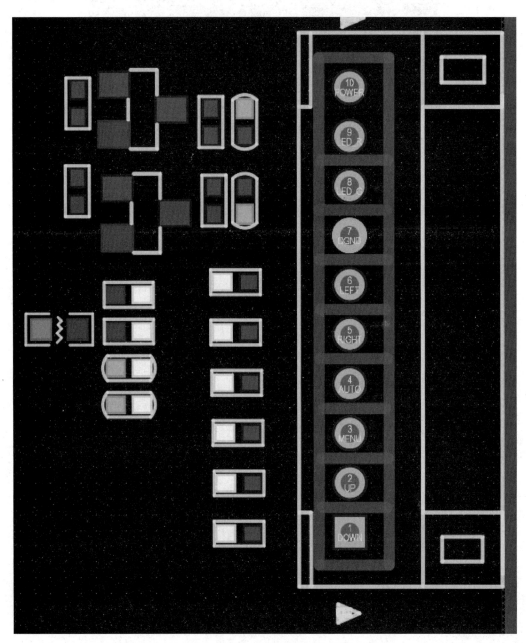

图 19-12　KEY 模块的布局

（4）RTD 模块的原理图如图 19-13 和图 19-14 所示。通过抓取器件的方式对 RTD 模块进行布局，如图 19-15 所示。

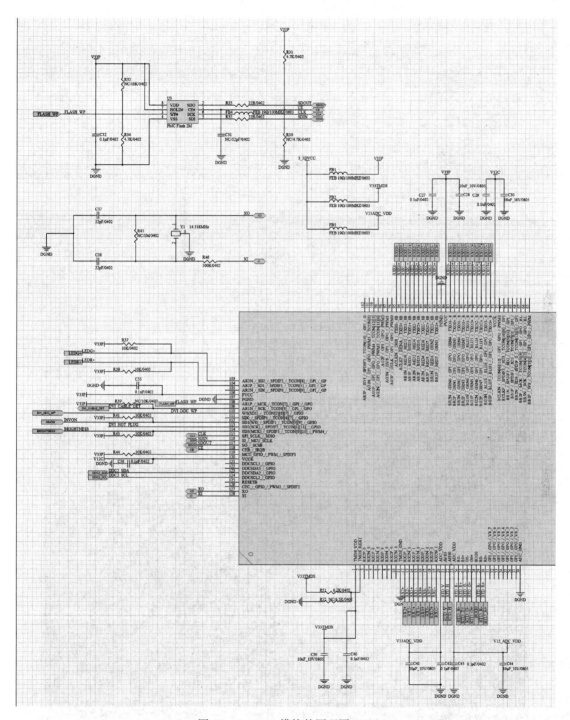

图 19-13　RTD 模块的原理图（1）

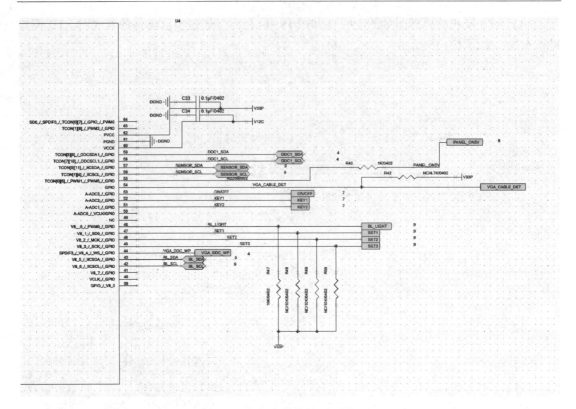

图 19-14　RTD 模块的原理图（2）

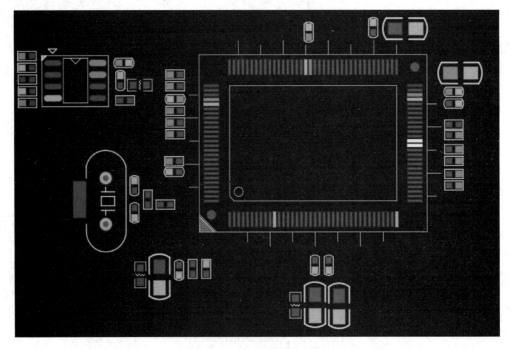

图 19-15　RTD 模块的布局

（5）PANEI Out/Put 模块的原理图如图 19-16 所示。通过抓取器件的方式对 PANEI Out/Put 模块进行布局，如图 19-17 所示。

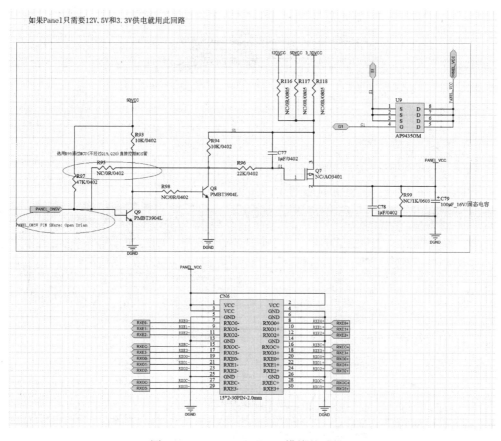

图 19-16　PANEI Out/Put 模块的原理图

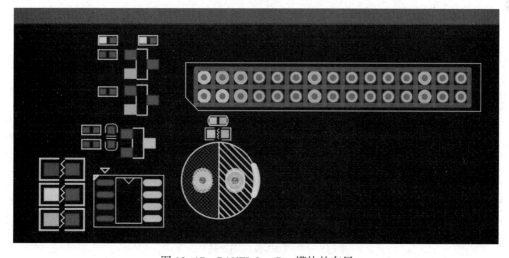

图 19-17　PANEI Out/Put 模块的布局

（6）USB 模块的原理图如图 19-18 和图 19-19 所示。通过抓取器件的方式对 USB 模块进行布局，如图 19-20 所示。

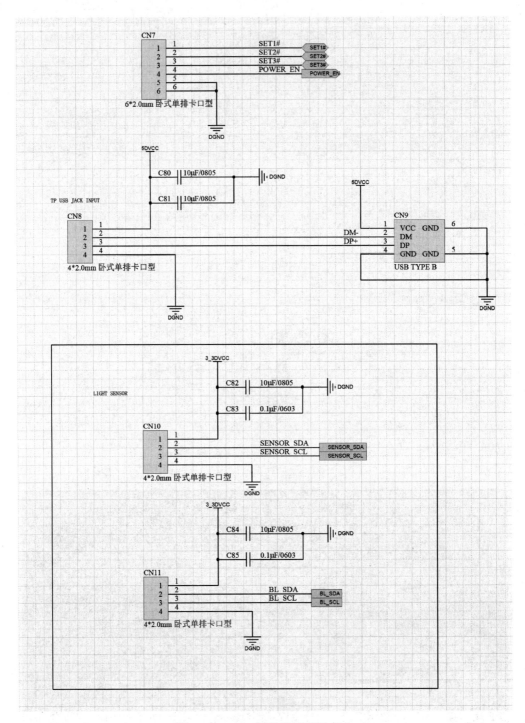

图 19-18　USB 模块的原理图（1）

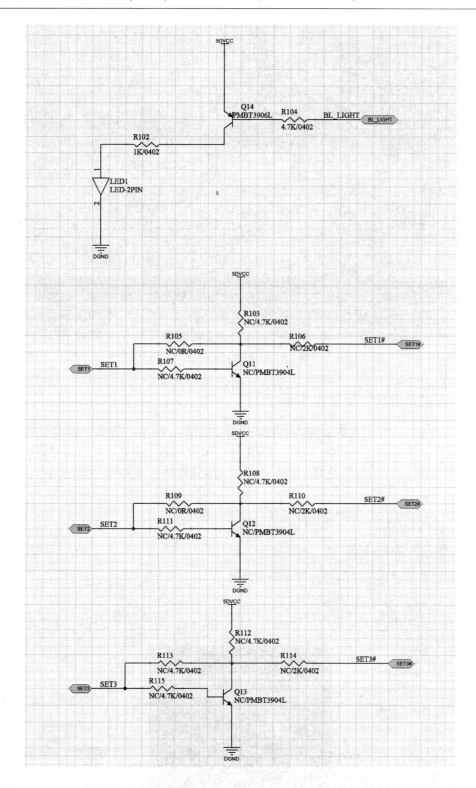

图 19-19　USB 模块的原理图（2）

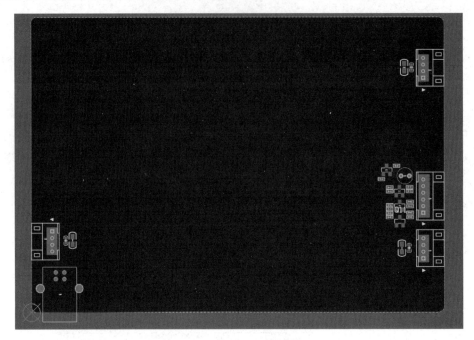

图 19-20   USB 模块的布局

19.2.6   各主要模块布局注意事项

（1）电源模块：按照电源的输入电容靠近输入引脚、输出电容靠近输出引脚放置的原则，增大输入、输出的通道，并且做到电源输入、输出端的地和芯片地单点接地。

（2）VGA 模块：VGA 模块属于模拟电路，布局接口时，ESD 防护器件需要靠近 VGA 接口放置。

（3）DVI 模块：ESD 防护器件靠近接口放置，不可距离太远。

19.2.7   规则约束的设置

按照前面章节的介绍，按设计需求设计规则。

1）安全间距约束

① 整板安全间距规则：执行 "Design" → "Rules…" 操作，如图 19-21 所示。在弹出

图 19-21   执行 "Design" → "Rules…" 操作

的 "PCB Rules and Constraints Editor［mil］" 对话框（见图 19-22）中，选择 "Clearance" 规则，设置整板的安全间距规则，即在该对话框中的 "Constraints" 下的 "Minimum Clearance" 栏中填入 6mil，并设置 "Poly" - "All" 的安全间距为 12mil、"Poly" - "Via" 的安全间距为 6。

图 19-22　"PCB Rules and Constraints Editor［mil］" 对话框（整板安全间距的设置）

② 板框到 All 的规则设置：在 "PCB Rules and Constraints Editor［mil］" 对话框的 "Clearance" 规则下，新建子规则，即右键单击 "Clearance" 栏，在弹出的快捷菜单中执行 "New Rule…" 操作，如图 19-23 所示。在弹出的对话框中，按图 19-24 所示的设置即可。

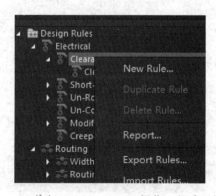

图 19-23　执行 "New Rule…" 操作（新建子规则）

图 19-24　"PCB Rules and Constraints Editor ［mil］" 对话框（板框到 All 的规则设置）

2）线宽约束

① 设置整板默认的线宽规则：将每层的线宽都设置为 8mil，如图 19-25 所示。

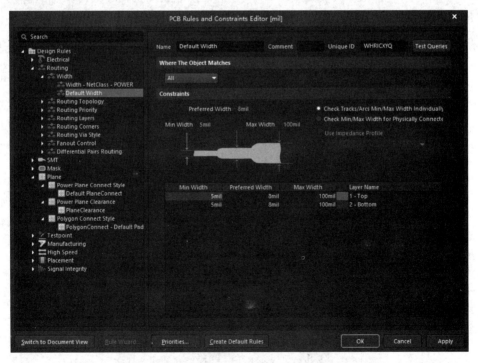

图 19-25　"PCB Rules and Constraints Editor ［mil］" 对话框（设置整板默认的线宽规则）

② 电源类（Power）的线宽约束：电源线的线宽需要比信号线的线宽宽，一般我们使用 12mil，如图 19-26 所示（使用类规则的前提是要先建好类，可参考第 6 章内容。）

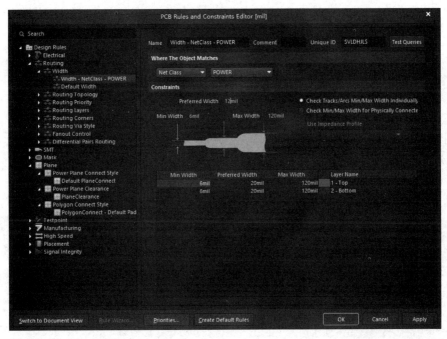

图 19-26 "PCB Rules and Constraints Editor［mil］" 对话框（电源类规则的设置）

3）过孔的设置

本案例使用尺寸为 10/20 的过孔进行设计，在 "PCB Rules and Constraints Editor［mil］" 对话框中的 "Routing Via Style" 规则下进行如图 19-27 所示的设置。

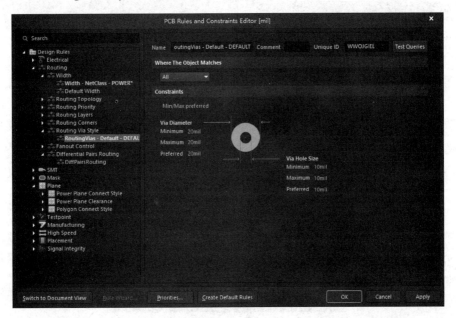

图 19-27 "PCB Rules and Constraints Editor［mil］" 对话框（过孔的设置）

4）灌铜连接方式的设置

① 整板灌铜的连接方式：对于器件引脚与灌铜的连接方式，本案例采用花连接方式，在"PCB Rules and Constraints Editor ［mil］"对话框中的"Polygon Connect Style"规则下进行如图 19-28 所示的设置。

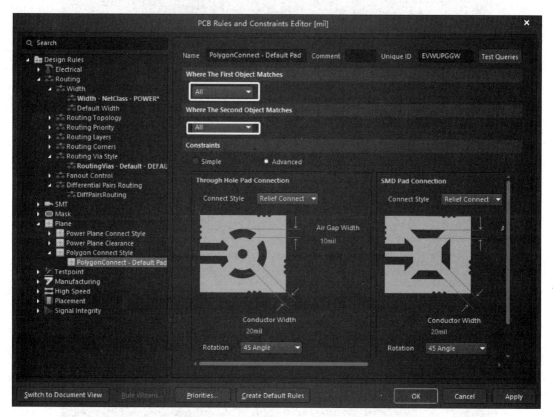

图 19-28　"PCB Rules and Constraints Editor ［mil］"对话框（整板灌铜连接方式的设置）

② 过孔与灌铜的连接方式：在"PCB Rules and Constraints Editor ［mil］"对话框中的"Polygon Connect Style"规则下，新建子规则，即右键单击"Polygon Connect Style"，在弹出的快捷菜单中执行"New Rule…"操作，如图 19-29 所示。过孔与灌铜采用全连接的方式，在弹出的对话框中按图 19-30 所示的设置即可。

图 19-29　执行"New Rule…"操作（新建子规则）

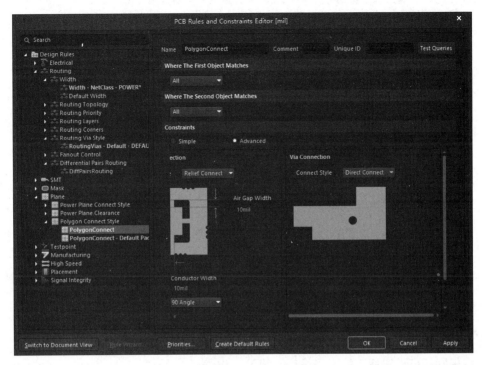

图 19-30　"PCB Rules and Constraints Editor［mil］" 对话框（过孔与灌铜连接方式的设置）

5）差分规则

案例设计中存在 USB 模块和 DVI 模块的差分，因为两者的阻抗控制不一样，所以这里需要创建两个规则。USB 的差分信号阻抗控制为 90 欧姆，DVI 的差分信号阻抗控制为 100 欧姆。设计规则之前需要将两者不同规则的差分信号进行分类。90 欧姆差分信号规则的设置如图 19-31 所示，100 欧姆差分信号规则的设置如图 19-32 所示。

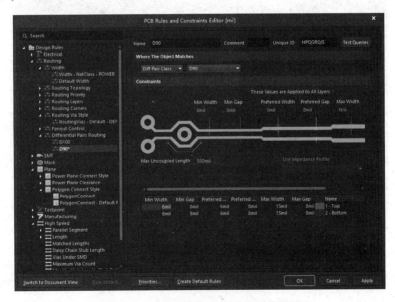

图 19-31　90 欧姆差分信号规则的设置

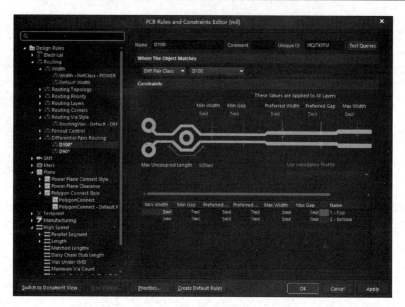

图 19-32　100 欧姆差分信号规则的设置

19.2.8　PCB 布线设计

完成规则约束设置后，接下来进行布线的工作。

按照模块与模块的连接关系，通过连线和打过孔的操作实现整板的连接关系解决。布线的时候要提前规划好布线通道，提高工作效率。完成布线后的 PCB 如图 19-33 所示。

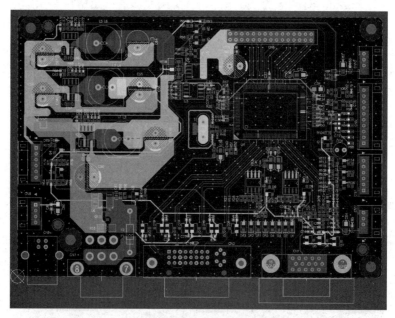

图 19-33　完成布线后的 PCB

备注：本节省略了具体布线操作。读者如有需要，可以联系编著者免费索取布线演示视频。

19.2.9　PCB 覆铜处理

完成 PCB 的布线后，还有 GND 网络没有被最终连接完成，我们可以利用 Top 层与 Bottom 层进行灌铜处理，以及添加 GND 网络过孔来完成连接。

（1）单击"Wiring"工具栏中的 ▣ 图标，或执行"Place"→"Polygon Pour…"操作，在弹出的"Polygon Pour"对话框中，按照图 19-34 所示的设置完成 GND 网络的灌铜设置。

（2）分别在 TOP 层和 BOTTOM 层绘制多变形灌铜，如图 19-35 和图 19-36 所示。

图 19-34　GND 网络的灌铜设置

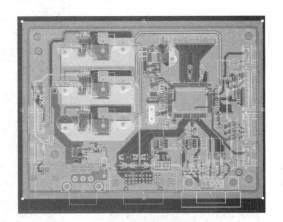

图 19-35　绘制灌铜框

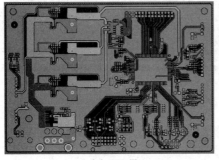

（a）TOP层

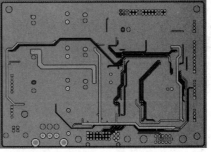

（b）BOTTOM层

图 19-36　绘制多变形灌铜

19.2.10 元件参考编号的调整

参考编号必须要清楚，不可产生歧义。方向必须遵循"方向统一"的原则。也就是说，参考编号是横排的，则首字母的方向要统一为一个方向，不能出现有些元件的参考编号朝左、有些朝右。参考编号若是竖排的，也是同理。

（1）参考编号的字体大小推荐使用字宽/字高为 5/50mil，操作如下所述。

如果之前将元件的参考编号隐藏了，则需要将参考编号显示出来。选中一个参考编号，单击鼠标右键，执行"Find Similar Objects…"操作，如图 19-37 所示。在弹出的"Find Similar Objects"对话框中，将"Text Height"改成 50mil，将"Text Width"改成 5mil，单击"OK"按钮，如图 19-38 所示。

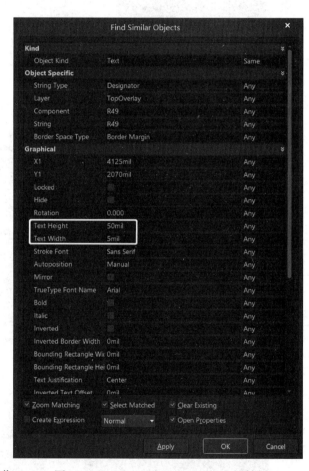

图 1 937　执行"Find Similar Objects…"操作 　　　 图 19-38　"Find Similar Objects"对话框

（2）参考编号的调整如下所述。

在"View Configuration"面板中打开顶层丝印层（Top OverLay）和顶层阻焊层（Top Solder），框选整板器件。按快捷键"A+P"，进入"Component Text Position"对话框，如图 19-39 所示，该对话框中提供了"Designator"和"Comment"两种摆放方式，这里选择"Designator"。

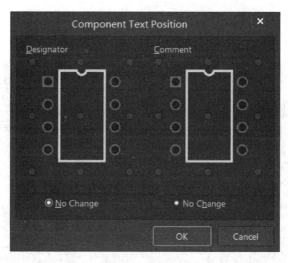

图 19-39　"Component Text Position" 对话框

这里我们将参考编号放置在器件的左边，单击"OK"按钮退出。这个时候我们看到板上有的参考编号之间互相有干涉，需要手动进行调整。参考编号调整后的结果如图 19-40 所示。

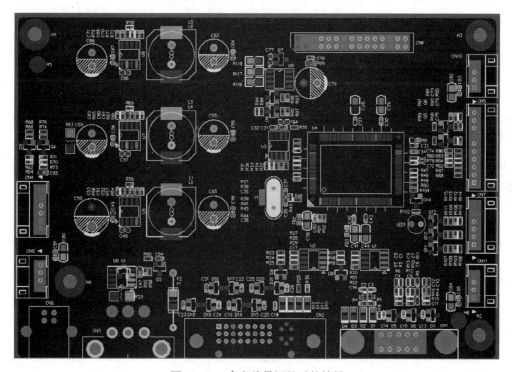

图 19-40　参考编号调整后的结果

19.2.11　验证设计和优化

为了验证 PCB 设计是否符合设计要求，用户可以利用设计规则检查功能（DRC）进行验证。执行"Tools"→"Design Rule Check…"操作，打开"Design Rule Checker［mil］"对话框，如图 19-41 所示。

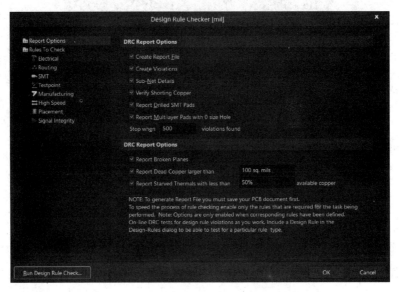

图 19-41   "Design Rule Checker"对话框

单击对话框左侧的"Report Options"，保持默认状态下"Report Options"区域的所有选项，并单击"Run Design Rule Check…"按钮，此时出现设计规则检查报告，如图 19-42 所示，并同时打开一个"Messages"消息窗口。

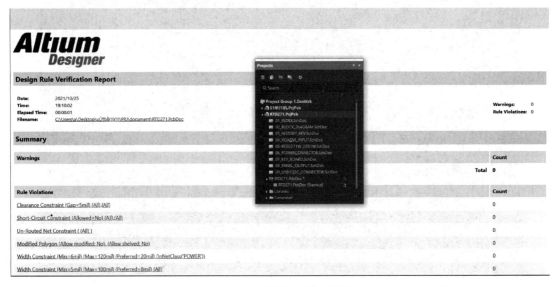

图 19-42   设计规则检查报告

单击 PCB 窗口，再双击"Messages"消息窗口中的各个说明，这样可以精确地跳转到 PCB 存在错误的地方。用户可以根据提示的错误信息对 PCB 进行修改和优化。

19.3　本章小结

　　为了帮助读者快速掌握液晶驱动板 PCB 设计实例的设计技能，配套的增值视频教程已上传至 EDA 无忧学堂（www. 580eda. net）。同时，编著者还为读者提供 QQ 技术交流群：345377375。

第 20 章　进阶案例：四层摄像头 PCB 设计

20.1　概述

本章将以介绍知识点的方式向读者讲解 IMX323 摄像头 PCB 实例的设计，使读者在实战中具备基于 Altium Designer 的电路板设计能力。

20.2　基本技能

20.2.1　IMX323 原理图设计

绘制如图 20-1 所示的 IMX323 原理图。

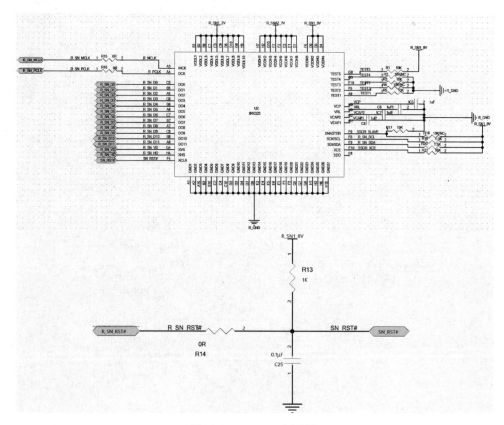

图 20-1　IMX323 原理图

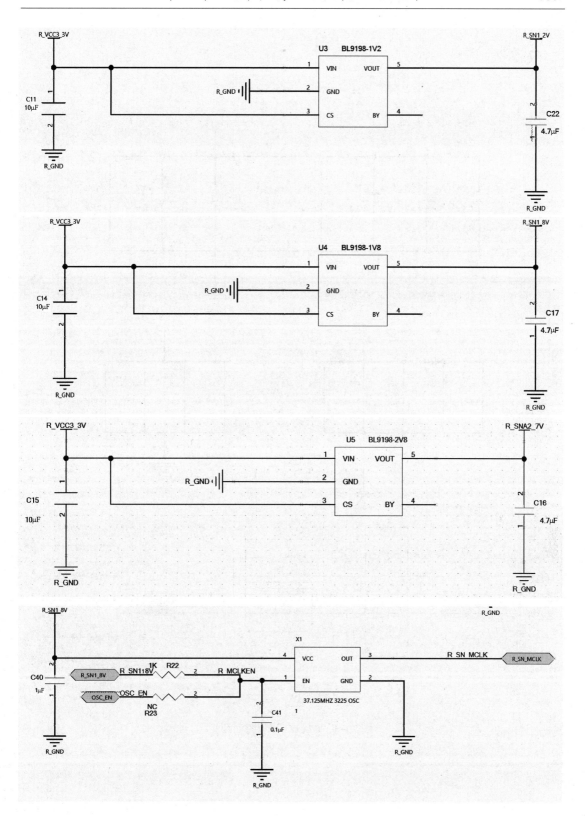

图 20-1　IMX323 原理图（续）

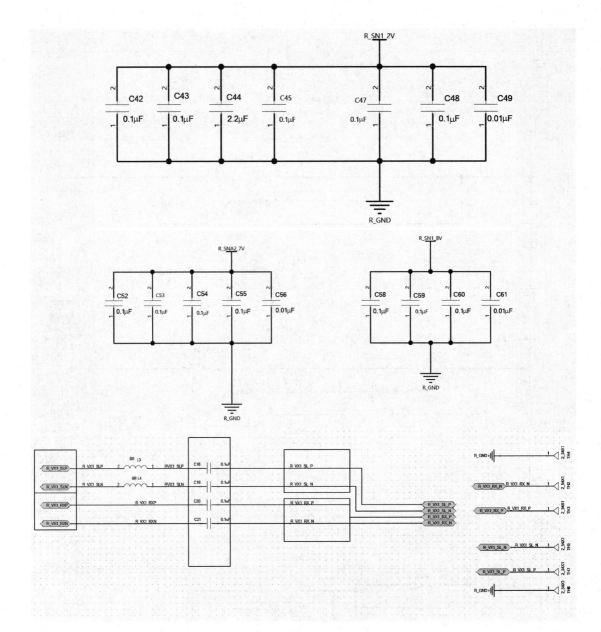

图 20-1 IMX323 原理图（续）

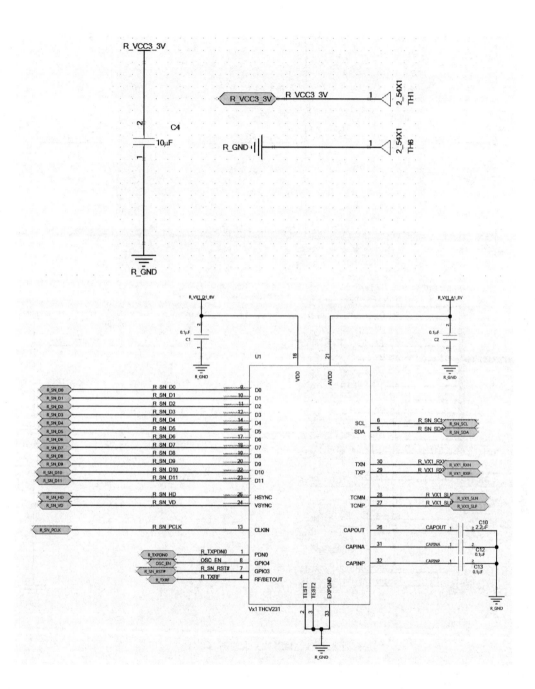

图 20-1　IMX323 原理图（续）

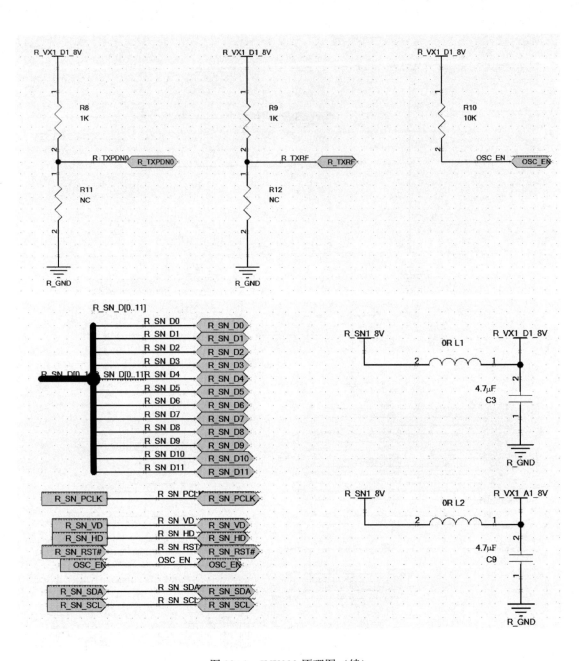

图 20-1   IMX323 原理图（续）

20. 2. 2   IMX323 PCB 设计

绘制如图 20-2～图 20-6 所示的 IMX323 PCB 图。

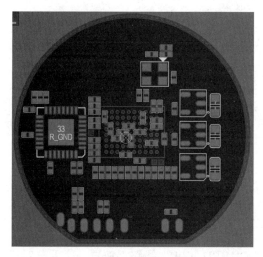

图 20-2　IMX323 布局图

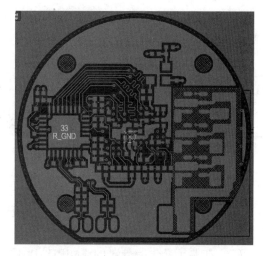

图 20-3　IMX323 顶层布线图

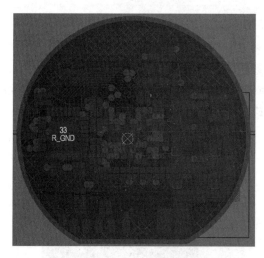

图 20-4　IMX323 GND02 层布线图

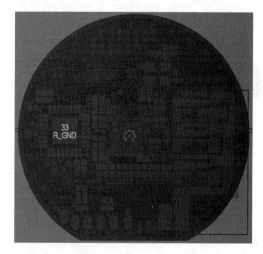

图 20-5　IMX323 PWR03 层布线图

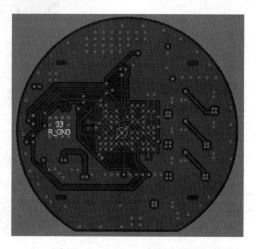

图 20-6　IMX323 底层布线图

20.3 基本知识

20.3.1 设置差分网络

在 Altium Designer 中，差分线的定义既可以在原理图中实现，也可以在 PCB 中实现，下面对这两种定义方法分别进行介绍。

1. 在原理图中定义差分线

（1）打开 IMX323 工程文件中的原理图文件，执行"Place"→"Directives"→"Differential Pair"操作，进入放置差分对指示记号状态，按"Tab"键，打开差分线属性对话框，在该对话框中可以修改相关参数。

（2）在要定义为差分对的"MIPI1_D0M"和"MIPI1_D0P"线路上放置一个差分对指示记号，如图 20-7 所示。

（3）完成差分对网络的定义后，更新 PCB 文件。

2. 在 PCB 中定义差分对

（1）打开 IMX323 工程文件中的 PCB 文件。

（2）在软件的右下角单击"PCB"图标中的"PCB"快捷菜单，打开"PCB"面板。在"PCB"面板中选择"Differential Pairs Editor"类型，如图 20-8 所示。

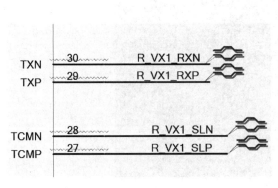

图 20-7　放置差分对指示记号　　　　　　图 20-8　"PCB"面板

（3）在"Differential Pairs"目录栏单击"Add"按钮，进入差分对设置对话框。在该对话框中的"Positive Net"和"Negative Net"栏内分别选择差分对的正、负信号线，在"Name"栏内输入差分对的名称"MIPI_0"，单击"OK"按钮退出，如图 20-9 所示。

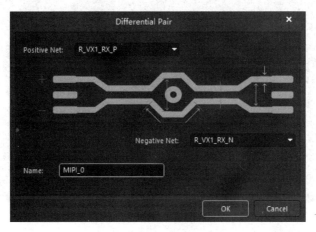

图 20-9　差分对设置对话框

（4）完成设置后，差分对网络呈现灰色的筛选状态。

（5）以同样的操作，依次建立其余五对差分线，即 R_VX1_SLP&R_VX1_SLN、RVX1_SLP&RVX1_SLN、MIPI1_D3M−&R_VX1_SL_N、R_VX1_RX_N &R_VX1_RX_P、R_VX1_RXN&R_VX1_RXP。

20.3.2　设置差分对规则

完成差分对网络的定义后，"PCB"面板中会显示出差分对组，如图 20-10 所示。在本实例中，具体讲解如何使用规则向导实现差分对规则的设置。

（1）单击规则向导"Rule Wizard"按钮，进入差分对规则向导编辑界面。在该界面中继续单击"Next"按钮，进入设计规则名称编辑界面，在该界面中采用默认设置即可。

（2）单击"Next"按钮，进入差分对规则名字设置界面，如图 20-11 所示，在"Prefix"栏中输入"DiffPair_MIPI1"。

（3）单击"Next"按钮，进入差分对等长规则设置界面，如图 20-12 所示。在本例中，采用默认设置即可。

（4）单击"Next"按钮，进入差分对线宽、线距设置界面，如图 20-13 所示。在本例中，线宽/线距采用 4.5/5.5mil。

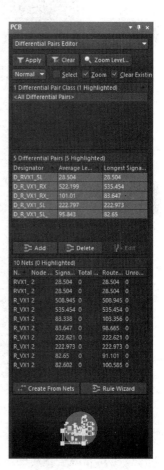

图 20-10　"PCB"面板

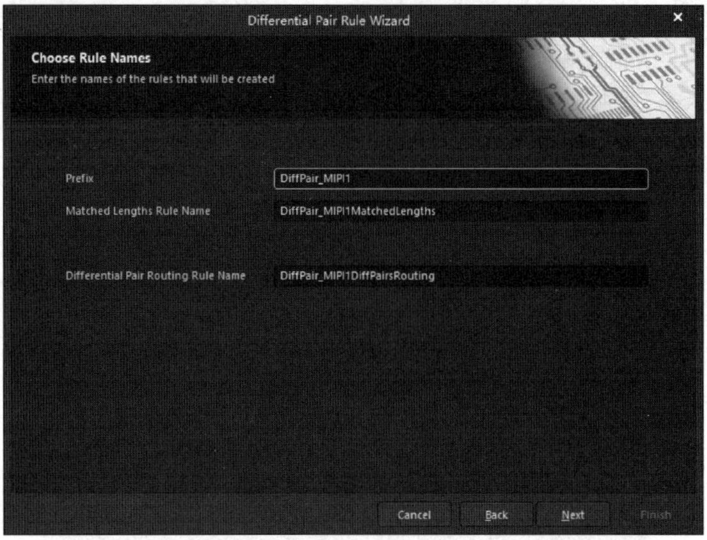

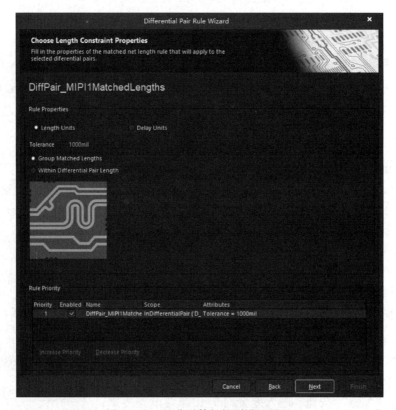

图 20-11　差分对规则名字设置界面

图 20-12　差分对等长规则设置界面

（5）单击 "Next" 按钮，在随后弹出的 "Rule Creation Completed" 对话框中单击 "Finish" 按钮，完成差分对的规则向导设置工作，如图 20-14 所示。

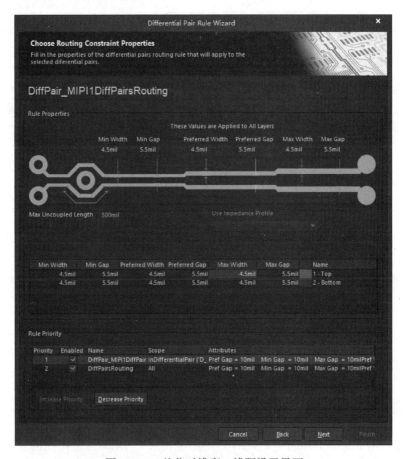

图 20-13 差分对线宽、线距设置界面

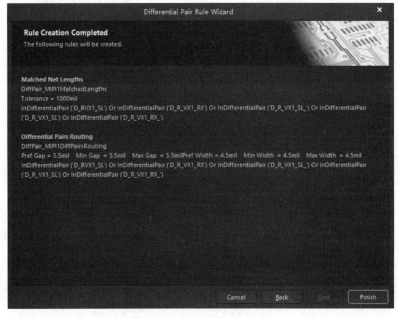

图 20-14 "Rule Creation Completed" 对话框

20.3.3　差分对走线

执行 "Route" → "Interactive Differential Pair Routing" 操作，或在快捷工具栏内单击 图标进入差分对布线状态。在差分对布线状态下，有定义差分对的网络会高亮显示，单击差分对中的任意一根走线，可看到两条线同时走线，如图 20-15 所示。同理，继续完成其余差分对的布线工作。

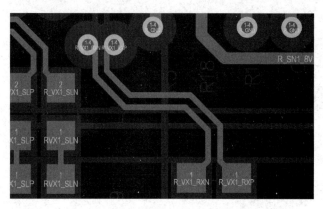

图 20-15　差分对走线实例

20.3.4　原理图与 PCB 交互布局

我们可以利用 Altium Designer 提供的交互功能，进行 PCB 快速布局的工作，提高工作效率。首先打开原理图和 PCB 文件，在原理图编辑界面中框选需要在 PCB 中交互的元器件，如图 20-16 所示。然后按键盘中的 "T+S" 组合键，系统自动跳转到 PCB 界面。同时，原理图中被选中的元器件会在 PCB 中高亮显示，如图 20-17 所示。利用这个交互功能，用户可以快速进行模块化的布局操作。

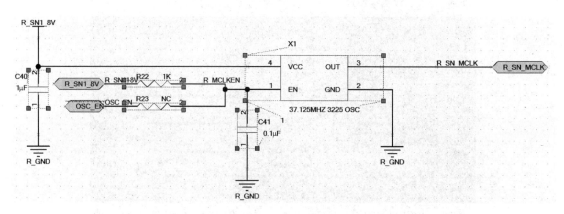

图 20-16　在原理图中框选需要在 PCB 中交互的元器件

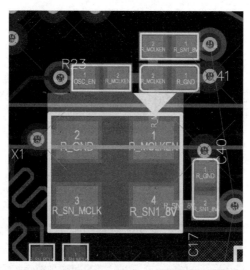

图 20-17　被选中的元器件在 PCB 中高亮显示

20.4　差分线设计原则

在绘制 MIPI1 接口差分线时，应注意以下几点要求。

➤ 在布局元件时，尽可能缩短差分线的走线距离。

➤ 差分线上不应加磁珠或者电容等滤波措施，否则会严重影响差分线的阻抗。

➤ 如果镜头芯片需要串联电阻时，务必将这些电阻尽可能靠近芯片放置。

➤ 将差分信号线布在离地层最近的信号层。

➤ 在绘制 PCB 上的其他信号线之前，应完成 USB 差分线的布线。

➤ 保持差分线下端地层的完整性，如果分割差分线下端的地层，会造成差分线阻抗的不连续性，并会增加外部噪声对差分线的影响。

➤ 在差分线的布线过程中，应避免在差分线上放置过孔，过孔会造成差分线阻抗失调。如果必须要通过放置过孔才能完成差分线的布线，那么应尽量使用小尺寸的过孔，并保持差分线在一个信号层上。

➤ 保证差分线的线间距在走线过程中的一致性，如果在走线过程中差分线的间距发生改变，则会造成差分线阻抗的不连续性。

➤ 在绘制差分线的过程中，使用 45°弯角或圆弧弯角来代替 90°弯角，并尽量在差分线周围的 4W 范围内不要走其他的信号线，特别是边沿比较陡峭的数字信号线，更加要注意其走线不能影响差分线。

➤ 差分线要尽量等长，如果两根线长度相差较大时，可以绘制蛇行线增加短线长度。

20.5　本章小结

为了帮助读者快速掌握 IMX323 摄像头 PCB 实例的设计技能，配套的增值视频教程已上传至 EDA 无忧学堂（www.580eda.net）。同时，编著者还为读者提供 QQ 技术交流群：345377375。

第 21 章　高级实例：六层 HDTV 主板设计

21.1　概述

本章以目前国内流行的 HDTV 播放机为实例，主芯片采用 Sigma Designs 最新推出的高清解码芯片——SMP8654 多媒体处理器，如图 21-1 所示。

图 21-1　SMP8654 多媒体处理器

Sigma Designs SMP8654 多媒体处理器提供了支持高清晰度视频解码的先进解码引擎，支持 H.264 标准（MPEG-4 part 10）、Windows Media R Video 9、SMPTE 421M（VC-1）、MPEG-2 和 MPEG-4（part 2），以及新的 AVS 标准，支持高效能的图形加速，支持多标准音频解码和先进的显示处理能力，并可通过 HDMI 1.3 输出其多媒体内容。

SMP8654 强大的内容安全性是通过专用安全处理器、芯片内建闪存，以及一系列用于高速有效载荷解密的数字版权管理（DRM）引擎保证的。

SMP8654 还具有完整的系统周边设备接口，包括双千兆以太网控制器、双 USB 2.0 控制器、Nand Flash 控制器、红外 IR 控制器和 SATA 控制器等。

为应对新的消费电子产品低功耗要求，SMP8650 系列的芯片还加入了几个待机功能，包括红外唤醒（Wake-on-IR）、网络远程唤醒（Wake-on-LAN）和支持 DRAM 数据保存的睡眠/待机。

21.2　系统设计指导

21.2.1　原理框图

SMP8654 的信号流向图，即原理框图，如图 21-2 所示。

21.2.2　电源流向图

SMP8654 的电源流向图如图 21-3 所示。

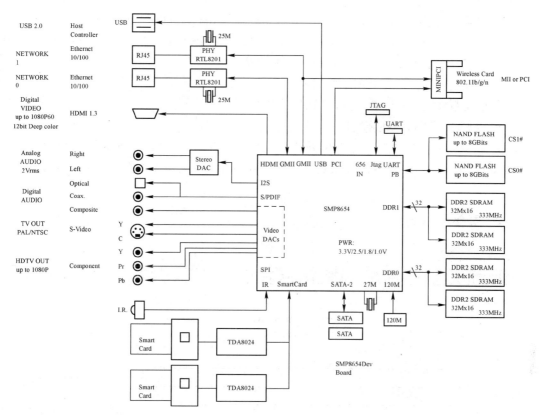

图 21-2　SMP8654 的原理框图

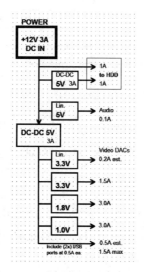

图 21-3　SMP8654 的电源流向图

21.2.3　单板工艺

单板布线工艺主要取决于单板高密度芯片的封装工艺（BGA 的间距），以及 PCB 成本和性能的考虑。推荐的单板工艺设计如下所述。

➢ 建议采用六层板设计：TOP、GND02、S03、PWR04、GND05、BOTTOM。

➢ 过孔规则：孔径 8mil/盘径 18mil（BGA 区域）、孔径 10mil/盘径 22mil（除 BGA 的其他区域）、孔径 12mil/盘径 24mil（电源模块）。

➢ 最小线宽规则：4mil（BGA 局部区域）。

➢ 最小线距规则：4.5mil（BGA 局部区域）。

➢ 50 欧姆单端阻抗线线宽规则：4.5mil。

➢ 90 欧姆差分线线宽规则（线宽/线距/线宽）：5/7/5（表层）、5.5/8/5.5（内层）。

➢ 100 欧姆差分线线宽规则（线宽/线距/线宽）：4.4/8.5/4.4（表层）、4.6/8/4.6（内层）。

21.2.4　层叠和布局

1. 六层层叠设计

单板采用六层的层叠设计，如图 21-4 所示。

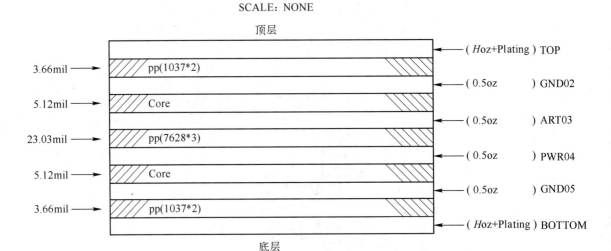

图 21-4　六层层叠设计

单板的布线情况如下所述。

➢ TOP 层作为主要元器件层，主要摆放芯片、电解电容、插座；BOTTOM 层相邻层也是地平面层，但由于结构上底层有限高，因此只用来摆放电阻、电容等高度较矮的元件；顶层和底层作为微带线布线层。

➢ 第 3 层相邻层都是参考平面，为最优布线层，时钟等高风险线优先布在第 3 层。

➢ 第 2 层和第 5 层作为完整的接地平面，起到为表层的元器件和布线提供屏蔽和最短电流返回路径的作用。

➢ 第 4 层为主电源平面，为主要电源提供平面分割形式的电源网络。

2. 单板布局

单板的大小如图 21-5 所示。

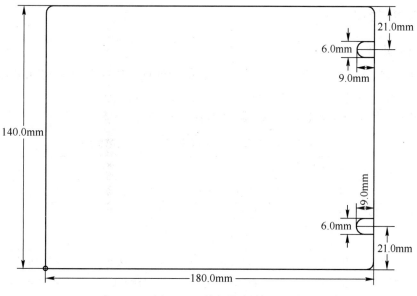

图 21-5　单板的大小

单板的分区布局规划如图 21-6 所示。

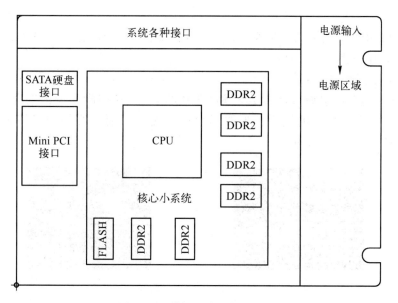

图 21-6　单板的分区布局规划

21.3 模块设计指导

21.3.1 CPU 模块

1. 电源的处理

设计 PCB 时，对 SMP8654 芯片相应电源引脚的处理，要综合考虑此电源的电流需求、电源敏感性、电源本身的噪声等各个因素。

SMP8654 共有 6 种外部电源供电引脚，如表 21-1 所示。

表 21-1　SMP8654 芯片的 6 种外部电源供电引脚

电源供电分区	最大电流/A	布线要求
VCC1V5	2	必须划分电源平面
VCC3V3	3	必须划分电源平面
VCC1V8	2	必须划分电流平面
VCCPLL0	0.2	保证 PLL 电源通过 LC 滤波后供给电源，滤波电容尽可能靠近引脚走线放置
VCCPLL12	0.2	保证 PLL 电源通过 LC 滤波后供给电源，滤波电容尽可能靠近引脚走线放置
VREF0	0.5	参考电压，电源通过滤波后供给电源，滤波电容尽可能靠近引脚走线放置
VREF1	0.5	保证 PLL 电源通过 LC 滤波后供给电源，滤波电容尽可能靠近引脚走线放置

2. 去耦电容的处理

芯片的电源引脚处需要放置足够的去耦电容，推荐采用 0603 封装、$0.1\mu F$ 的陶瓷电容，其在 20~300MHz 范围内非常有效。

去耦电容的处理规则如下。

➤ 尽可能靠近电源引脚，走线要求满足芯片的 POWER 引脚→去耦电容→芯片的 GND 引脚之间的环路尽可能短、走线尽可能加宽。去耦电容的两种不同放置方式如图 21-7 和图 21-8 所示。

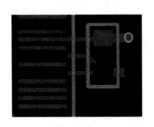 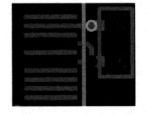

图 21-7　电容和 IC 放在同一面　　　　　图 21-8　电容放在 IC 的背面

➤ 芯片上的电源、地引出线从焊盘引出后就近打过孔接电源、地平面。线宽尽量做到 8~12mil（视芯片的焊盘宽度而定，通常要小于焊盘宽度的 20% 或以上）。电容打过孔的示例如图 21-9 所示。

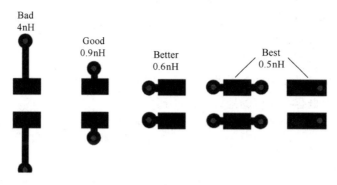

图 21-9　电容打过孔的示例

➢ 每个去耦电容的接地端，推荐采用一个以上的过孔直接连接至主地，并尽量加宽电容引线，默认引线宽度为 20mil。图 21-10 所示为电容的 Fanout。

3. 时钟的处理

本例涉及的时钟器件是晶体谐振器和晶体振荡器，接下来介绍这两种时钟电路的布局、布线方法。

1）晶体谐振器

常见的晶体谐振器是有两个引脚的无极性器件，一般外面包围金属外壳，以跟其他器件或设备隔离。图 21-11 所示是典型的晶体谐振器的实物图。

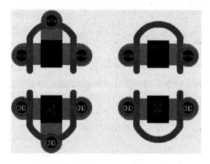

图 21-10　电容的 Fanout

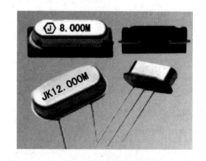

图 21-11　典型的晶体谐振器的实物图

晶体谐振器自身无法振荡起来，需要借助时钟电路才能起振，如图 21-12 和图 21-13 所示。

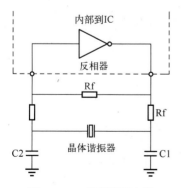

图 21-12　并联谐振电路

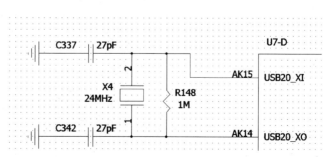

图 21-13　并联谐振原理图实例

晶体谐振器的 PCB 设计要点如下所述。
- 时钟电路要尽量靠近相应的 IC。
- 晶体谐振器的两个信号要适当加宽（通常取 10~12mil）。
- 两个电容要靠近晶体放置，并整体靠近相应的 IC。
- 为了减小寄生电容，电容的地线扇出线宽要加宽。
- 晶体谐振器底下要铺地铜（见图 21-14），并打一些地过孔，充分与地平面相连接，以吸收晶体谐振器辐射的噪声，或者立体包地。

2）晶体振荡器

晶体振荡器俗称晶振，它是一个完整的振荡器，其内部除了有石英晶体谐振器，还包括晶体管和阻容器件，内部其实就是一块小的 PCB，最外面一般用金属外壳封装。因为其内部有晶体管，所以还需要外部提供电源。

根据晶体振荡器的工作方式和性能指标的不同，常见的晶体振荡器有电压控制晶体振荡器（VCXO）、温度补偿晶体振荡器（TCXO）、恒温晶体振荡器（OCXO）及数字补偿晶体振荡器（DCXO）等。每种类型都有自己独特的性能，价格也相差很大。

图 21-15 所示是典型的晶体振荡器的实物图。

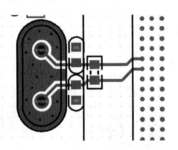

图 21-14　晶体谐振器底下铺地铜

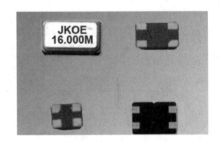

图 21-15　典型的晶体振荡器的实物图

晶体振荡器的 PCB 设计要点如下所述。
- 时钟电路要尽量靠近相应的 IC。
- 输出时钟信号要控制特性阻抗为 50Ω。
- "π" 形电源滤波电路靠近晶振放置。
- 晶体振荡器底下要铺地铜，并打一些地过孔充分与地平面相连接，以吸收晶体振荡器辐射的噪声。

图 21-16 和图 21-17 所示是晶体振荡器的时钟电路和其 PCB 处理实例。

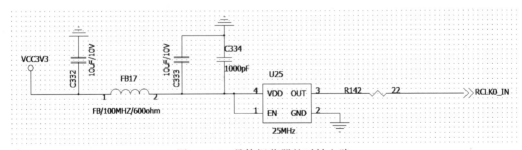

图 21-16　晶体振荡器的时钟电路

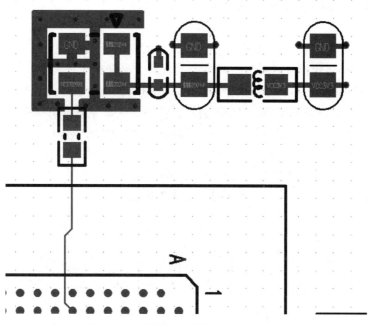

图 21-17　晶体振荡器的 PCB 处理实例

4. 锁相环滤波电路的处理

锁相环（Phase-Locked Loop，PLL）滤波电路如图 21-18 所示。布局时，0.1μF 和 0.01μF 的电容组合放置在相应的电源引脚附近。

5. 端接

随着单板时钟频率的提高，PCB 上的互连线成为分布式的传输线。由于传输线效应，如果设计者没有进行适当的端接匹配，信号传输过程中的反射、串扰将使信号的波形质量恶化，如过冲、振铃、非单调、衰减等现象，因此电路的端接匹配至关重要。

1）源端端接

源端端接是典型时钟电路最流行的端接方式，即在尽可能靠近信号源的地方串接一个电阻。电阻的作用是使时钟驱动器的输出阻抗与线路的阻抗匹配，使发射波在返回时被吸收。源端端接如图 21-19 所示。

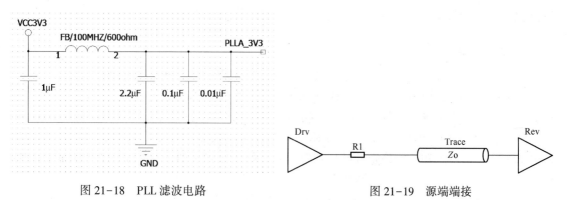

图 21-18　PLL 滤波电路　　　　　　　　　　图 21-19　源端端接

在进行 PCB 布局时，匹配电阻应靠近驱动端放置。

2）终端端接

终端端接是指在尽量靠近负载端的位置处加上拉和/或下拉阻抗以实现终端的阻抗匹配的端接方式。终端端接包括并联端接、戴维宁端接和交流端接 3 种类型。

（1）并联端接如图 21-20 所示。由于多数 IC 的接收端的输入阻抗比传输线的阻抗高得多，因此采用并联一个电阻的方式以实现接收端与传输线的阻抗匹配。采用此端接的条件是驱动端必须能够提供输出高电平时的驱动电流，以保证通过端接电阻的高电平电压满足门限电压要求。

（2）戴维宁端接如图 21-21 所示。此端接方案降低了对源端器件驱动能力的要求，但却由于在电源和地之间连接了电阻 R1 和 R2，从而一直从系统电源中吸收电流，因此直流功耗较大。在 PCB 上表现为增加了器件和网络连接的数量。

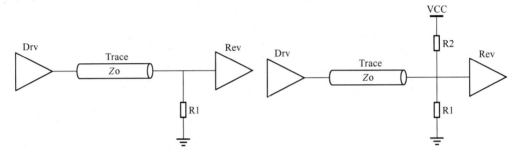

图 21-20　并联端接　　　　　　　　　图 21-21　戴维宁端接

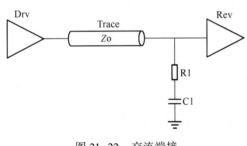

图 21-22　交流端接

（3）交流端接如图 21-22 所示。此端接方案无任何直流功耗，原因在于端接电阻小于或等于传输阻抗 Z_0，电容 C1 的容抗必须大于 100pF，推荐使用 0.1μF 的多层陶瓷电容。电容有阻低频、通高频的作用，故电阻不是驱动源的直流负载。串联的 RC 电路作为匹配网络，只能使用在信号工作比较稳定的情况下，这种方案最适合对时钟信号进行匹配。

终端的 PCB 设计要求：在进行 PCB 布局时，匹配电阻（或电容：交流端接）应靠近接收端（终端）放置。

21.3.2　存储模块

1. 模块介绍

本系统采用 DDR2 作为数据存储模块。下面简单介绍一下 DDR2 的特性。

DDR2 可以看作 DDR 的升级，DDR2 的 I/O 口的速率最高可以提高至 400MHz。在信号引脚上的主要变化是将单端的 DQS 信号变成差分的 DQS 和 $\overline{\text{DQS}}$ 信号。

DDR2 采用 DQS 和 $\overline{\text{DQS}}$ 差分信号，其优势在于可以减少信号间串扰的影响，减少 DQS 输出脉宽对工作电压和温度稳定性的依赖等。其采样的方式类似于时钟采样，在两根差分信号号的交叉处采集数据，如图 21-23 所示。

2. 电源与时钟的处理

1）VREF 电源

VREF 参考电压对电源供给要求较高，线宽尽可能加宽至 20～30mil。VREF 旁路电容要靠近 DDR2 的 VREF 引脚，如图 21-24 所示。

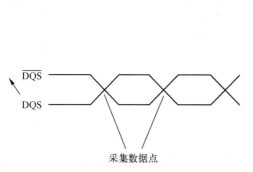

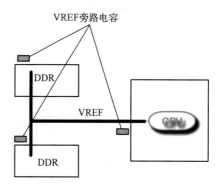

图 21-23　DQS 和$\overline{DQS}$差分信号采集数据　　　　图 21-24　VREF 旁路电容

2）工作电源

DDR2 的工作电压为 1.8V，去耦电容要靠近每个电源引脚放置。大电容均匀放置在 DDR2 周围，必须保证有完整的参考平面。

3）关键信号的处理

DDR2 关键信号的处理要点如表 21-2 所示。

表 21-2　DDR2 关键信号的处理要点

信 号 名 称	功 能 描 述	设 计 注 意 事 项
CLK、CLK_#	差分时钟	（1）差分线控制特性阻抗为 100Ω：差分时钟和 DQS 差分，严格按照差分信号处理，严格等长，同一对差分之间的误差控制在 5mil。 （2）其余信号控制特性阻抗为 50Ω。 （3）每 11 根数据线尽量走在同一层，等长误差控制在 100mil。 （DQ0～DQ7，DQM0，DQS0_N，DQS0_P） （DQ8～DQ15，DQM1，DQS1_N，DQS1_P） （DQ16～DQ23，DQM2，DQS2_N，DQS2_P） （DQ24～DQ31，DQM3，DQS3_N，DQS3_P） （4）差分时钟线和地址、命令信号全部设为一组，误差控制在 +/-200mil
DQ0～DQ31	数据（输出）	
DQM	数据掩码	
DQS，DQS_#	数据选通	
CKE	时钟使能	
$\overline{CS}$	片选	
$\overline{WE}$	读写	
$\overline{RAS}$	列选	
$\overline{CAS}$	行选	
BA0～BA2	BANK 选择	
A0～A12	地址	

21.3.3　电源模块

1. 开关电源模块

TPS5430 是 TI（美国德州仪器公司）推出的一款性能优越的 DC/DC 开关电源转换芯片。TPS5430 具有良好的特性，其各项性能及主要参数如下所述。

➢ 高电流输出：3A（峰值 4A）。

➢ 宽电压输入范围：5.5~36V。

➢ 高转换效率：最佳状况可达 95%。

➢ 内部补偿最小化了外部器件的数量。

➢ 固定 500kHz 的转换速率。

➢ 具有过流保护及热关断功能。

➢ 具有开关使能脚。

➢ 内部软启动。

➢ -40~125℃ 的温度范围。

TPS5430 12V 转 5V 的应用电路如图 21-25 所示。

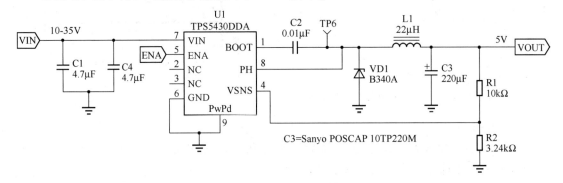

图 21-25　TPS5430 12V 转 5V 的应用电路

TPS5430 推荐的 PCB 设计如图 21-26 所示。

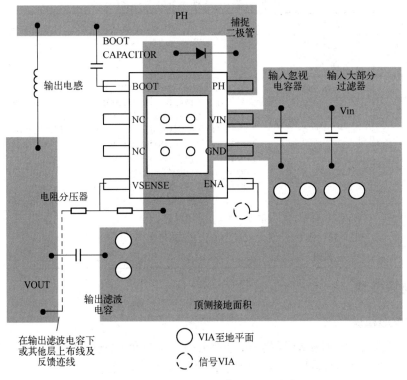

图 21-26　TPS5460 推荐的 PCB 设计

TPS5430 的电源原理图和布局、布线图如图 21-27 和图 21-28 所示。

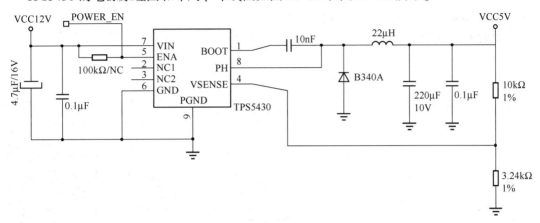

图 21-27　TPS5430 的电源原理图

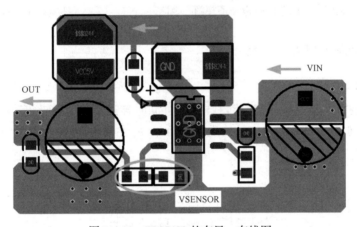

图 21-28　TPS5430 的布局、布线图

开关电源模块的 PCB 设计要点如下所述。

◆ 输入（VIN）和输出（OUT）的主回路明晰，并留出覆铜和打过孔的位置。

◆ VSENSE 路径远离干扰源和大电流的平面上，不要直接将 Sense 线连接在开关电源的引脚处，一般采用 0.5mm 的线连到输出滤波电容之后。

◆ 对芯片的模拟地处理要特别注意，最好根据 Datasheet 上推荐的处理方法。

2. LDO 线性稳压器

LDO 线性稳压器是最基本的稳压电源变换器，它只能作为降压（如 3.3V 降至 1.2V）之用，是一种非常简单的方案。LDO 本身消耗的功率大，效率相对较低。所以，LDO 一般用于电流小于 2A 的电源电路。其优点是：成本低，电路简单，电压纹波小，较稳定，可靠性可以保证，上电快。

LDO 的 PCB 布局、布线设计要点如下所述。

◆ 输入和输出主回路的处理：滤波电容按先大后小的原则靠近电源芯片的输入和输出引脚放置。

◆ GND 主回路的处理：芯片的 GND 引脚应保证足够宽的铜皮和足够数量的过孔（与输

入、输出的过孔数量相当）。

◆ 输入和输出的地最好单点汇接在一起。

常见的 LDO 电路原理图和其 PCB 处理图如图 21-29 和图 21-30 所示。

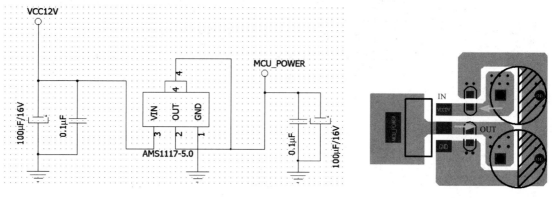

图 21-29　常见的 LDO 电路原理图 　　　　　　　图 21-30　LDO 的 PCB 处理图

21.3.4　接口电路的 PCB 设计

1. HDMI 接口

HDMI 是一种数字化视频/音频接口技术，可同时传送音频和影音信号，最高数据传输速度为 5Gbps。同时，不需要在信号传送前进行 D/A 或 A/D 转换。HDMI 典型的应用电路如图 21-31 所示。

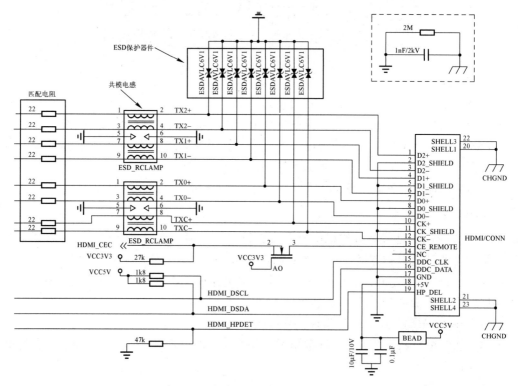

图 21-31　HDMI 典型的应用电路

HDMI 接口的 PCB 设计要点如下所述。

◆ ESD 保护器件和共模电感要靠近 HDMI 端子放置，如图 21-32 所示。

◆ 匹配电阻靠近插座并排放置，如图 21-33 所示。

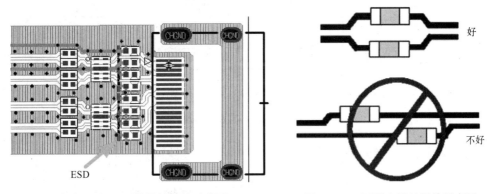

图 21-32　ESD 器件的摆放示意图　　　　图 21-33　匹配电阻的摆放示意图

◆ 同一对差分线之间的误差为 5mil；差分对间的误差为 10mil，如图 21-34 所示（W 为线宽，L 为差分对之间的间距）。4 对差分线之间的间距要保证在 20mil 以上，如图 21-35 所示。

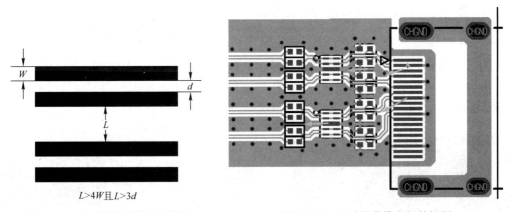

图 21-34　差分线间距的示意图　　　　　图 21-35　4 对差分线之间的间距

2. SATA 接口

SATA 接口的发展为 SATA→SATA II→SATA III，其最大速率为 1.5Gbit/s→3Gbit/s →6Gbit/s，而且其接口非常小巧，排线也很细，有利于机箱内部空气流动，加强散热效果，也使机箱内部显得不太凌乱。与并行 ATA 相比，SATA 还有支持热插拔、传输速度快、执行效率高等优点。SATA 接口如图 21-36 所示，其 PCB 设计要点如下所述。

图 21-36　SATA 接口

◆ 尽量不打过孔。

◆ 同一对差分线的长度误差为 5mil。

◆ 两对差分线之间的间距保持 $4W$，并与其他信号或灌铜的间距也要保证 $4W$。

◆ 优先邻近接地平面走线。

◆ 立体包地处理，走线远离时钟电路。

SATA 典型的应用电路如图 21-37 所示。

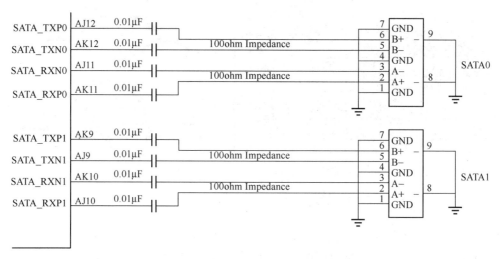

图 21-37　SATA 典型的应用电路

SATA 的 PCB 设计实例如图 21-38 所示。

3. USB 接口

USB 接口采用一个 4 针（USB 3.0 标准为 9 针）的标准插头，采用菊花链形式将所有的外部设备连接起来，最多可以连接 127 个外部设备，并且不会损失带宽。图 21-39 所示为常见的 USB 接口。

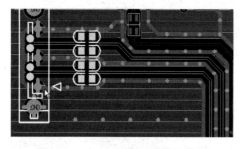

图 21-38　SATA 的 PCB 设计实例

图 21-39　常见的 USB 接口

USB 接口典型的应用电路如图 21-40 所示。

USB 接口的 PCB 设计要点如下所述。

◆ TVS 器件必须靠近插座放置，在 PCB 设计时要大面积接地。

◆ 布局时保证信号流经 TVS 器件后再到共模电源。

◆ 差分线特性阻抗为 90Ω，等长误差为 5mil。

◆ 两对差分线之间的间距保持 $4W$，并与其他信号或灌铜的间距也要保证 $4W$，如图 21-41 所示。

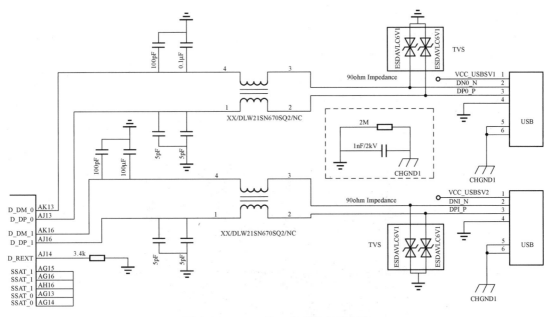

图 21-40　USB 接口典型的应用电路

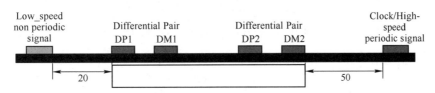

图 21-41　USB 接口的布线间距

◆ 优先邻近接地平面走线。

USB 接口的 PCB 设计实例如图 21-42 所示。

4. RCA 接口

RCA 接口俗称莲花头，它既可以用于音频信号，又可以用于普通的视频信号。常见的 RCA 接口如图 21-43 所示。

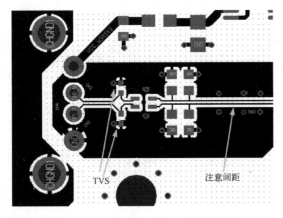

图 21-42　USB 接口的 PCB 设计实例

图 21-43　常见的 RCA 接口

RCA 接口的 PCB 设计要点如下所述。

◆ TVS 器件必须靠近插座放置。

◆ 采用"一"字形或"L"形布局。

◆ 布线加粗至 10mil，并且做包地处理。

RCA 接口的 PCB 设计实例如图 21-44 所示。

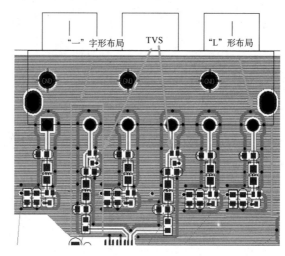

图 21-44　RCA 接口的 PCB 设计实例

5. S-Video 接口

S-Video 接口的引脚分别为 C、Y、YG、YC。常见的 S-Video 接口如图 21-45 所示。

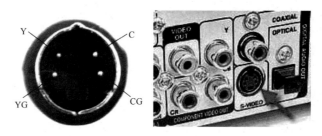

图 21-45　常见的 S-Video 接口

S-Video 接口典型的应用电路如图 21-46 所示。

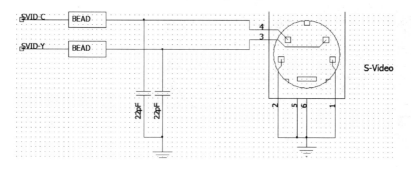

图 21-46　S-Video 接口典型的应用电路

S-Video 接口的 PCB 设计实例如图 21-47 所示。

6. 色差输入接口

常见的色差输入接口如图 21-48 所示。

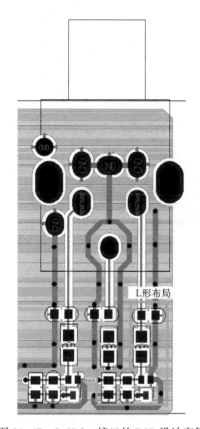

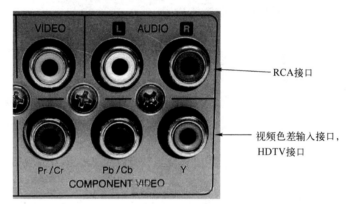

图 21-47　S-Video 接口的 PCB 设计实例　　　　　　图 21-48　　常见的色差输入接口

色差输入接口典型的应用电路如图 21-49 所示。

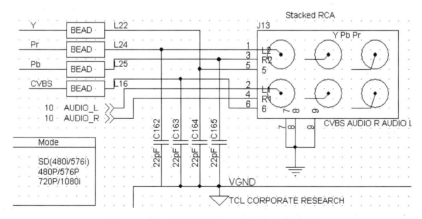

图 21-49　色差输入接口典型的应用电路

色差输入接口的 PCB 设计实例如图 21-50 所示。

注意：走线加粗至 10mil，并做立体包地处理。

7. 音频接口

常见的音频接口如图 21-51 所示。

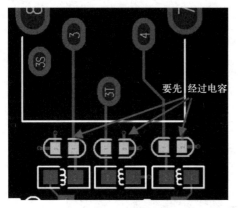

图 21-50　色差输入接口的 PCB 设计实例　　图 21-51　常见的音频接口

音频接口典型的应用电路如图 21-52 所示。

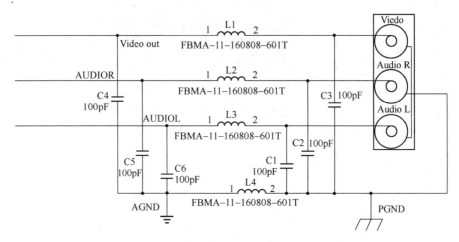

图 21-52　音频接口典型的应用电路

音频接口的 PCB 设计实例如图 21-53 所示。

8. RJ-45 连接器

RJ-45 接口是一种只能沿固定方向插入并自动防止脱落的塑料接头，俗称"水晶头"，专业术语为 RJ-45 连接器（RJ-45 是一种网络接口规范）。常见的 RJ-45 接口如图 21-54 所示。

RJ-45 接口引脚的定义如图 21-55 所示。

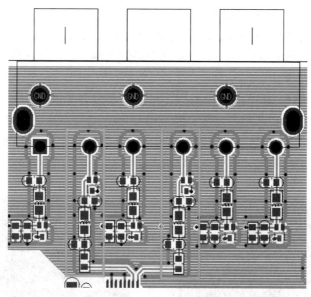

图 21-53　音频接口的 PCB 设计实例

图 21-54　常见的 RJ-45 接口

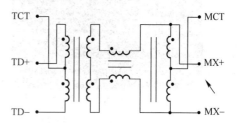

图 21-55　RJ-45 接口引脚的定义

RJ-45 接口的标准电路如图 21-56 所示。

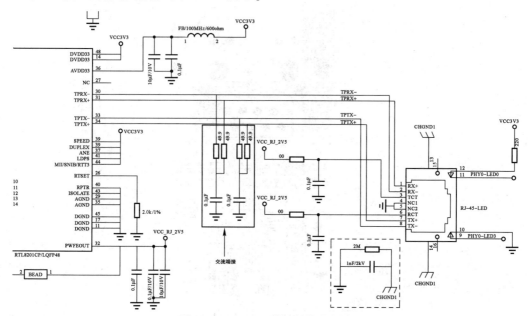

图 21-56　RJ-45 接口的标准电路

RJ-45 接口的 PCB 设计要点如下所述。

◆ 以太网芯片靠近 RJ-45 放置，两者之间的距离一般不超过 5inch。

◆ 交流端接器件放置在接收端，由于布局空间的限制，可以放在以太网芯片和 RJ-45 接口之间的中间位置。

◆ TX+、TX-和 RX+、RX-尽量走表层，这两对差分对之间的间距至少 $4W$ 以上，对内的等长约束为 5mil，两对差分对之间不用等长。

◆ 外壳地与 GND 之间的桥接电容要靠近外壳地引脚放置，并且走线要做加粗处理。

◆ RJ-45 接口区域内做挖空处理。外壳地与 GND 之间的距离尽量做到 2mm 或最少 1mm 以上，如图 21-57 所示。

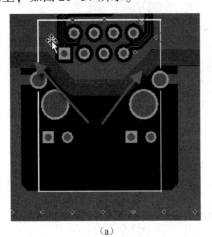 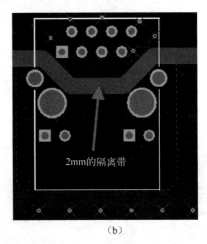

(a)   (b)

图 21-57   RJ-45 接口的隔离

RJ-45 接口的 PCB 设计实例如图 21-58 所示。

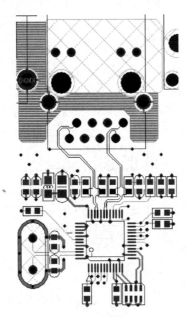

图 21-58   RJ-45 接口的 PCB 设计实例

9. Mini-PCI 接口

目前，使用 Mini-PCI 插槽的主要有内置的无线网卡、Model+网卡、电视卡，以及一些多功能扩展卡等硬件设备。Mini-PCI 接口的电路原理图和封装如图 21-59 所示。

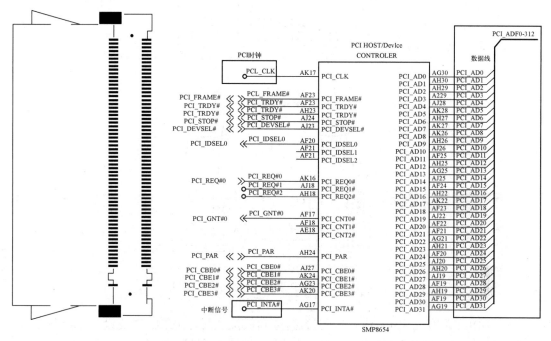

图 21-59　Mini-PCI 接口的电路原理图和封装

Mini-PCI 接口的 PCB 设计要点如下所述。

◆ Mini-PCI 接口除复位、中断和时钟信号外，其他数据线的布线长度要小于 1500mil。

◆ PCI 时钟信号的长度要绕到 2500mil。

◆ 由于有长度要求，布局时要注意 Mini-PCI 接口与相关芯片的距离。

21.4　两片 DDR2 存储器的 PCB 设计

21.4.1　设计思路

两片 DDR2 的布线拓扑结构通常采用星形拓扑，如图 21-60 所示。

21.4.2　约束规则的设置

在开始 PCB 设计之前，我们需要设置约束规则。

1. 设置 CLASS 规则

我们需要设置两类 CLASS：电源类（包括地网络）和 DDR2 的 CLASS。

（1）电源类的 CLASS 规则如下（默认线宽设置为 12mil）。

➤ PWR：GND、VREF0、VCC1V8、VREFDDR0。

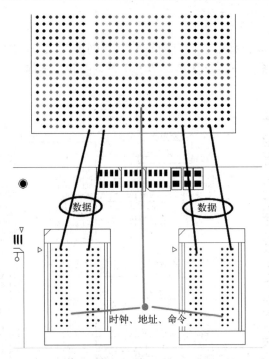

图 21-60   两片 DDR2 的星形拓扑示意图

每片 DDR2 都有两组 CLASS，分别为高位和低位。两片 DDR2 需要设置 4 组数据线的 CLASS。另外，将除数据线外的时钟线、地址线、命令线全部设置为一组 CLASS，共需 5 组 CLASS。

（2）5 组 CLASS 规则如下。

➢ Data1_0-7：DRAM0_D0~7、DRAM0_DQS0、DRAM0_DQS0#、DRAM0_DM0。

➢ Data1_8-15：DRAM0_D8~15、DRAM0_DQS1、DRAM0_DQS1#、DRAM0_DM1。

➢ Data1_16-23：DRAM0_D16~23、DRAM0_DQS2、DRAM0_DQS2#、DRAM0_DM2。

➢ Data1_24-31：DRAM0_D24~31、DRAM0_DQS3、DRAM0_DQS3#、DRAM0_DM3。

➢ Addr1_bus：DRAM0_A0~13、DRAM0_BA0~2、DRAM0_WE#、DRAM0_CS#、 DRAM0_RAS#、DRAM0_CAS#、DRAM0_CLK、DRAM0_CLK#、DRAM0_CLKE、 DRAM0_ODT。

2. 设置差分线规则

5 对差分线如下所述。

（1）DRAM0_CLK 和 DRAM0_CLK#。

（2）DRAM0_DQS0 和 DRAM0_DQS0#。

（3）DRAM0_DQS1 和 DRAM0_DQS1#。

（4）DRAM0_DQS2 和 DRAM0_DQS2#。

（5）DRAM0_DQS3 和 DRAM0_ DQS3#。

这 5 对差分线需要控制特性阻抗为 100ohm，线宽规则（线宽/线距/线宽）为 4.4/8.5/ 4.4（表层）、4.6/8/4.6（内层）。

21.4.3　两片 DDR2 的布局

两片 DDR2 与 CPU 的距离可以按照图 21-61 中所示的进行放置（这个距离也可以根据 PCB 的空间进行适当缩减）。

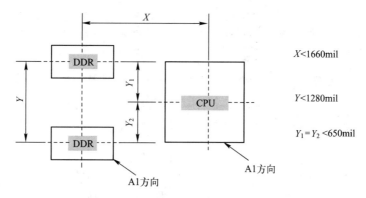

$X<1660\text{mil}$

$Y<1280\text{mil}$

$Y_1 = Y_2 <650\text{mil}$

图 21-61　两片 DDR2 推荐的布局距离

21.4.4　VREF 电容的布局

VREF 旁路电容靠近 VREF 电源引脚放置，放置在 Bottom 层，置于电源引脚的附近，如图 21-62 所示。

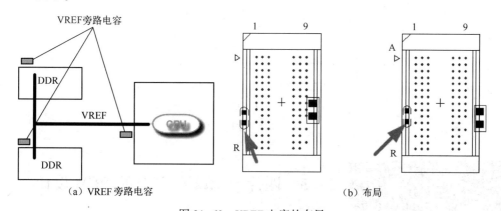

（a）VREF 旁路电容　　　　　（b）布局

图 21-62　VREF 电容的布局

21.4.5　去耦电容的布局

去耦电容靠近芯片的电源引脚放置，放置在 Bottom 层（放置前可将设计栅格设置为 0.2 或 0.4mm），如图 21-63 所示。

21.4.6　T 点的实现

由于地址、命令信号线与 CPU 之间的布线采用星形拓扑结构，因此需要保证从 CPU 到 B 点（也叫 T 点）再到两个 DDR2 分支之间的走线长度相等，如图 21-64 所示，即所有的地址、命令线的总长度：$AB+BC = AB+BD$。如果我们在走线时，能够保证所有信号线的 BC

段长度和 *BD* 段长度相等，这样就可以减少绕等长的工作量了。

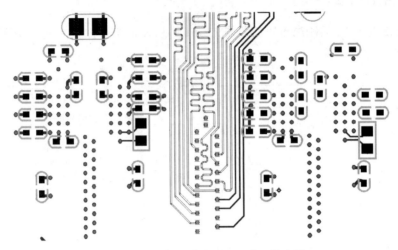

图 21-63　去耦电容在 DDR2 背面的布局

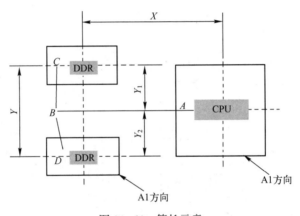

图 21-64　等长示意

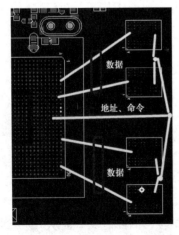

图 21-65　四片 DDR2 的星形
拓扑结构示意图

21.5　四片 DDR2 存储器的 PCB 设计

21.5.1　设计思路

　　四片 DDR2 的布线拓扑结构仍然可以套用设计两片 DDR2 时的拓扑结构，只是将星形继续做大而已，如图 21-65 所示。

21.5.2　约束规则的设置

　　在设计之前，我们需要设置约束规则。

1. 设置 CLASS 规则

我们需要设置两类 CLASS：电源类（包括地网络）和 DDR2 的 CLASS。

（1）电源类的 CLASS 规则如下（默认线宽设置为 12mil）。

➢ PWR：GND、VREF0、VCC1V8、VREFDDR1。

每片 DDR2 有数据组，分别为高位和低位。四片 DDR2 需要设置 4 组数据线的 CLASS。另外，将除数据线外的时钟线、地址线、命令线全部设置为一组 CLASS，共需 5 组 CLASS。

（2）5 组 CLASS 规则如下所述。

➢ DATA2_0-7：DRAM1_D0 ~ 7、DRAM1_DQS0、DRAM1_DQS0#、DRAM1_DM0。

➢ DATA2_8-15：DRAM1_D8 ~ 15、DRAM1_DQS1、DRAM1_DQS1#、DRAM1_DM1。

➢ DATA2_16-23：DRAM1_D16~23、DRAM1_DQS2、DRAM1_DQS2#、DRAM1_DM2。

➢ DATA2_24-31：DRAM1_D24~31、DRAM1_DQS3、DRAM1_DQS3#、DRAM1_DM3。

➢ ADDR2_BUS：DRAM1_A0 ~ 13、DRAM0_BA1 ~ 2、DRAM1_WE#、DRAM1_CS#、DRAM1_RAS#、DRAM1_CAS#、DRAM1_CLK、DRAM1_CLK#、DRAM1_CLKE、DRAM1_ODT。

2. 设置差分线规则

5 对差分线如下所述。

（1）DRAM0_CLK 和 DRAM0_CLK#。

（2）DRAM0_DQS0 和 DRAM0_DQS0#。

（3）DRAM0_DQS1 和 DRAM0_DQS1#。

（4）DRAM0_DQS2 和 DRAM0_DQS2#。

（5）DRAM0_DQS3 和 DRAM0_ DQS3#。

这 5 对差分线需要控制特性阻抗为 100ohm，线宽规则（线宽/线距/线宽）为 4.4/8.5/4.4（表层）、4.6/8/4.6（内层）。

21.5.3　四片 DDR2 的布局

四片 DDR2 与 CPU 的距离可以按照图 21-66 中所示的进行放置（这个距离也可以根据 PCB 的空间进行适当缩减）。

21.5.4　Fanout

选择"Fanout"命令，选中 U3 进行 Fanout。扇出后的 DDR2 如图 21-67 所示。同理，完成另外 3 片 DDR2 U4~U6 的 Fanout。

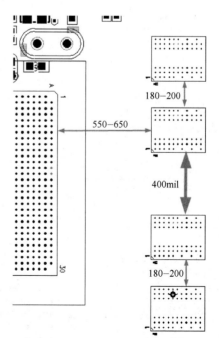

图 21-66　四片 DDR2 推荐的布局距离

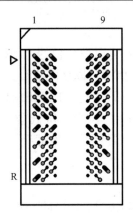

图 21-67 扇出后的 DDR2

21.5.5 数据线的互连

我们准备通过 Top 层和第三层实现数据线的互连。布线顺序是 DQS 差分→DQ 数据线。具体的操作步骤如表 21-3 所示。

表 21-3 数据线互连的操作步骤

操 作 步 骤	操作界面图
（1）选择"布线"命令，选中 U3 的 A8 或 B7 焊盘，开始进行走线。这时，DRAM1_DQS0 和 DRAM1_ DQS0#将自动以差分线形式引出，并完成布线操作	
（2）选中 U3 的 D7 引脚焊盘进行走线。引线至 CPU 处，进行互连	
（3）依次完成其余数据线的互连	

操 作 步 骤	操作界面图
（4）同理，完成其余 3 片 DDR2 的数据线互连	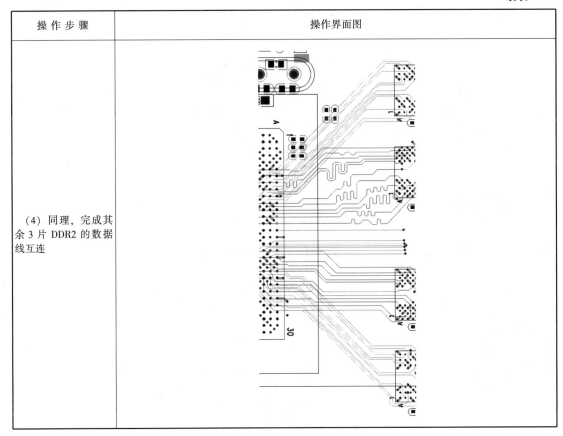

21.5.6   T 点的实现

由于地址、命令信号线与 CPU 之间的布线采用星形拓扑结构，因此在处理 T 点时，有意识地将各个分支线段的走线长度控制在误差范围内，这样就可以减少绕等长的工作量了。

T 点实现的具体操作步骤如表 21-4 所示。

表 21-4   T 点实现的具体操作步骤

操 作 步 骤	操作界面图
（1）选中 U3 某个焊盘，将原点设置在焊盘上，并将栅格设置为 0.4mm	

操 作 步 骤	操作界面图
（2）处理 U3 的分支线段。走线顺序为差分时钟→地址、命令线。 要实现的目的：将差分时钟、地址、命令线的过孔全部移到 DDR2 的中间位置。 操作步骤：选择"移动"命令，并选中过孔，然后直接拖动鼠标左键进行移动	
（3）同理，处理 U3 的分支线段。将 U3 移动好的过孔和走线复制（或复用）到 U4 区域	
（4）U3 到 T 点的互连。操作步骤如下所述。 ① 将设计栅格换到 0.2mm； ② 选择"布线"命令，选中 U3 的差分时钟网络的某个焊盘，开始走线； ③ 走到两片 DDR2 中间的位置，以无过孔的方式暂停； ④ 继续完成其他地址、命令总线到 T 点的连线	
（5）添加虚拟 T 点	

操 作 步 骤	操作界面图
（6）完成 U4 到 T 点（虚拟过孔）之间的连线。 　至此，地址、命令总线的分支拓扑走线完成	
（7）将 U3 和 U4 的分支部分（包括虚拟过孔）复制或复用至 U5 和 U6	

操 作 步 骤	操作界面图
（8）从 U5 的虚拟过孔处往四片 DDR2 的正中间引线，并以无过孔模式暂停布线（此处可称为大 T 点）	
（9）在暂停处添加过孔（大 T 点）	
（10）完成 U6 的虚拟过孔到大 T 点之间的互连。 至此，整个 DDR2 区域的连线完成	

21.5.7　等长设计

该实例的等长要求如下所述。

（1）四组数据线各自做等长，组内的误差控制在 25mil。

（2）地址、命令线根据时钟线的长度做等长，它们之间的误差控制在 600mil。实际上，我们之前已经有意识地将各分支的长度误差控制好了，只需要将 CPU 到大 T 点之间的误差控制在 50mil 之内即可。

（3）等长布线的先后顺序为差分时钟线→地址、命令线→数据线。

（4）数据线等长布线的先后顺序为 DQS 差分→DQ 数据线（按邻近 DQS 的距离来选择，最靠近 DQS 差分的数据线先绕等长）。

（5）地址、命令线等长布线的先后顺序为地址和命令线通常在差分时钟线的两侧，绕完差分时钟线后，最靠近差分时钟线的网络先绕等长。

21.6　本章小结

通过对 HDTV 各电路模块及 PCB 设计原则的介绍，可以让读者熟悉 HDTV 产品的特性及各电路模块的功能，知道如何在 PCB 设计阶段更好地进行布局和布线工作。

本章实例编著者录制了同步操作教学视频，作为增值视频上传至读者 QQ 群：345377375。

教学视频目录如下：

（1）两片 DDR2 PCB 设计教学视频；

（2）四片 DDR2 PCB 设计教学视频；

（3）HDTV 主板 PCB 设计教学视频。

第 22 章　DDR4 设计概述及 PCB 设计要点

DDR4 已于 2012 年发布正式规范，至今已经有多年的时间，它从 DDR3 演化而来，比早期的 DRAM 产品具有更低的功耗、更高的性能和更好的可制造性，目前也应用于各类产品中。虽然 DDR4 性能更好，但目前还是处于 DDR3 和 DDR4 共存的状态。DDR3 和 DDR4 在协议上有一些差异，但是在原理方案设计上大体是相同的，DDR4 的设计相对复杂一些。本章以 DDR4 作为主要对象，介绍 DDR4 的 PCB 设计。

22.1　DDR4 信号分组

DDR4 新增了许多功能，数据信号，地址信号，以及电源都有更新，分组的时候我们需要弄清楚这些新增的信号应该归到哪一类，方便后续的布线、等长处理等。数据信号的分组如图 22-1 所示。地址信号的分组如图 22-2 所示。其中标记部分为 DDR4 相对于 DDR3 新增或者有更新的信号。

Bus	DDR4-D0 (11)	Bus	DDR4-D1 (11)
Net	DDR4A_DQ0	Net	DDR4A_DQ8
Net	DDR4A_DQ1	Net	DDR4A_DQ9
Net	DDR4A_DQ2	Net	DDR4A_DQ10
Net	DDR4A_DQ3	Net	DDR4A_DQ11
Net	DDR4A_DQ4	Net	DDR4A_DQ12
Net	DDR4A_DQ5	Net	DDR4A_DQ13
Net	DDR4A_DQ6	Net	DDR4A_DQ14
Net	DDR4A_DQ7	Net	DDR4A_DQ15
Net	DDR4_DBI0_N	Net	DDR4_DBI1_N
Net	DDR4_DQS0_N	Net	DDR4_DQS1_N
Net	DDR4_DQS0_P	Net	DDR4_DQS1_P
Bus	DDR4-D2 (11)	Bus	DDR4-D3 (11)
Net	DDR4A_DQ16	Net	DDR4A_DQ24
Net	DDR4A_DQ17	Net	DDR4A_DQ25
Net	DDR4A_DQ18	Net	DDR4A_DQ26
Net	DDR4A_DQ19	Net	DDR4A_DQ27
Net	DDR4A_DQ20	Net	DDR4A_DQ28
Net	DDR4A_DQ21	Net	DDR4A_DQ29
Net	DDR4A_DQ22	Net	DDR4A_DQ30
Net	DDR4A_DQ23	Net	DDR4A_DQ31
Net	DDR4_DBI2_N	Net	DDR4_DBI3_N
Net	DDR4_DQS2_N	Net	DDR4_DQS3_N
Net	DDR4_DQS2_P	Net	DDR4_DQS3_P

图 22-1　数据信号的分组

Bus	⊟ DDR4-ADD (35)
Net	DDR4A_A0
Net	DDR4A_A1
Net	DDR4A_A2
Net	DDR4A_A3
Net	DDR4A_A4
Net	DDR4A_A5
Net	DDR4A_A6
Net	DDR4A_A7
Net	DDR4A_A8
Net	DDR4A_A9
Net	DDR4A_A10
Net	DDR4A_A11
Net	DDR4A_A12
Net	DDR4A_A13
Net	DDR4A_A14
Net	DDR4A_A15
Net	DDR4A_A16
Net	DDR4A_A17
Net	DDR4A_BA0
Net	DDR4A_BA1
Net	DDR4A_BG0
Net	DDR4A_BG1
Net	DDR4_ACT_N
Net	DDR4_ALERT_N
Net	DDR4_CKE0
Net	DDR4_CKE1 ◀
Net	DDR4_CK_N
Net	DDR4_CK_P
Net	DDR4_CS0_N
Net	DDR4_CS1_N ◀
Net	DDR4_ODT0
Net	DDR4_ODT1 ◀
Net	DDR4_PARITY ◀
Net	DDR4_RESET_N
Net	DDR4_TEN ◀

图 22-2　地址信号的分组

22.1.1　DDR4 布局要求

DDR4 布局的基本要求如下所述。

（1）地址线的布局、布线需使用 Flyby 的拓扑结构，不可使用 T 形，拓扑过孔到引脚的长度尽量短，长度在 150mil 左右。

（2）VTT 上拉电阻放置在相应网络的末端，即靠近最后一个 DDR4 颗粒的位置放置；注意，VTT 上拉电阻到 DDR4 颗粒的走线越短越好，走线长度小于 500mil；每个 VTT 上拉电阻对应放置一个 VTT 的滤波电容（最多两个电阻共用一个电容）。

（3）CPU 端和 DDR4 颗粒端，每个引脚对应一个滤波电容，滤波电容尽可能靠近引脚放置。线短而粗，回路尽量短；CPU 和颗粒周边均匀摆放一些储能电容，DDR4 颗粒每片至少有一个储能电容。

DDR4 的 PCB 布局如图 22-3 所示。

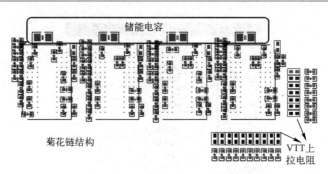

图 22-3   DDR4 的 PCB 布局

22.1.2   DDR4 布线要求

DDR4 布线的基本要求如下所述。

（1）所有单端信号控制为 50ohm 的阻抗、差分线控制为 100ohm 的阻抗。

（2）除从焊盘到过孔之间的短线外，所有的走线必须走带状线，即内层走线。

（3）所有的内层走线要求夹在两个参考平面之间，以及相邻层不要有信号层，这样可以避免串扰和跨分割，走线到平面的边缘必须保持 4mil 以上的间距。

（4）Flyby 拓扑要求 Stub 走线很短，当 Stub 走线相对于信号边沿变化率很短时，Stub 支线和负载呈容性。负载引入的电容，实际被分摊到了走线上，所以造成走线的单位电容增加，从而降低了走线的有效阻抗。所以在设计中，我们应该将负载部分的走线设计为较高阻抗，最直接有效的方式就是减小支线线宽。经过负载电容的平均后，负载部分的走线才会和主线阻抗保持一致，从而达到阻抗连续、降低反射的效果，如图 22-4 所示。

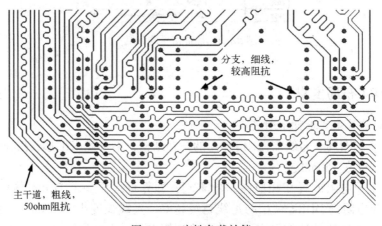

图 22-4   容性负载补偿

（5）数据线参考面优先两边都是 GND 平面的，接受一边地、一边自身电源，但是到 GND 平面的距离比到电源平面的距离要近；对于地址线、控制信号、CLK 来说，参考面首选 GND 和 VDD，也可以选 GND 和 GND，如图 22-5 所示。

（6）所有的 DQ 线必须同组且同层，地址线是否同层不做要求。

Layer Stack up		Type	Thickness (mil)
Silk Top			Default
Solder Top			
ART01			1.8(0.5oz*plating)
PREPREG		PREPREG	4.0
GND02	可走数据线和地址线		1.2(1.0oz)
CORE		CORE	3.94
ART03			1.2(1.0oz)
PREPREG		PREPREG	16
GND04			1.2(1.0oz)
CORE		CORE	3.94
POWER05	可走数据线和地址线		1.2(1.0oz)
PREPREG		PREPREG	16
ART06			1.2(1.0oz)
CORE		CORE	3.94
GND07			1.2(1.0oz)
PREPREG		PREPREG	4.0
ART08			1.8(0.5oz*plating)
Solder Bot			Default
Silk Bot			

图 22-5　数据线、地址线参考面的选取

22.1.3　DDR4 走线线宽和线间距

DDR4 走线的线宽和线间距要求如下所述。

（1）线宽和线间距必须满足阻抗控制，即单端线 50ohm、差分线 100ohm。ZQ 属于模拟信号，布线尽可能短，并且阻抗越低越好，所以尽可能将线走宽一点，建议 3 倍 50ohm 阻抗控制的线宽。

（2）DQ 和 DBI 数据线，组内要求满足 $3W$ 间距，与其他组外信号之间保持至少 $4W$ 间距。

（3）DQS 和 CLK 距其他信号的间距做到 $5W$ 以上。

（4）在过孔比较密集的 BGA 区域，同组内的数据线和地址线的间距可以缩小到 $2W$，但是要求这样的走线尽可能短，并且尽可能走直线。

（5）如果空间允许，所有的信号线走线之间的间距尽可能保证均匀、美观。

（6）内存信号与其他非内存信号之间应该保证 4 倍的介质层高的距离。

DDR4 的部分布线如图 22-6 所示。

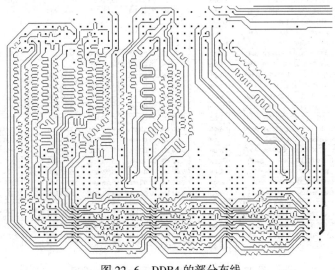

图 22-6　DDR4 的部分布线

22.1.4　DDR4 等长要求

DDR4 的等长要求如下所述。

（1）数据走线尽量短，不要超过 2000mil；分组做等长，组内等长参考 DQS 误差范围，控制在+/−5mil。

（2）地址线、控制线、时钟线作为一组等长，组内等长参考 CLK 误差范围，控制在+/−10mil。

（3）DQS、时钟差分线对内误差范围控制在+/−2mil。

（4）RESET 和 ALERT 不需要做等长控制。

（5）信号的实际长度应当包括零件引脚的长度，尽量取得零件的引脚长度，并导入软件中。

（6）因有些 IC 内核设计比较特别，需要按新品设计指导书或说明做，特别是 Intel、AMD 的芯片，请特别留意芯片手册中的要求。

DDR4 数据线和地址线等长规则的设置如图 22-7 和图 22-8 所示。

MGrp						
	⊟	DDR4-D0 (11)	Global	0.00 MIL:5.00 MIL	1.24 MIL	
Net	⊞	DDR4A_DQ0	Global	0.00 MIL:5.00 MIL	3.13 MIL	1215.71
Net	⊞	DDR4A_DQ1	Global	0.00 MIL:5.00 MIL	2.05 MIL	1210.89
Net	⊞	DDR4A_DQ2	Global	0.00 MIL:5.00 MIL	3.18 MIL	1212.03
Net	⊞	DDR4A_DQ3	Global	0.00 MIL:5.00 MIL	2.08 MIL	1210.93
Net	⊞	DDR4A_DQ4	Global	0.00 MIL:5.00 MIL	2.2 MIL	1211.04
Net	⊞	DDR4A_DQ5	Global	0.00 MIL:5.00 MIL	1.56 MIL	1210.41
Net	⊞	DDR4A_DQ6	Global	0.00 MIL:5.00 MIL	1.24 MIL	1217.60
Net	⊞	DDR4A_DQ7	Global	0.00 MIL:5.00 MIL	4.58 MIL	1213.42
Net	⊞	DDR4_DBI0_N	Global	0.00 MIL:5.00 MIL	4.79 MIL	1213.63
Net	⊞	DDR4_DQS0_N	Global	TARGET		1213.84
Net	⊞	DDR4_DQS0_P	Global	0.00 MIL:5.00 MIL	3.94 MIL	1214.90

图 22-7　DDR4 数据线等长规则的设置

MGrp								
	⊟	DDR4-A-U1-U3 (33)	Global	0.00 MIL:10.00 MIL		0.68 MIL		
PPr		U1.AJ28:U3.L3 [DDR4A_A0]	Global	0.00 MIL:10.00 MIL	4.86 MIL	5.14 MIL	−	2022.34	0.3507
PPr		U1.AJ29:U3.L7 [DDR4A_A1]	Global	0.00 MIL:10.00 MIL	4.22 MIL	5.78 MIL	−	2022.98	0.3517
PPr		U1.AH29:U3.M3 [DDR4A_A2]	Global	0.00 MIL:10.00 MIL	3.51 MIL	6.49 MIL	−	2023.68	0.3503
PPr		U1.AG29:U3.K7 [DDR4A_A3]	Global	0.00 MIL:10.00 MIL	2.48 MIL	7.52 MIL	−	2024.71	0.3520
PPr		U1.AJ30:U3.K3 [DDR4A_A4]	Global	0.00 MIL:10.00 MIL	1.08 MIL	8.92 MIL	−	2026.12	0.3514
PPr		U1.AH30:U3.L8 [DDR4A_A5]	Global	0.00 MIL:10.00 MIL	2.13 MIL	7.87 MIL	−	2025.06	0.3520
PPr		U1.AG28:U3.L2 [DDR4A_A6]	Global	0.00 MIL:10.00 MIL	2.65 MIL	7.35 MIL	−	2024.54	0.3511
PPr		U1.AF28:U3.M8 [DDR4A_A7]	Global	0.00 MIL:10.00 MIL	2.38 MIL	7.62 MIL	+	2029.58	0.3528
PPr		U1.AF29:U3.M2 [DDR4A_A8]	Global	0.00 MIL:10.00 MIL	5.34 MIL	4.66 MIL	−	2021.85	0.3500
PPr		U1.AF30:U3.M7 [DDR4A_A9]	Global	0.00 MIL:10.00 MIL	4.14 MIL	5.86 MIL	−	2023.05	0.3517
PPr		U1.AE28:U3.J3 [DDR4A_A10]	Global	0.00 MIL:10.00 MIL	4.79 MIL	5.21 MIL	−	2022.40	0.3508
PPr		U1.AD28:U3.N2 [DDR4A_A11]	Global	0.00 MIL:10.00 MIL	1.85 MIL	8.15 MIL	−	2025.35	0.3499
PPr		U1.AD29:U3.J7 [DDR4A_A12]	Global	0.00 MIL:10.00 MIL	5.02 MIL	4.98 MIL	−	2022.17	0.3515
PPr		U1.AC29:U3.N8 [DDR4A_A13]	Global	0.00 MIL:10.00 MIL	2.60 MIL	7.4 MIL	−	2024.59	0.3512
PPr		U1.AB27:U3.H2 [DDR4A_A14]	Global	0.00 MIL:10.00 MIL	5.76 MIL	4.24 MIL	−	2021.44	0.3506
PPr		U1.AB28:U3.H7 [DDR4A_A15]	Global	0.00 MIL:10.00 MIL	8.15 MIL	1.85 MIL	−	2019.04	0.3510
PPr		U1.AB29:U3.H8 [DDR4A_A16]	Global	0.00 MIL:10.00 MIL	1.21 MIL	8.79 MIL	+	2028.40	0.3526
PPr		U1.AC30:U3.N7 [DDR4A_A17]	Global	0.00 MIL:10.00 MIL	8.82 MIL	1.18 MIL	+	2036.01	0.3527
PPr		U1.V29:U3.K2 [DDR4A_BA0]	Global	0.00 MIL:10.00 MIL	0.33 MIL	9.67 MIL	−	2026.87	0.3515
PPr		U1.W29:U3.K8 [DDR4A_BA1]	Global	0.00 MIL:10.00 MIL	3.13 MIL	6.87 MIL	−	2024.07	0.3519
PPr		U1.U29:U3.J2 [DDR4A_BG0]	Global	0.00 MIL:10.00 MIL	1.16 MIL	8.84 MIL	−	2026.03	0.3514
PPr		U1.U30:U3.J8 [DDR4A_BG1]	Global	0.00 MIL:10.00 MIL	4.77 MIL	5.23 MIL	+	2031.96	0.3525
PPr		U1.V27:U3.H3 [DDR4_ACT_N]	Global	0.00 MIL:10.00 MIL	5.45 MIL	4.55 MIL	−	2021.74	0.3506
PPr		U1.AA28:U3.G3 [DDR4_CKE0]	Global	0.00 MIL:10.00 MIL	5.78 MIL	4.22 MIL	−	2021.42	0.3506
PPr		U1.Y28:U3.G2 [DDR4_CKE1]	Global	0.00 MIL:10.00 MIL	3.78 MIL	6.22 MIL	−	2023.41	0.3509
PPr		U1.V25:U3.F8 [DDR4_CK_N]	Global	0.00 MIL:10.00 MIL	0.43 MIL	9.57 MIL	+	2027.63	0.3520
PPr		U1.V24:U3.F7 [DDR4_CK_P]	Global	TARGET	TARGET			2027.19	0.3520

图 22-8　DDR4 地址线等长规则的设置

22.1.5　DDR4 电源处理

（1）VDD（1.2V）电源是 DDR4 的核心电源，其引脚分布比较散，且电流相对比较大，需要在电源平面分配一个区域给 VDD（1.2V）；VDD 的容差要求是 5%。通过电源层的平面电容和一定数量专用的去耦电容，可以做到电容完整性。DDR4 1.2V 电源平面的设计如图 22-9 所示。

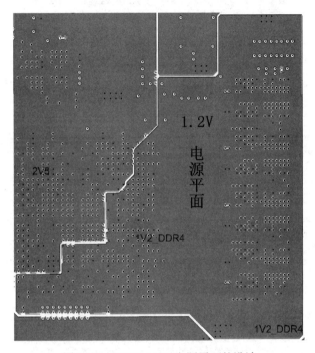

图 22-9　DDR4 1.2V 电源平面的设计

（2）VTT（0.6V）电源，它不仅有严格的容差性，而且还有很大的瞬间电流；可以通过增加去耦电容来实现它的目标阻抗；由于 VTT 是集中在上拉电阻处的，不是很分散，且对电流有一定的要求，因此在处理 VTT 电源时，一般在元件面同层通过覆铜直接连接，铜皮要有一定宽度（120mil），如图 22-10 所示。

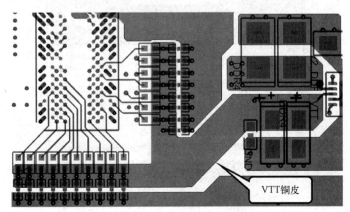

图 22-10　VTT（0.6V）电源的处理

（3）VREF（0.6V）电源要求更加严格的容差性，但是它承载的电流比较小。它不需要非常宽的走线，且通过一两个去耦电容就可以达到目标阻抗的要求。因其相对比较独立，电流也不大，布线处理时建议用与器件同层的铜皮或走线直接连接，无须再在电源平面为其分配电源。注意，在覆铜或走线时，要先经过电容再接到芯片的电源引脚，不要从分压电阻那里直接接到芯片的电源引脚，如图 22-11 所示。

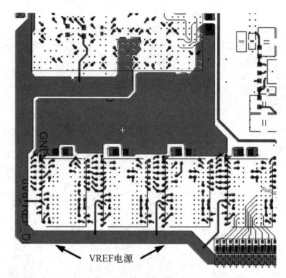

图 22-11　VREF（0.6V）电源的处理

（4）VPP（2.5V）电源通过激活内存供电，容差相对宽松，最小为 2.375V，最大为 2.75V。电流也不是很大，一般走根粗线或者画块小铜皮即可，如图 22-12 所示。

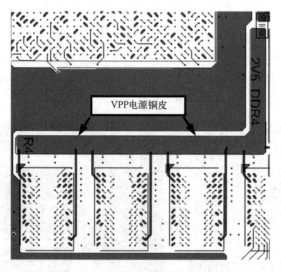

图 22-12　VPP（2.5V）电源的处理

22.2　本章小结

本章向读者介绍了 DDR4 设计的思路，以及重要信号、电源设计的一些要点和注意事项。本章的设计难度相对较大，读者可以根据自己的能力进行力所能及的练习。案例文件可至读者 QQ 群（345377375）自行下载。

第 23 章　AM335X 核心板 PCB 实例

23.1　概述

本章采用 TI 公司的 AM335X 芯片构建的最小核心板系统，能通过外接 DC 电源让核心板直接运行，与底板通过 B2B 连接器连接。底板配合核心板提供了串口、CAN 总线接口、USB Host、OTG、LCD 外扩、千兆网口外扩等丰富外设，让开发人员能快速整合资源并形成有效的项目解决方案。核心板的集成度高、低成本、低功耗、功能齐全，主要特点如下。

- ➢ 采用 512MB DDR3 内存。
- ➢ 4GB 工业级 eMMC 或者 4GB NAND FLASH 可选。
- ➢ 2 路 MIL/GMII/RGMII。
- ➢ 2 路 CAN。
- ➢ 6 路 UART。
- ➢ 最大分辨率为 1366×768，带 3D 图形加速器
- ➢ 完美支持 Windows Embedded Compact 7\Linux 3.2\Android 4 嵌入式操作系统。
- ➢ 工作温度范围可达 -40~85℃。
- ➢ 外扩资源丰富，包括 2×CAN 总线接口、2×SPI 总线、1×GPMC 总线、2×MMC 总线、2×I²C 总线、24bit LCD 总线、1×MDIO、2×PRU MII、2×PRU MII、8×12bit ADC/TSC、1×USB 2.0 OTG、1×USB HOST、5×5 线 UART、1×3 线 UART、3×16bit PWM、3×32bit eCAP 脉冲宽度捕获输入、3×32bit eQEP 正交编码脉冲输出、2×RGMII/RMII/GMII Ethernet、4×timer、JTAG 等。

AM335X 工控板的应用领域如下所述。

- ➢ 游戏机主控板。
- ➢ 家庭与楼宇自动化。
- ➢ 工业控制设备。
- ➢ HMI 工业人机界面。

23.2　模块 PCB 设计指南

23.2.1　原理框图

单板的原理框图如图 23-1 所示。

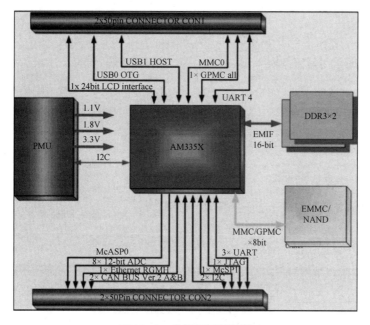

图 23-1　单板的原理框图

23.2.2　单板工艺

单板的布线工艺主要取决于单板高密度芯片的封装工艺（BGA 的间距），以及 PCB 成本和性能的考虑。推荐的单板工艺设计如下所述。

➢ 单板大小：71×47mm；板厚：1.6mm。

➢ 建议采用八层板设计：TOP、GND02、ART03、PWR04、PWR05、ART06、GND07、BOTTOM。

➢ 过孔规则：孔径 8mil/盘径 16mil（BGA 区域）、孔径 10mil/盘径 18mil（除 BGA 的其他区域）。

➢ 最小线宽规则：5mil（BGA 局部区域）。

➢ 最小线距规则：4mil（BGA 局部区域）。

23.2.3　层叠和布局

单板采用八层的层叠设计，如图 23-2 所示。单板的布线情况如下所述。

➢ TOP 层作为主要元器件层，主要摆放芯片、钽电容、电感等高度较高的元件。

➢ 第 3 层和第 6 层的相邻层除了地平面，还有两个分割的电源平面，在安排布线时需要注意高速信号线的跨岛问题。

➢ 第 2 层和第 5 层作为完整的接地平面，为表层的元器件和布线提供屏蔽和最短电流返回路径的作用。

➢ 第 4 层和第 5 层为主电源平面，为主要电源提供平面分割形式的电源网络。

➢ BOTTOM 层放置两个（2×50Pin）板对板连接器、BGA 和 DDR3 区域的滤波电容。

单板 TOP 层的布局规划如图 23-3 所示。

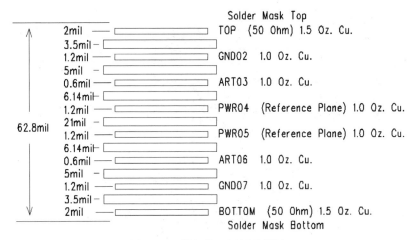

图 23-2 单板的八层层叠设计

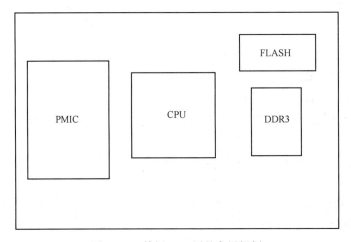

图 23-3 单板 TOP 层的布局规划

单板 BOTTOM 层的布局规划如图 23-4 所示。

23.2.4 屏蔽处理

为了降低 EMI 及提高产品的可靠性，在 TOP 层板边的四周用 1mm 的铜皮进行裸铜开窗，如图 23-5 所示。为了能够提供良好的信号回流路径，同时改善铜皮散热的性能，需要保证主控和 DDR3 下方覆铜的完整性及连续性，如图 23-6 所示。

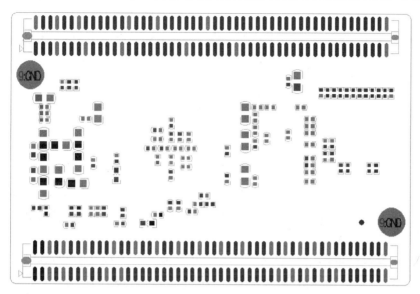

图 23-4　单板 BOTTOM 层的布局规划

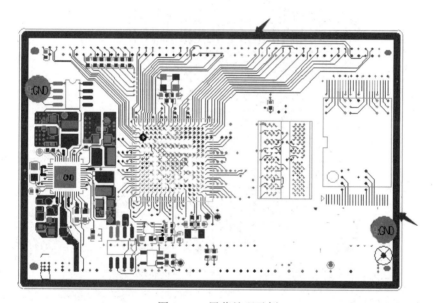

图 23-5　屏蔽处理示例

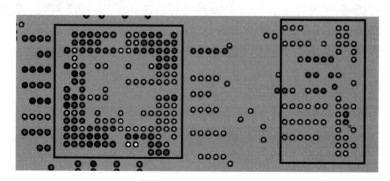

图 23-6　平面的完整处理

注意:
(1) 覆铜层的属性设置为混合分割层,在覆铜时要注意电源层比地层内缩 40mil。
(2) 采用 8mil 孔径、16mil 盘径的过孔。
(3) 覆铜的线宽设置为 4mil。
(4) 过孔与覆铜的安全间距设置为 5.5mil。

23.2.5　模块 PCB 设计指南

1. 处理器

AM335X 提供高达 720MHz 的主频速度,支持 mDDR/DDR2/DDR3,并配有 NEON™ SIMD 协处理器、SGX5303D 图形引擎。同时,AM335X 提供了丰富的接口资源,极高的性价比,使得它的适用性极广。

AM335X 采用 324Pin 的 BGA 封装,球距为 0.8mm,采用 8/16mil 的过孔进行 Fanout 设计,通常将 BGA 外围前两排焊盘通过走线引出至 BGA 外部。第三排开始通过过孔就近 Fanout。AM335X 的 Fanout 情况如图 23-7 所示。

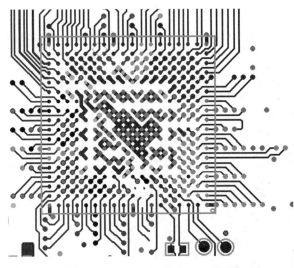

图 23-7　AM335X 的 Fanout 情况

1) 去耦电容的处理

芯片的电源引脚需要放置足够数量的去耦电容,推荐采用 0402 封装、0.1μF 的陶瓷电容,其在 20~300MHz 范围非常有效。去耦电容的处理规则如下所述。

➤ 电容尽可能靠近电源引脚放置。芯片上的电源、地引出线从焊盘引出后就近打过孔接电源、地平面。
➤ 线宽尽量做到 8~12mil(视芯片的焊盘宽度而定,通常要小于焊盘宽度的 20% 或以上)。
➤ 电容放置在过孔与过孔之间的间隙。

图 23-8 所示为去耦电容的布局示例。

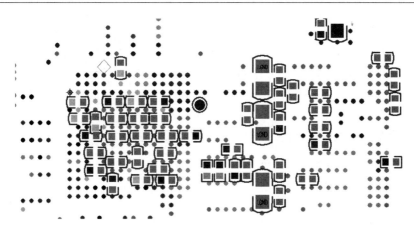

图 23-8 去耦电容的布局示例

2）晶体处理

晶体谐振器的 PCB 设计要点如下所述。

- 时钟电路要尽量靠近相应的 IC。
- 晶体谐振器的两个信号要适当加宽（通常取 10~12mil）。
- 两个电容要靠近晶体放置，并整体靠近相应的 IC。
- 为了减小寄生电容，电容的地线扇出线宽要加宽。
- 晶体谐振器的底下要铺地铜，并打一些地过孔，充分与地平面相连接，以吸收晶体谐振器辐射的噪声，或者立体包地。

图 23-9 所示是晶体的 PCB 布局、布线示例。

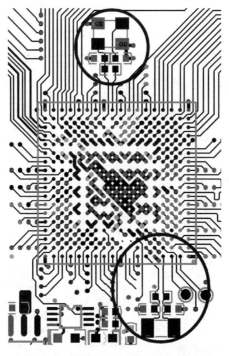

图 23-9 晶体的 PCB 布局、布线示例

2. SDRAM 内存器

本系统采用单颗 2GB 容量的 DDR3，主电源由 PMIC 提供，即 1.5V（电压）。DDR3 相比 DDR 和 DDR2 有更快的速度外，另外的区别就是 3 代的芯片有 REST 引脚、ZQ 引脚，还有则是 3 代的芯片采用了一些新技术，所以有更快的速度、更低的功耗，其供电电压为 1.5V。

表 23-1 总结了 DDR、DDR2 及 DDR3 的一些重要区别。

表 23-1　DDR、DDR2 及 DDR3 的一些重要区别

Memory Type	DDR1	DDR2	DDR3
Core Voltage	2.5V	1.8V	1.5V
I/O Voltage	SSTL_2(2.5V)	SSTL_1.8(1.8V)	SSTL_1.5(1.5V)
Bus Frequency	100/133/166/200MHz	200/266/333/400MHz	400/533/667/800~1066MHz
Core Frequency	100/133/166/200MHz	100/133/166/200MHz	100/133/166/200..~266MHz
Data Rate	200/266/333/400Mbps	400/533/667/800Mbps	800/1066/1333/1600~2133Mbps
Pre-fetch	2bit	4bit	8bit
Burst Length	2/4/8	4/8	4/8
Data Strobe	Single DQS	Differential DQS/DQS#	Differential DQS/DQS#
Write Latency	1clock	(Read Latency−1) clock	5~12clock
CAS Latency	1.5；2；2.5clock	3；4；5clock	5~14clock
Package	X4/x8/x16：60-ball FBGA	X4/x8：60-ball FBGA X16：84-ball FBGA	X4/x8：78-ball FBGA X16：96-ball FBGA
New Feature		OCD；ODT；Posted CAS	ZQ；ODT；Address Termination on Memory

DDR3 关键信号的处理要点如表 23-2 所示。

表 23-2　DDR3 关键信号的处理要点

信 号 名 称	功 能 描 述	设计注意事项
CLK、CLK_#	差分时钟	（1）差分线控制特性阻抗为 100Ω；差分时钟和 DQS 差分，严格按照差分信号处理，严格等长，同一对差分之间的误差控制在 5mil 内。（2）其余信号控制特性阻抗为 50Ω。（3）每 11 根数据线尽量走在同一层，等长误差控制在 25mil 内。（DQ0~DQ7，DQM0，DQS0_N，DQS0_P）（DQ8~DQ15，DQM1，DQS1_N，DQS1_P）（DQ16~DQ23，DQM2，DQS2_N，DQS2_P）（DQ24~DQ31，DQM3，DQS3_N，DQS3_P）（4）差分时钟线和地址、命令信号全部设为一组，误差控制在 +/−100mil 内
DQ0~DQ31	数据（输出）	
DQM	数据掩码	
DQS，DQS_#	数据选通	
CKE	时钟使能	
$\overline{CS}$	片选	
$\overline{WE}$	读写	
$\overline{RAS}$	列选	
$\overline{CAS}$	行选	
BA0~BA2	BANK 选择	
A0~A12	地址	

DDR3 的 Fanout 示意图如图 23-10 所示。

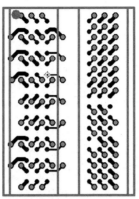

（a）DDR3 Fanout示例

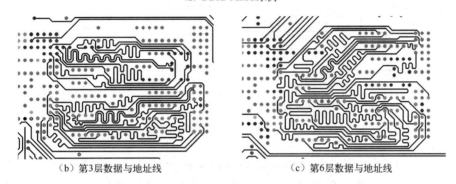

（b）第3层数据与地址线　　　　　　　　　　（c）第6层数据与地址线

图 23-10　DDR3 的 Fanout 示意图

3. PMIC

5V 电源连接器直接供给 AM335X 系列配套的电源管理芯片 TPS65217C，TPS65217C 产生各路电源，提供给 CPU、DDR 等设备。PMIC 输出的各路电源通过底板上的 LED 显示 TPS65217C 是否工作正常。图 23-11 为 TPS65217C 引脚的排序。

TPS65217C 电源的处理如表 23-3 所示。

表 23-3　TPS65217C 电源的处理

电源供电分区	最大电流（A）	布 线 要 求
SYS	2	必须划分电源平面
VDD_DDR3	1.2	必须划分电源平面
VDD_CORE	1.2	必须划分电源平面
VDD_MPU	1.2	必须划分电源平面
LS1_OUT	0.5	尽量采用电源平面，滤波电容尽可能靠近引脚走线放置
LS2_OUT	0.5	尽量采用电源平面，滤波电容尽可能靠近引脚走线放置
VDD_RTC	0.3	可用走线实现
VREF	0.3	可用走线实现

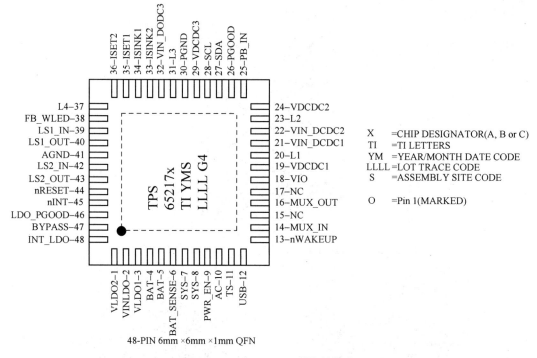

图 23-11　TPS65217C 引脚的排序

　　PMIC 在布局时要注意预留出芯片电源输出大电感的位置，因为此处是 PMIC 输出的大电流，PMIC 大电流示例如图 23-12 所示。大电感通常放置在 TOP 层，同时需要将 PMIC 的 20、23、31 引脚到大电感采用铜皮连接。另外，PMIC 输入引脚的滤波电容全部放置在 BOTTOM 层靠近输入引脚的附近处。如图 23-13 所示为 PMIC 的 PCB 布局、布线示例。

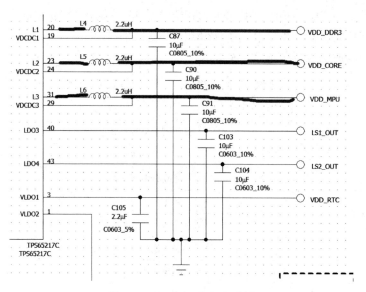

图 23-12　PMIC 大电流示例

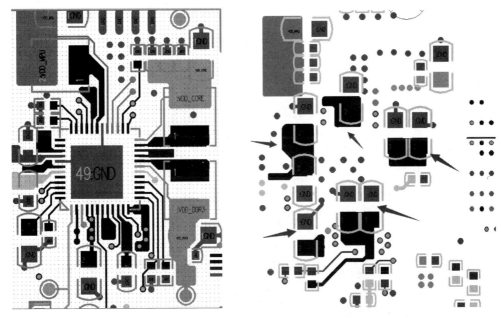

图 23-13　PMIC 的 PCB 布局、布线示例

PMIC 的 19、24、29 引脚为电压采样信号，需要单独接到输出端的末端，即输出滤波电容打孔的位置。图 23-14 所示为电压采样的走线示例。

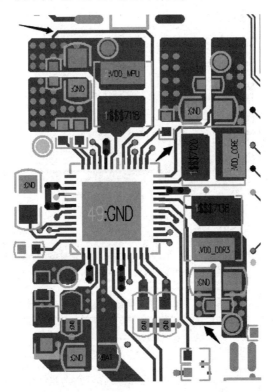

图 23-14　电压采样的走线示例

第 4 层电源平面的划分如图 23-15 所示。

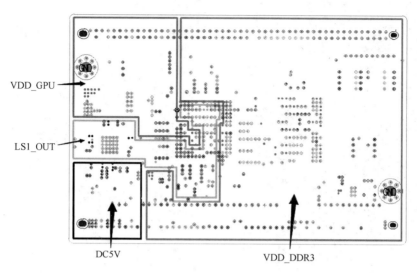

图 23-15　第 4 层电源平面的划分

第五层电源平面的划分如图 23-16 所示。

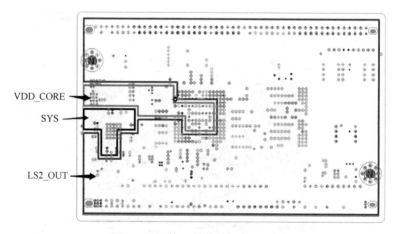

图 23-16　第 5 层电源平面的划分

4. SD/MMC0

AM335X 通过 MMC0 端口连接到 Micro SD 卡槽。表 23-4 为 Micro SD 卡槽信号的分配和 PCB 设计原则。

表 23-4　Micro SD 卡槽信号的分配和 PCB 设计原则

引　　脚	信　　号	PCB 设计原则
uSD#1	DAT2	DAT0~DAT3、CMD 根据 CLK 做等长，误差为 100mil
uSD#2	CD/DAT3	
uSD#3	CMD	
uSD#4	VDD	

续表

引　　脚	信　　号	PCB 设计原则
uSD#5	CLK	DAT0~DAT3、CMD 根据 CLK 做等长，误差为 100mil
uSD#6	VSS	
uSD#7	DAT0	
uSD#8	DAT1	

5. USB 接口

USB 接口的设计要点如下所述。

◆ TVS 器件必须靠近插座放置，在 PCB 设计时要大面积接地。

◆ 布局时保证信号流经 TVS 后再到共模电源。

◆ 差分线特性阻抗为 90Ω，等长误差为 5mil。

◆ 两对差分线之间的间距保持 4W，并与其他信号或灌铜的间距也要保证 4W，如图 23-17 所示。

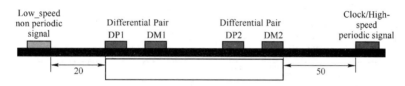

图 23-17　USB 接口的布线间距

◆ 优先邻近接地平面走线。

USB 接口的 PCB 设计实例如图 23-18 所示。

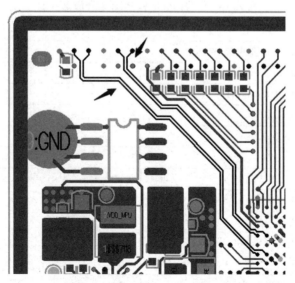

图 23-18　USB 接口的 PCB 设计实例

6. JTAG 调试接口

开发板提供了 14 引脚的 JTAG 调试接口直接与 AM335X 连接，如表 23-5 所示，让开发人员能通过 JTAG 接口直接调试程序。

表 23-5　信号的分配和 PCB 设计原则（1）

引　脚	信　号	PCB 设计原则
1	JTAG_TMS	
2	JTAG_TRSTn	
3	JTAG_TDI	
4	GND	
5	VIO_1V8	
6	OSK_3V3	
7	JTAG_TDO	除电源和地，所有信号走在同层，与其他信号保持 4W 或 20mil 的距离
8	GND	
9	RTCK	
10	GND	
11	JTAG_TCK	
12	GND	
13	JTAG_EMU0	
14	JTAG_EMU0	

7. LCD 外扩接口

LCD 外扩接口支持 24bit RGB 信号，带有触摸控制信号外接，可通过 I^2C 对外接 LCD 屏进行控制配置。其中，信号的分配和 PCB 设计原则如表 23-5 所示。

表 23-6　信号的分配和 PCB 设计原则（2）

引　脚	信　号	PCB 设计原则
1	LCD_CAP_TOUCH_WAKE	\
2	VBAT	\
3	CAP_TOUCH_INT	\
4	VIO_1V8	\
5	LCD_DISEN	\
6	LCD_3V3	\
7	A8_LCD_PCLK	
8	A8_LCD_AC_BIAS_EN	
9	A8_LCD_VSYNC	
10	A8_LCD_HSYNC	
11~26	A8_LCD_DATA[0..15]	LCD_DATA［0..15］参照 LCD_PCLK 的长度做等长，误差为 500mil。LCD_VSYNC 和 LCD_HSYNC 需包地处理
27~28	A8_LCD_DATA[22..23]	
29~30	A8_LCD_DATA[20..21]	
31~32	A8_LCD_DATA[18..19]	
33~34	A8_LCD_DATA[16..17]	

引　脚	信　号	PCB 设计原则
35~38	Null	\
39~42	GND	\
43	Null	\
44	A8_I2C0_SCL	\
45	Null	\
46	A8_I2C0_SDA	\
47	A8_XRight	\
48	A8_XDown	\
49	A8_XLeft	\
50	A8_XUp	\

8. 网口与音频外扩接口

AM335X 的 RGMII 和音频接口（AUDIO）通过板对板接口外接到另一块功能板上，信号的分配和 PCB 设计原则如表 23-7 所示，用户可以根据需求决定是否需要或者需要哪种功能的板（如百兆网卡或千兆网卡）。

表 23-7　信号的分配和 PCB 设计原则（3）

RGMII		
引　脚	信　号	PCB 设计原则
6	A8_RGMII1_MDIO_CLK	参照 RXCLK 做等长，误差为 200mil
7	A8_RGMII1_MDIO_DATA	
8	A8_RGMII1_RXCLK	
9~12	A8_RGMII1_RXD[0..3]	
19	A8_RGMII1_RXDV	
13~16	A8_RGMII1_TXD[0..3]	参照 TXCLK 做等长，误差为 200mil
17	A8_RGMII1_TXCLK	
18	A8_RGMII1_TXEN	
AUDIO		
20	A8_AUDA_FSX	加粗，立体包地处理
21	A8_AUDA_DOUT	
22	A8_AUDA_DIN	
23	A8_AUDA_BCLK	

9. GPMC 总线、SPI、McASP 总线、串口

核心板通过 2 个 50Pin 板对板连接器对 GPMC 总线、SPI、McASP 总线、串口进行扩展，用户可配合对应的功能板进行这类接口的调试。在 PCB 布线时，注意将同一类型的信号线采用同组、同层的布线方式，并且要与其他信号保证至少 $3W$ 的间距。

23.3 本章小结

本章通过对 AM335X 工控核心板各电路模块的 PCB 设计介绍，可以让读者熟悉 AM335X 平台的 PCB 设计原则，以及 Altium Designer 设计八层板的设计流程。